Mathematik für Physiker 3

Jörg Härterich

ISBN 978-1546367215
J. Härterich, Mathematik für Physiker 3
1. Auflage, 2018
© Alle Rechte verbleiben beim Autor
Jörg Härterich, Möllersweg 23, 44799 Bochum
Druck: siehe letzte Seite

Inhaltsverzeichnis

Vorwort

Der dritte Teil dieses Kurses *Mathematik für Physiker* befasst sich mit der mehrdimensionalen Differential- und Integralrechnung.

Zur Vorbereitung wird kurz die Topologie normierter Vektorräume behandelt. Danach geht es unmittelbar um die Differentiation in normierten Vektorräumen und ihre Anwendungen wie die Taylorentwicklung in mehreren Veränderlichen oder die Suche nach lokalen Extrema einer von mehreren Variablen abhängigen Funktion. Um solche Extrema auch unter Nebenbedingungen bestimmen zu können, geht es zunächst in Kapitel 16 um das Auflösen von Gleichungen und die Frage, wann durch eine oder mehrere Gleichungen eine Untermannigfaltigkeit des $\mathbb{R}^n$ definiert wird. Die folgenden Kapitel zu Kurvenintegralen und gewöhnlichen Differentialgleichungen sind jeweils eine kurze Einführung zu zwei Themen, die in der Physik an vielen Stellen auftreten.

Die beiden abschließenden Kapitel bilden eine mathematisch gerade noch befriedigende, aber vor allem pragmatische Einführung in das mehrdimensionale Lebesgue-Integral. Die Konstruktion steht hier weniger im Vordergrund als die Integralsätze, die den Erfolg des Lebesgue-Integrals in der Mathematik und Physik ausmachen.

Die verschiedenen Themen dieses Bands sind auf vielfältige Arten miteinander verknüpft. Lösungen von Differentialgleichungen können als Kurven im $\mathbb{R}^n$ aufgefasst werden, die Auflösbarkeit von Gleichungen hängt von der Invertierbarkeit der Jacobi-Matrix ab, etc. Aus diesem Grund empfiehlt es sich, immer wieder auch zurückzublättern und Bekanntes unter neuen Gesichtspunkten noch einmal zu betrachten.

Der abschließende vierte Band wird nahtlos an die letzten Kapitel dieses Bands anschließen und die Integrationstheorie etwas fortführen, um dann Fourieranalysis betreiben zu können. Im vierten Band findet sich dann auch die Integration über Untermannigfaltigkeiten, die klassischen Integralsätze von Gauß und Stokes und einführende Kapitel zur Funktionentheorie und zur Funktionalanalysis linearer Operatoren.

Ein besonderer Dank gilt auch hier wieder allen Studierenden, die in früheren Versionen Fehler entdeckt und so zu einer Verbesserung dieses Texts beigetragen haben.

Bochum, im April 2018
Jörg Härterich

14 Normierte Vektorräume

14.1 Normen

Im zweiten Teil dieses Kurses hatten wir uns fast ausschließlich mit Vektorräumen beschäftigt. Obwohl man in der Schule und auch in der Physik häufig lernt, dass ein Vektor ein Objekt mit einer „Länge" und einer „Richtung" ist, waren wir bis zum vorletzten Kapitel ohne diese Begriffe ausgekommen. Matrizen, Koordinatentransformationen und Eigenwerte lassen sich beispielsweise ganz ohne Längen und Winkel definieren.

Erst spät haben wir euklidische und unitäre Vektorräume behandelt, in denen sich Längen und Winkel messen lassen. Die dafür benötigte mathematische Zutat ist ein *Skalarprodukt* $\langle \cdot, \cdot \rangle$, das jeweils zwei Vektoren x und y eine Zahl $\langle x, y \rangle$ zuordnet und bestimmte Eigenschaften erfüllt. Mit der Festlegung

$$\|x\| = \sqrt{\langle x, x \rangle}$$

konnte man dann die Länge bzw. Norm von Vektoren einführen. Die positive Definitheit des Skalarprodukts stellt dabei sicher, dass unter der Wurzel nie eine negative Zahl steht.

Diese Norm erfüllt gewisse Eigenschaften, zum Beispiel die Dreiecksungleichung. Etwas allgemeiner kann man nun in Vektorräumen (auch in solchen ohne Skalarprodukt) Funktionen betrachten, die ähnliche Eigenschaften haben, ohne notwendigerweise von einem Skalarprodukt abgeleitet zu sein:

Definition. *(Norm)*
Sei V ein reeller Vektorraum.
*Eine **Norm** auf V ist eine Abbildung $\| \cdot \| : V \to \mathbb{R}$, $x \mapsto \|x\|$ mit folgenden Eigenschaften:*

(i) *$\|v\| \geq 0$ und $\|v\| = 0$ genau dann, wenn $v = 0$*

(ii) *$\|\lambda v\| = |\lambda| \, \|v\|$ für alle $\lambda \in \mathbb{R}, v \in V$ (Homogenität)*

(iii) *$\|u + v\| \leq \|u\| + \|v\|$ (Dreiecksungleichung)*

*Ein Vektorraum V mit einer Norm $\| \cdot \|$ auf V heißt **normierter Vektorraum**.*

Die allermeisten Vektorräume, die in der Physik eine Rolle spielen sind normierte Vektorräume. Im Vektorraum $\mathbb{R}^n$ betrachtet man oft die **euklidische Norm**

$$\|x\|_2 = \sqrt{x_1^2 + x_2^2 + \ldots + x_n^2}$$

eines Vektors. Die Dreiecksungleichung ist hier eine Konsequenz der Cauchy-Schwarzschen Ungleichung für das Standard-Skalarprodukt auf dem $\mathbb{R}^n$.

Beispiel:
Auf dem Vektorraum $V = \mathbb{R}^n$ kann man aber auch auf andere Arten eine Norm definieren. Für $x = (x_1, x_2, \ldots, x_n)$ heißt

(i) $\|x\|_\infty = \max\{|x_1|, |x_2|, \ldots, |x_n|\}$ die **Maximumsnorm** von x und

(ii) $\|x\|_p = (|x_1|^p + |x_2|^p + \ldots + |x_n|^p)^{1/p}$ mit $p \geq 1$ die p-**Norm** von x.

Beispielsweise erhält man für $p = 1$ so die 1-Norm $\|x\| = |x_1| + |x_2| + \ldots + |x_n|$.

Die euklidische Norm ist dann gerade die 2-Norm, d.h. die p-Norm für $p = 2$. Außerdem kann man zeigen, dass

$$\lim_{p\to\infty} \|x\|_p = \|x\|_\infty \,.$$

Beispiel:
Auf dem Vektorraum $V = M(m \times n, \mathbb{R})$ der reellen $m \times n$-Matrizen kann man auf ganz ähnliche Art Normen definieren, zum Beispiel

$$\|A\|_\infty = \max_{i,j} |a_{ij}| \ \text{ oder } \ \|A\|_1 = \sum_{i=1}^{m} \sum_{j=1}^{n} |a_{ij}| \,.$$

Bemerkung: In einem normierten Vektorraum V beschreibt die reelle Zahl $\|u - v\|$ für beliebige Vektoren $u, v \in V$ den „Abstand" von u und v.
Auch in unendlich-dimensionalen Vektorräumen kann man mit einer Norm Abstände zum Beispiel zwischen zwei Funktionen messen:

Beispiele:

1. Auf dem Vektorraum $C^0([0,1], \mathbb{R})$ der stetigen Funktionen $f : [0,1] \to \mathbb{R}$ wird durch

$$\|f\| = \int_0^1 |f(x)| \, \mathrm{d}x$$

   eine Norm erklärt. Dass diese Definition die Eigenschaften einer Norm erfüllt, lässt sich folgendermaßen nachprüfen:

   ▶ Da der Integrand nicht negativ werden kann, ist auf jeden Fall $\|f\| \geq 0$

   ▶ Wenn $\|f\| = 0$ ist, dann muss auch $f = 0$ die Nullfunktion sein, denn wenn es einen Punkt x_0 gibt, für den $f(x_0) \neq 0$ ist, d.h. wenn $|f(x_0)| > 0$ ist, dann ist die stetige Funktion $|f|$ in einem kleinen Intervall um x_0 herum positiv und damit $\|f\| > 0$.

   ▶ $\|\lambda f\| = \int\limits_0^1 |\lambda f(x)| \, \mathrm{d}x = \int\limits_0^1 |\lambda| \cdot |f(x)| \, \mathrm{d}x = |\lambda| \int\limits_0^1 |f(x)| \, \mathrm{d}x = |\lambda| \, \|f\|$

   ▶ Die Dreiecksungleichung $\|f + g\| \leq \|f\| + \|g\|$ folgt durch Integrieren der punktweise gültigen Ungleichung $|(f + g)(x)| \leq |f(x)| + |g(x)|$.

2. Auf dem Vektorraum $B([a,b]) = \{f : [a,b] \to \mathbb{R}; \ f \text{ ist beschränkt}\}$ der beschränkten Funktionen lässt sich durch

$$\|f\|_\infty := \sup_{x \in [a,b]} |f(x)|$$

   eine Norm definieren, die sogenannte **Supremumsnorm**.
   Auf dem Vektorraum $C^0([a,b], \mathbb{R})$ der stetigen Funktionen $f : [a,b] \to \mathbb{R}$ wird aus dieser Supremumsnorm

$$\|f\|_\infty = \max_{x \in [a,b]} |f(x)|,$$

   denn jede stetige Funktion nimmt nach dem Satz vom Maximum aus Kapitel 3 auf dem kompakten Intervall $[a,b]$ ihr Maximum tatsächlich an.

3. Wenn für eine Funktion $f \in B([a,b])$ die Ungleichung $\|f\|_\infty < c$ gilt, dann bedeutet dies anschaulich, dass $|f(x)| < c$ ist bzw. $-c < f(x) < c$ ist für alle $x \in [a,b]$. Insbesondere verläuft das Schaubild in einem Streifen der Breite $2c$ um die x-Achse.

Bemerkung: In der Praxis wird, wenn vom Vektorraum $C^0([a,b],\mathbb{R})$ die Rede ist, meist stillschweigend vorausgesetzt, dass dieser mit der Supremumsnorm versehen ist.

Konvergenz in normierten Vektorräumen

Mit Hilfe von Normen kann man Konvergenz ganz genauso wie in $\mathbb{R}$ oder $\mathbb{C}$ definieren:

Definition. *(Konvergenz)*
*Sei X ein normierter Vektorraum und $(x_k)_{k\in\mathbb{N}}$ eine Folge von Punkten aus X. Die Folge heißt **konvergent** gegen $a \in X$, geschrieben*

$$\lim_{k\to\infty} x_k = a,$$

falls zu jedem $\varepsilon > 0$ ein $N \in \mathbb{N}$ existiert, so dass

$$\|x_n - a\| < \varepsilon \ \text{für alle} \ n \geq N.$$

Definition. *(offene Kugel)*
Sei X ein normierter Vektorraum, $a \in X$ und $r > 0$. Dann heißt die Menge

$$B_r(a) := \{x \in X; \ \|x - a\| < r\}$$

***offene Kugel** um a mit dem Radius r.*

Im $\mathbb{R}^3$ mit der euklidischen Norm sieht eine offene Kugel tatsächlich genau so aus, wie sich die meisten Leute eine Kugel vorstellen. Im allgemeinen ist eine offene Kugel um a eine Menge „um a herum", die aber nicht unbedingt rund aussehen muss.

Wenn eine Folge $(x_k)_{k\in\mathbb{N}}$ gegen ein $a \in X$ konvergiert, bedeutet dies, dass für jeden noch so kleinen Radius $\varepsilon > 0$ ab einem Index $N = N(\varepsilon)$ alle Folgenglieder in der Kugel $B_\varepsilon(a)$ liegen.

Im $\mathbb{R}^n$ ist die Konvergenz einer Folge äquivalent dazu, dass die einzelnen Komponentenfolgen konvergieren. Wir zeigen diese Aussage zunächst für den Fall, dass der $\mathbb{R}^n$ mit der euklidischen Norm versehen ist. Später werden wir aber sehen, dass die Aussage immer gilt, egal welche Norm man im $\mathbb{R}^n$ verwendet.

Satz 14.1.
Wir betrachten den normierten Vektorraum $\mathbb{R}^n$ mit der euklidischen Norm. Eine Folge von Punkten $(x_k)_{k\in\mathbb{N}}$ in $\mathbb{R}^n$, mit

$$x_k = \begin{pmatrix} x_{k1} \\ x_{k2} \\ \vdots \\ x_{kn} \end{pmatrix}$$

konvergiert genau dann gegen einen Punkt $a = (a_1, a_2, \ldots, a_n) \in \mathbb{R}^n$, wenn für alle n Komponenten $j = 1, 2, \ldots n$ gilt

$$\lim_{k\to\infty} x_{kj} = a_j.$$

Beweis: Für einen beliebigen Index $j \in \{1, 2, \ldots, n\}$ gilt die Abschätzung

$$0 \leq |x_j - a_j| = \sqrt{(x_j - a_j)^2} \leq \sqrt{(x_1 - a_1)^2 + (x_2 - a_2)^2 + \ldots + (x_n - a_n)^2} = \|x - a\|_2$$

d.h. falls $\|x_k - a\|_2 \to 0$, dann konvergiert auch $|x_{kj} - a_j| \to 0$ nach dem Sandwich-Kriterium. Andererseits ist

$$0 \le \|x - a\|_2 = \sqrt{(x_1 - a_1)^2 + (x_2 - a_2)^2 + \ldots + (x_n - a_n)^2} \le |x_1 - a_1| + \ldots + |x_n - a_n|,$$

wenn also alle $|x_j - a_j| \to 0$ konvergieren, dann konvergiert auch $\|x - a\|_2 \to 0$.

$\square$

Bemerkung: Wir haben in diesem Satz den $\mathbb{R}^n$ speziell mit der euklidischen Norm versehen. Es wird sich aber später in diesem Kapitel zeigen, dass dieselbe Aussage immer noch gilt, wenn man *irgendeine* Norm auf dem $\mathbb{R}^n$ betrachtet.

Definition. *(Cauchy-Folge)*
*Sei X ein normierter Vektorraum. Eine Folge $(x_k)_{k\in\mathbb{N}}$ von Punkten aus X heißt **Cauchy-Folge**, falls es zu jedem $\varepsilon > 0$ eine natürliche Zahl $N \in \mathbb{N}$ gibt, so dass*

$$\|x_m - x_n\| < \varepsilon \quad \textit{für alle } m, n \ge N.$$

Bemerkungen:

1. Wie in $\mathbb{R}$ und $\mathbb{C}$ ist auch in allgemeinen normierten Vektorräumen jede konvergente Folge automatisch eine Cauchy-Folge.

2. Wie in $\mathbb{R}$ und $\mathbb{C}$ ist auch in allgemeinen normierten Vektorräumen jede Cauchy-Folge beschränkt.

Die (kurzen) Beweise beider Aussagen verlaufen jeweils genauso wie in $\mathbb{R}$ bzw. $\mathbb{C}$.

Definition. *(Vollständigkeit)*
*Ein normierter Vektorraum heißt **vollständig**, wenn in ihm jede Cauchy-Folge konvergiert.*

Insbesondere bedeutet das, dass der Grenzwert der Folge ebenfalls ein Element des Vektorraums sein muss.

Definition. *(Banachraum)*
*Ein **Banachraum** ist ein vollständiger normierter Vektorraum.*

Definition. *(Hilbertraum)*
*Ein **Hilbertraum** ist ein euklidischer oder unitärer Vektorraum, der bezüglich der durch das Skalarprodukt induzierten Norm vollständig ist.*

Beispiele:

1. Der $\mathbb{R}^n$ ist mit jeder beliebigen Norm ein Banachraum. Versehen mit der euklidischen Norm, die ja von einem Skalarprodukt abgeleitet werden kann, ist der $\mathbb{R}^n$ ein Hilbertraum.

2. Der Vektorraum

$$\ell^2 = \{(a_n)_{n\in\mathbb{N}}; \ \sum_{k=1}^{\infty} a_k^2 < \infty\}$$

der quadratsummierbaren reellen Zahlenfolgen, lässt sich mit dem Skalarprodukt

$$\langle a, b \rangle = \sum_{k=1}^{\infty} a_k b_k$$

versehen, das dann die Norm

$$\|a\| = \left(\sum_{k=1}^{\infty} a_k^2 \right)^{1/2}$$

induziert. Man kann zeigen, dass ℓ^2 vollständig, also ein Hilbertraum ist.

3. In der Quantenmechanik tritt der Raum L^2 der quadratintegrierbaren Funktionen auf. Im Moment fehlen uns dafür noch einige Zutaten, aber trotzdem sei er an dieser Stelle kurz erwähnt.
   Man betrachtet in einem geeigneten Sinne (siehe später in Kapitel 19) das Skalarprodukt

$$\langle f, g \rangle = \int f(x)g(x) \, \mathrm{d}x$$

und die entsprechende Norm

$$\|f\|_{L^2} = \int f^2(x) \, \mathrm{d}x \, .$$

Wenn man für f und g nur stetige Funktionen zulässt, dann stellt sich heraus, dass der entsprechende normierte Vektorraum nicht vollständig ist (siehe Übungen). Aus diesem Grund betrachtet man eine größere Klasse von Funktionen (genauer: die Funktionen, deren Quadrat Lebesgue-integrierbar ist) und erreicht dadurch, dass der so konstruierte normierte Vektorraum ein Hilbertraum ist.

Definition. (*beschränkte Menge*)
*Sei $A \subset X$ Teilmenge eines normierten Vektorraums X. Dann heißt A **beschränkt**, falls es ein $C > 0$ gibt, so dass $\|x\| < C$ ist für alle $x \in A$.*

Anschaulich bedeutet das, dass jede beschränkte Menge in einer hinreichend großen Kugel um den Nullpunkt enthalten ist.

14.2 Stetigkeit in normierter Vektorräumen

Der Begriff der Stetigkeit lässt sich direkt auf normierte Vektorräume übertragen. Die Definition bleibt gleich wie in $\mathbb{R}$, nur der Begriff der Konvergenz ist inzwischen etwas allgemeiner als im ersten Semester.

Definition. (*Stetigkeit*)
*Seien X und Y normierte Vektorräume. Eine Abbildung $f : X \to Y$ heißt **stetig** in $a \in X$ genau dann, wenn $\lim_{x \to a} f(x) = f(a)$. Für jede Folge $(x_n)_{n \in \mathbb{N}}$ in X, die gegen a konvergiert, konvergiert dann die Folge $(f(x_n))_{n \in \mathbb{N}}$ in Y gegen $f(a)$.*
Die Abbildung $f : X \to Y$ ist stetig, falls f in jedem Punkt a von X stetig ist.

Ganz wie für Abbildungen $f : \mathbb{R} \to \mathbb{R}$ gibt es auch hier eine „$\varepsilon-\delta$-Charakterisierung" der Stetigkeit. Sie präzisiert, dass für eine Abbildung im Punkt a stetig ist, falls für alle x, die „nahe genug" bei a liegen auch die Funktionswerte $f(x)$ „sehr nahe" bei $f(a)$ liegen.

Satz 14.2.
Seien X und Y normierte Vektorräume mit den Normen $\|\cdot\|_X$ und $\|\cdot\|_Y$. Eine Abbildung $f : X \to Y$ ist stetig im Punkt $a \in X$ genau dann, wenn es zu jedem $\varepsilon > 0$ ein $\delta > 0$ gibt, so dass gilt:

$$\|x - a\|_X < \delta \quad \Rightarrow \quad \|f(x) - f(a)\|_Y < \varepsilon.$$

Bemerkung: Nach Satz 14.1 konvergiert eine Folge im $\mathbb{R}^n$ genau dann, wenn die einzelnen Komponenten konvergieren. Kombiniert man diese Tatsache mit der Definition der Stetigkeit, erhält man folgende Aussage:
Eine Funktion $f = (f_1, \ldots, f_n) : X \to \mathbb{R}^n$ ist genau dann stetig, wenn alle Komponentenfunktionen $f_j : X \to \mathbb{R}$ stetig sind.

Definition. *(Lipschitz-stetig)*
*Eine Abbildung $f : X \to Y$ zwischen zwei normierten Vektorräumen heißt **Lipschitz-stetig**, falls es ein $L > 0$ gibt, so dass*

$$\|f(u) - f(v)\|_Y \leq L\|u - v\|_X \ \textit{für alle}\ u, v \in X.$$

Lipschitz-stetige Funktionen sind wie im Eindimensionalen automatisch stetig, denn sie erfüllen die ε-δ-Charakterisierung mit $\delta = \varepsilon/L$.

Satz 14.3.
 (i) *Seien X, Y normierte Vektorräume und $f, g : X \to Y$ stetig im Punkt $a \in X$. Dann sind die Funktionen $f + g$ und $f - g$ stetig in a.*

 (ii) *Sei X ein normierter Vektorraum und $f, g : X \to \mathbb{R}$ seien stetig im Punkt $a \in X$. Dann sind $f \cdot g$ und falls $g(a) \neq 0$ auch f/g stetig in a.*

 (iii) *Seien X, Y und Z normierte Vektorräume. Die Funktion $f : X \to Y$ sei stetig im Punkt $a \in X$ und die Funktion $g : Y \to Z$ sei stetig in $f(a)$. Dann ist die Verkettung $g \circ f$ stetig in a.*

Definition. *(gleichmäßige Konvergenz)*
*Seien X, Y normierte Vektorräume, $A \subset X$ und $(f_n)_{n \in \mathbb{N}}$ mit $f_n : A \to Y$ eine Folge von stetigen Funktionen. Man sagt, die Folge **konvergiert gleichmäßig** gegen eine Grenzfunktion $f : A \to Y$, falls es zu jedem $\varepsilon > 0$ ein $N \in \mathbb{N}$ gibt, so dass*

$$\|f_n(x) - f(x)\| < \varepsilon \textit{ für alle } n \geq N \textit{ und alle } x \in A$$

Anschaulich bedeutet das, dass ab dem Index N die Werte $f_n(x)$ für alle $x \in A$ in etwa „gleich nahe" an der Grenzfunktion liegen. Die Konvergenz gegen die Grenzfunktion ist also in allen Punkten $x \in A$ in einem gewissen Sinne „gleich schnell".

Satz 14.4.
Seien X, Y normierte Vektorräume und $(f_n)_{n \in \mathbb{N}}$ eine Folge von stetigen Funktionen $f_n : A \to Y$, die auf einer Teilmenge $A \subset X$ gleichmäßig gegen eine Funktion $f : A \to Y$ konvergiert.
Dann ist auch f stetig.

Beweis: Stetigkeit von f an einer Stelle x_0 bedeutet anschaulich, dass die Funktionswerte $f(x)$ „nicht allzu weit" von $f(x_0)$ entfernt sind, wenn x und x_0 „nahe genug" beieinander liegen. Andererseits bedeutet die gleichmäßige Konvergenz der Funktionenfolge, dass für „hinreichend großes" n sowohl $f(x)$ und $f_n(x)$ als auch $f(x_0)$ und $f_n(x_0)$ sich nur wenig unterscheiden. Diese qualitativen Aussagen kann man nun folgendermaßen quantifizieren, um einen formal sauberen Beweis zu erhalten:

Um die Stetigkeit von f an der Stelle x_0 zu beweisen, muss man für eine beliebig kleine Zahl $\varepsilon > 0$ ein $\delta > 0$ finden können, so dass für jedes x mit $\|x - x_0\| < \delta$ auch $\|f(x) - f(x_0)\| < \varepsilon$ ist. Weil dreimal Funktionswerte „nahe beieinander" liegen, verteilt man die Abweichung ε üblicherweise gleichmäßig auf drei Ursachen. Zum einen wählt man $n \in \mathbb{N}$ so groß, dass für alle $x \in A$

$$\|f(x) - f_n(x)\| < \frac{\varepsilon}{3}$$

ist. Insbesondere ist dann natürlich auch $\|f(x_0) - f_n(x_0)\| < \frac{\varepsilon}{3}$. Für das spezielle n, das man ausgewählt hat, und das ε, das man zu Beginn gewählt hat, gibt es nun wegen der Stetigkeit der Funktion f_n eine Zahl $\delta > 0$, so dass für alle $x \in A$ mit $\|x - x_0\| < \delta$ gilt:

$$\|f_n(x) - f_n(x_0)\| < \frac{\varepsilon}{3}.$$

Mit der Dreiecksungleichung kann man nun alles kombinieren und erhält für $x \in A$ mit $\|x - x_0\| < \delta$:

$$
\begin{aligned}
\|f(x) - f(x_0)\| &= \|f(x) - f_n(x) + f_n(x) - f_n(x_0) + f_n(x_0) - f(x_0)\| \\
&\leq \|f(x) - f_n(x)\| + \|f_n(x) - f_n(x_0)\| + \|f_n(x_0) - f(x_0)\| \\
&< \frac{\varepsilon}{3} + \frac{\varepsilon}{3} + \frac{\varepsilon}{3} - \varepsilon.
\end{aligned}
$$

$\square$

Satz 14.5.
Der Vektorraum $C^0([a,b], \mathbb{R})$ der stetigen Funktionen auf $[a,b]$ versehen mit der Supremumsnorm $\|\cdot\|_\infty$ ist ein vollständiger normierter Vektorraum, d.h. ein Banachraum.

Beweis: Wir müssen zeigen, dass der angegebene normierte Vektorraum vollständig ist, das also jede Cauchyfolge gegen ein Element dieses Vektorraums konvergiert. Dazu betrachtet man eine Cauchyfolge $(f_n)_{n \in \mathbb{N}}$ von stetigen Funktionen $f_n : [a,b] \to \mathbb{R}$. Zu einem beliebigen $\varepsilon > 0$ kann man also immer ein N finden, so dass für $m, n \geq N$ auch $\|f_n - f_m\|_\infty < \varepsilon$ ist. Aus der Definition der Supremumsnorm folgt nun aber, dass auch für jedes *feste* $x \in [a,b]$

$$|f_n(x) - f_m(x)| < \varepsilon$$

ist, wenn man $m, n \geq N$ wählt. Für jedes feste $x \in [a,b]$ ist daher $(f_n(x))_{n \in \mathbb{N}}$ eine reelle Cauchyfolge, die gegen eine reelle Zahl konvergiert. Man kann also

$$f(x) := \lim_{n \to \infty} f_n(x)$$

setzen und so eine Funktion $f : [a,b] \to \mathbb{R}$ definieren. Nach dem vorigen Satz ist diese Funktion dann automatisch stetig und liegt somit in $C^0([a,b], \mathbb{R})$.

Als letztes zeigt man noch, dass tatsächlich $\lim\limits_{n\to\infty} \|f_n - f\|_\infty = 0$ ist, denn für jedes $\varepsilon > 0$ gibt es wie oben ein $N \in \mathbb{N}$, so dass für alle $m, n \geq N$ und alle $x \in A$ zugleich gilt:

$$|f_n(x) - f_m(x)| < \varepsilon.$$

Lässt man $m \to \infty$ streben, dann strebt $f_m(x)$ gegen $f(x)$ und man erhält die Abschätzung

$$|f_n(x) - f(x)| \leq \varepsilon \text{ für alle } x \in A \Rightarrow \|f_n - f\|_\infty \leq \varepsilon,$$

woraus dann die gleichmäßige Konvergenz der Funktionenfolge (f_n) gegen die Funktion f folgt.

$\square$

Im vergangenen Semester haben wir uns ausgiebig mit linearen Abbildungen befasst. Auch wenn diese Abbildungen in einem gewissen Sinne „einfach" sind, weil man beispielsweise nur wenige Funktionswerte kennen muss, um alle anderen Werte daraus zu bestimmen, sind lineare Abbildungen nicht automatisch stetig. Es zeigt sich allerdings, dass man die Stetigkeit linearer Abbildungen sehr genau charakterisieren kann.

Satz 14.6. *(Stetigkeit linearer Abbildungen)*
Sei $A : V \to W$ eine lineare Abbildung zwischen zwei normierten Vektorräumen V und W. Dann sind die folgenden drei Assagen äquivalent:

(i) *A ist stetig auf ganz V.*

(ii) *A ist stetig in $x = 0$.*

(iii) *es gibt eine Konstante $c > 0$ mit $\|A(x)\| \leq c\|x\|$ für alle $x \in V$.*

Bemerkung: Wegen Eigenschaft (iii) nennt man stetige lineare Abbildungen auch *beschränkte* lineare Abbildungen.
Die kleinstmögliche Konstante c, für die (iii) erfüllt ist, definiert die sogenannte **Operatornorm** $\|A\|$ der linearen Abbildung A. Diese hängt wiederum davon ab, welche Normen in V und W gewählt wurden. Insbesondere kann man zu jeder Matrix $A \in M(m \times n, \mathbb{R})$ und jeder Norm $\|x\|_p$ auf $\mathbb{R}^n$ bzw. $\mathbb{R}^m$ eine zugeordnete Matrixnorm definieren als

$$\|A\| = \sup_{x \neq 0} \frac{\|Ax\|_p}{\|x\|_p}.$$

Dann gilt für alle Vektoren $x \in \mathbb{R}^n$ die Abschätzung

$$\|Ax\| \leq \|A\| \cdot \|x\|.$$

Beispiele:

1. Sei $V = C^0([0,1], \mathbb{R})$ der Raum der stetigen Funktionen auf $[0,1]$ und $W = \mathbb{R}$. Dann ist die Abbildung $F : V \to W$ mit $F(u) = 5u(0)$ eine stetige lineare Abbildung, denn wenn $\|u - v\|_\infty < \frac{\varepsilon}{10}$ ist, dann ist auch $|u(0) - v(0)| < \frac{\varepsilon}{10}$ und damit

$$|F(u) - F(v)| = |5u(0) - 5v(0)| \leq 5\frac{\varepsilon}{10} < \varepsilon.$$

2. Auch die Abbildung $G : V \to W$ mit $G(u) = \int_0^1 u(x)\,\mathrm{d}x$ eine stetige lineare Abbildung, denn wenn $\|u - v\|_\infty < \varepsilon$ ist, dann ist auch $|u(x) - v(x)| < \varepsilon$ für jedes $x \in [0,1]$ und

$$|G(u) - G(v)| = \left| \int_0^1 u(x)\,\mathrm{d}x - \int_0^1 v(x)\,\mathrm{d}x \right| \leq \int_0^1 |u(x) - v(x)|\,\mathrm{d}x \leq \int_0^1 \varepsilon\,\mathrm{d}x = \varepsilon.$$

3. Sei $V = C^1([0,1], \mathbb{R})$ und $W = C^0([0,1], \mathbb{R})$ jeweils versehen mit der Supremumsnorm. Dann ist die Abbildung $D : V \to W$ mit $(D(u))(x) = u'(x)$ eine unstetige lineare Abbildung. Betrachte dazu die Folge $u_n(x) = \frac{1}{n} \sin(nx)$, die gleichmäßig gegen die Nullfunktion konvergiert. Die Folge der Ableitungen $u_n'(x) = \cos(nx)$ konvergiert aber nicht einmal punktweise gegen irgendeine Grenzfunktion.

14.3 Topologie von normierten Vektorräumen

Wenn wir später Funktionen auf Teilmengen des $\mathbb{R}^n$ untersuchen, benötigen wir eine präzise Definition, wann Punkte im Innern bzw. auf dem Rand dieser Mengen liegen. Dazu benutzt man wieder die Norm.

Definition. *(innerer Punkt)*
Sei U eine Teilmenge eines normierter Vektorraum X. Ein Punkt $x \in U$ heißt **innerer Punkt** *von U, falls ein $\varepsilon > 0$ existiert, so dass $B_\varepsilon(x) \subseteq U$.*

Definition. *(offene Menge)*
Eine Teilmenge U eines normierter Vektorraum X heißt **offen**, *wenn jeder Punkt aus U ein innerer Punkt ist, d.h. wenn es zu jedem $x \in U$ ein $\varepsilon > 0$ gibt, so dass $B_\varepsilon(x) \subseteq U$.*

Der Radius ε der Kugel um x, die noch ganz in U liegt, darf dabei vom Punkt x abhängen.
Beispiele:

1. Die Intervalle $(a, b) := \{x \in \mathbb{R};\ a < x < b\}$ sind offene Mengen in $\mathbb{R}$. Konkret kann man zu einem Punkt $x \in (a, b)$ immer eine Zahl $\varepsilon < \max\{x - a, b - x\}$ wählen, so dass dann $B_\varepsilon(x) = (x - \varepsilon, x + \varepsilon) \subseteq (a, b)$ ist.

2. Offene Kugeln $B_r(a)$ sind offene Mengen (siehe Aufgaben)

3. Entfernt man aus der Ebene $\mathbb{R}^2$ einen Punkt, zum Beispiel den Ursprung, dann ist der Rest $\mathbb{R}^2 \setminus \{(0,0)\}$ (die „punktierte Ebene") eine offene Menge.

Bemerkung: Beliebige Vereinigungen offener Mengen sind wieder offen, denn jeder Punkt aus der Vereinigungsmenge gehört zu mindestens einer der Mengen und schon die Offenheit dieser einen Menge garantiert, dass es ein ε gibt, für das $B_\varepsilon(x)$ zu dieser einen Menge und damit auch zur Vereinigung gehört.

Allerdings ist der Durchschnitt unendlich vieler offener Mengen nicht unbedingt offen. Beispielsweise enthält der Durchschnitt aller Intervalle $(-\frac{1}{n}, \frac{1}{n})$ mit $n \in \mathbb{N}$ nur den Nullpunkt und ist damit nicht offen. Endliche Durchschnitte offener Mengen sind jedoch immer offen.

Definition. *(Umgebung einer Menge)*
Sei $M \subseteq X$ Teilmenge eines normierten Vektorraums. Dann heißt für $\varepsilon > 0$ die Menge

$$B_\varepsilon(M) = \{x \in X;\ \text{es gibt ein } m \in M : \|m - x\| < \varepsilon\}$$

die offene ε-Umgebung von M. Eine Menge $U \subseteq X$ heißt **Umgebung** *von M, falls es ein $\varepsilon > 0$ gibt, so dass $B_\varepsilon(M) \subseteq U$ ist.*

Insbesondere ist $B_\varepsilon(M)$ für jede Menge M und jedes $\varepsilon > 0$ eine offene Menge. Anschaulich ist eine Umgebung von M eine Menge, die an jeder Stelle „ein wenig größer" ist als die Menge M selbst.

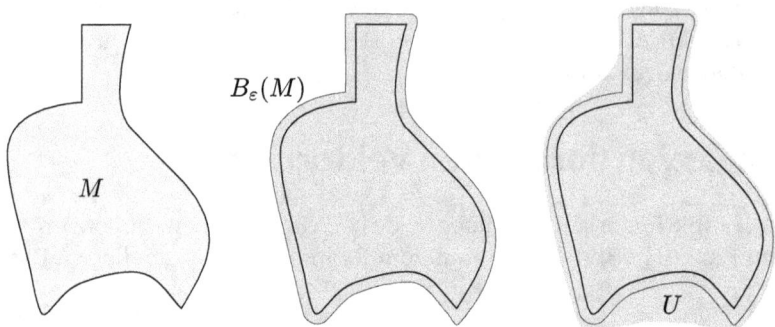

Definition. *(Abschluss, abgeschlossen)*
Für eine Teilmenge A eines normierten Vektorraums X ist der **Abschluss** *von A definiert als*

$$\overline{A} = \{x \in X;\ B_\varepsilon(x) \cap A \neq \{\}\ \text{für alle}\ \varepsilon > 0\}$$

Eine Teilmenge A eines normierten Vektorraums X heißt **abgeschlossen***, falls $A = \overline{A}$ ist.*

Satz 14.7.

(a) *Eine Teilmenge A eines normierten Vektorraums X ist genau dann abgeschlossen, wenn für jede konvergente Folge $(x_n)_{n \in \mathbb{N}}$ mit Folgengliedern aus A auch der Grenzwert in A liegt.*

(b) *Eine Teilmenge A eines normierten Vektorraums X ist genau dann abgeschlossen, wenn ihr Komplement $X \setminus A$ offen ist.*

Beweis: Übungsaufgabe

$\square$

Bemerkungen:

1. Endliche Vereinigungen und beliebige Durchschnitte abgeschlossener Mengen sind wieder abgeschlossen. Dies ergibt sich mit Teil (b) des vorhergehenden Satzes aus der Aussage, dass endliche Durchschnitte und beliebige Vereinigungen offener Mengen wieder offen sind.

2. In jedem normierten Vektorraum X sind die Mengen X und $\emptyset$ sowohl abgeschlossen als auch offen.

3. In jedem normierten Vektorraum X gilt $\overline{B_\varepsilon(x)} = \{y \in X;\ \|x - y\| \leq \varepsilon\}$.

4. Die Randpunkte einer Menge sind alle Punkte der Menge, die keine inneren Punkte sind.

Satz 14.8.
Seien X, Y normierter Vektorräume und $f : X \to Y$ eine Abbildung. Dann sind folgende Bedingungen äquivalent zur Stetigkeit von f:

(a) *Das Urbild $f^{-1}(V)$ jeder offenen Menge $V \subset Y$ ist offen in X*

(b) *Das Urbild $f^{-1}(A)$ jeder abgeschlossenen Menge $A \subset Y$ ist abgeschlossen in X*

Beweis:

(a) Es soll zuerst gezeigt werden, dass aus der Stetigkeit von f die Aussage in (a) folgt. Sei dazu $V \subset Y$ eine beliebige offene Menge und $x \in f^{-1}(V)$. Dann ist $f(x) \in V$ und weil V offen ist gibt es ein $\varepsilon > 0$, so dass auch die offene ε-Kugel $B_\varepsilon(f(x))$ in V liegt. Zu diesem ε gibt es nun wieder wegen der Stetigkeit von f ein δ, so dass für jedes $z \in X$ mit $\|x - z\|_X < \delta$ gilt: $\|f(x) - f(z)\|_Y < \varepsilon$. Anders ausgedrückt ist $f(z) \in B_\varepsilon(f(x))$ und damit in V. Umgekehrt ist daher $z \in f^{-1}(V)$ und weil diese Argumentation für jedes $z \in B_\delta(x)$ anwendbar ist, ist $B_\delta(x) \subset f^{-1}(V)$. Damit ist gezeigt, dass $f^{-1}(V)$ eine offene Menge ist.

Für die andere Richtung der Äquivalenz muss man zeigen, dass f in jedem Punkt x_0 stetig ist. Für jedes beliebige $\varepsilon > 0$ ist die offene ε-Kugel $B_\varepsilon(f(x_0))$ eine offene Menge in Y. Ihr Urbild ist daher eine offene Menge in X, die den Punkt x_0 enthält. Weil sie offen ist, enthält sie für ein $\delta > 0$ mit dem Punkt x_0 auch alle Punkte z mit $\|x - z\| < \delta$. Diese werden unter f also in die ε-Kugel $B_\varepsilon(f(x_0))$ abgebildet. Das heißt aber gerade $\|f(z) - f(x_0)\| < \varepsilon$ und f ist stetig in x_0.

(b) Wir benutzen die Charakterisierung abgeschlossener Mengen aus Teil (b) des vorigen Satzes und zeigen, dass $X \setminus f^{-1}(A)$ offen ist. Zunächst ist für jede beliebige Menge $A \subset Y$ immer $f^{-1}(Y \setminus A) = X \setminus f^{-1}(A)$, denn für jedes $x \in X$ liegt $f(x)$ entweder in A oder in $Y \setminus A$.

Nun gilt nach (a) und weil für jede offene Menge B die Menge $A = Y \setminus B$ abgeschlossen ist:

$$
\begin{aligned}
f \text{ ist stetig} \quad &\Leftrightarrow \quad f^{-1}(B) \text{ ist offen für alle offenen Mengen } B \subseteq Y \\
&\Leftrightarrow \quad f^{-1}(Y \setminus A) \text{ ist offen für alle abgeschlossenen Mengen } A \subseteq Y \\
&\Leftrightarrow \quad X \setminus f^{-1}(A) \text{ ist offen für alle abgeschlossenen Mengen } A \subseteq Y \\
&\Leftrightarrow \quad f^{-1}(A) \text{ ist abgeschlossen für alle abgeschlossenen Mengen } A \subseteq Y
\end{aligned}
$$

$\square$

14.4 Kompaktheit

Eine Eigenschaft von Mengen, die in vielen Fällen zu mathematisch schönen oder starken Aussagen führt, ist die Kompaktheit.

Definition. *(kompakt)*
*Eine Teilmenge K eines normierter Vektorraums X heißt **kompakt**, wenn jede beliebige Folge in K eine konvergente Teilfolge besitzt, deren Grenzwert in K liegt.*

Beispiele: Kompakte Mengen sind beispielsweise

▶ $[-2, -1] \cup [1, 2] \subset \mathbb{R}$,

▶ die abgeschlossene Kreisscheibe $D = \{(x, y) \in \mathbb{R}^2; \ x^2 + y^2 \leq 1\} \subset \mathbb{R}^2$,

▶ abgeschlossene Quader
$$
Q = [a_1, b_1] \times [a_2, b_2] \times [a_3, b_3] := \{(x_1, x_2, x_3) \in \mathbb{R}^3 \mid a_j \leq x_j \leq b_j \text{ für } j = 1, 2, 3\},
$$

▶ die Gruppe $O(n)$ der orthogonalen $n \times n$-Matrizen als Teilmenge des normierten Vektorraums $M(n, \mathbb{R})$ der $n \times n$-Matrizen mit einer beliebigen Norm.

▶ Die Sphäre $S^n := \{x \in \mathbb{R}^{n+1} \mid \|x\|_2 = 1\} \subset \mathbb{R}^{n+1}$. Speziell ist S^1 die Kreislinie und S^2 die Oberfläche einer Kugel im $\mathbb{R}^3$.

Auch alle abgeschlossenen Teilmengen einer kompakten Menge sind wieder kompakt.

Eigenschaften kompakter Mengen

Kompakte Teilmengen eines normierter Vektorraums sind beschränkt und abgeschlossen, denn wenn eine Menge nicht beschränkt ist, kann man in ihr eine Folge $(x_n)_{n\in\mathbb{N}}$ konstruieren mit $\|x_n\| \to \infty$, so dass diese Folge keine konvergente Teilfolge enthalten kann. Dass kompakte Mengen abgeschlossen sind, folgt aus der Charakterisierung der Abgeschlossenheit in Satz 14.7(b). In endlich-dimensionalen normierten Vektorräumen, z.B. im $\mathbb{R}^n$, gilt auch die Umkehrung:

Satz 14.9. *(Satz von Heine-Borel)*
Sei $A \subset \mathbb{R}^n$, wobei wir den $\mathbb{R}^n$ mit einer beliebigen Norm $\| \cdot \|$ betrachten.
Dann ist A genau dann kompakt, wenn A beschränkt und abgeschlossen ist.

In unendlich-dimensionalen Vektorräumen gilt diese Charakterisierung kompakter Mengen jedoch *nicht*. Beispielsweise ist die Teilmenge $\{u \in C^0([0,1],\mathbb{R}); \|u\|_\infty \leq 1\}$ zwar abgeschlossen und beschränkt, aber trotzdem nicht kompakt. Dazu betrachtet man die Folge $u_n(x) = x^n$, die keine konvergente Teilfolge besitzt, denn schon die punktweise Grenzfunktion ist unstetig und liegt daher nicht in $C^0([0,1],\mathbb{R})$.

Auf kompakten Mengen gilt der Satz vom Maximum (und Minimum), den wir für stetige Funktionen $f : [a,b] \to \mathbb{R}$ schon aus dem ersten Semester kennen.

Satz 14.10. *(Satz vom Maximum)*
Sei V eine kompakte Teilmenge eines normierten Vektorraums X und $f : X \to \mathbb{R}$ eine stetige Funktion. Dann nimmt die Funktion f auf V ihr Minimum und ihr Maximum an, d.h. es gibt $x_{min}, x_{max} \in V$ mit

$$f(x_{min}) \leq f(x) \leq f(x_{max}) \text{ für alle } x \in V.$$

Beweis: Sei M das Supremum der Menge $\{f(x); x \in V\}$ und $(x_n)_{n\in\mathbb{N}}$ eine Folge in V, so dass $f(x_n) \to M$ konvergiert. Da V kompakt ist, kann man eine Teilfolge $(x_{n_k})_{k\in\mathbb{N}}$ finden, die gegen einen Punkt $x_{\max} \in V$ konvergiert. Wegen der Stetigkeit von f ist dann

$$f(x_{\max}) = \lim_{k\to\infty} f(x_{n_k}) = f(\lim_{k\to\infty} x_{n_k}) = M$$

und es ist gezeigt, dass die Funktion f ihr Maximum tatsächlich annimmt.
Für das Minimum kann man ganz genauso argumentieren.

$\square$

Die Eigenschaft einer Menge, kompakt zu sein, bleibt unter stetigen Abbildungen erhalten.

Satz 14.11.
Das Bild einer kompakten Menge K unter einer stetigen Abbildung ist wieder kompakt.

Beweisidee: Betrachtet man zu einer beliebigen Folge in $f(K)$ eine Folge von Urbildern, so erhält man eine Folge in K. Wegen der Kompaktheit von K, besitzt diese Folge eine Teilfolge mit einem Grenzwert in K. Das Bild dieser Teilfolge liefert wieder eine Teilfolge der ursprünglichen Folge in $f(K)$, die einen Grenzwert in $f(K)$ hat.

$\square$

Bemerkung: Für normierte Vektorräume ist „kompakt" äquivalent zu folgender, auf den ersten Blick völlig anderen Eigenschaft:

Eine Teilmenge K eines normierter Vektorraums X ist kompakt, falls jede offene Überdeckung $(U_i)_{i \in I}$ eine endliche Teilüberdeckung besitzt. Ausführlicher bedeutet das: Falls $K \subset \bigcup_{i \in I} U_i$ in der Vereinigung der unendlich vielen Mengen U_i enthalten ist, dann kann man endlich viele Indizes $i_1, \ldots, i_k$ finden, so dass K schon in der endlichen Vereinigung $K \subset U_{i_1} \cup \ldots \cup U_{i_k}$ enthalten ist.

Um zu erkennen, welche Probleme hier auftreten können, kann man die nicht-kompakte Menge $(0, 1) \subset \mathbb{R}$ betrachten, die in der Vereinigung der Mengen $(\frac{1}{2}, 1), (\frac{1}{3}, 1), (\frac{1}{4}, 1), (\frac{1}{5}, 1), \ldots$ enthalten ist. Wenn man aber endlich viele dieser Mengen auswählt, gibt es immer Punkte aus dem Intervall $(0, 1)$, die zu keiner der Mengen gehören.

Definition. *(Äquivalenz von Normen)*
*Sei V ein Vektorraum. Zwei Normen $\|\cdot\|$ und $\|\|\cdot\|\|$ auf V heißen **äquivalent**, falls es Konstanten $c, C > 0$ gibt, so dass*

$$c\|x\| \leq \|\|x\|\| \leq C\|x\| \quad \text{für alle } x \in V.$$

Satz 14.12.
Seien $\|\cdot\|$ und $\|\|\cdot\|\|$ beliebige Normen auf dem $\mathbb{R}^n$. Dann gibt es Konstanten $c, C > 0$, so dass

$$c\|x\| \leq \|\|x\|\| \leq C\|x\| \text{ für alle } x \in \mathbb{R}^n.$$

Insbesondere sind alle Normen auf dem $\mathbb{R}^n$ äquivalent.

Beweisidee: Wir betrachten die stetige Funktion $F : \mathbb{R}^n \to \mathbb{R}$ mit $F(y) = \|\|y\|\|$. Da die Menge $S = \{y \in \mathbb{R}^n; \|y\| = 1\}$ beschränkt und abgeschlossen und damit nach dem Satz von Heine-Borel kompakt ist, nimmt die Funktion F ihr Maximum und ihr Minimum auf S an. Beide Werte sind echt positiv, da $0 \notin S$ und für $y \neq 0$ immer $F(y) > 0$ ist. Bezeichnet man das Minimum mit c und das Maximum mit C, dann gilt also

$$c \leq \|\|y\|\| \leq C \text{ für alle } y \text{ mit } \|y\| = 1.$$

Für ein beliebiges $x \in \mathbb{R}^n$ ist $y = \dfrac{x}{\|x\|}$ ein Vektor mit $\|y\| = 1$. Daher gilt

$$c \leq \left\|\left\| \frac{x}{\|x\|} \right\|\right\| \leq C \Rightarrow c\|x\| \leq \|\|x\|\| \leq C\|x\|.$$

$\square$

Bemerkung: Zwei äquivalente Normen besitzen dieselben konvergenten Folgen und Cauchyfolgen. Ebenso ändert sich nichts an der Stetigkeit von Abbildungen, wenn man zu einer äquivalenten Norm übergeht. Für die allermeisten Beweise spielt es daher in Zukunft keine Rolle, welche Norm auf dem $\mathbb{R}^n$ man benutzt. In einigen Fällen ist es wesentlich bequemer, die Maximumsnorm oder die 1-Norm anstelle der euklidischen Norm zu verwenden.

Nach diesem Kapitel sollten Sie...

... die drei Eigenschaften einer Norm angeben können

... mindestens drei verschiedene Normen auf dem $\mathbb{R}^n$ kennen

... wissen, wie man Konvergenz in einem normierten Vektorraum definiert

... wissen, was ein Banachraum und was ein Hilbertraum ist

... die Supremumsnorm, den Vektorraum $C^0([a,b],\mathbb{R})$ und einige seiner Eigenschaften kennen

... wissen, wie man Stetigkeit für Abbildungen zwischen normierten Vektorräumen definiert und mit „ε-δ" charakterisieren kann

... offene und abgeschlossene Mengen in einem normierten Vektorraum definieren können

... bei konkreten Teilmengen eines normierten Vektorraums nachprüfen können, ob diese offen bzw. abgeschlossen sind

... wissen, was kompakte Mengen sind und Mengen in normierten Vektorräumen auf Kompaktheit prüfen können

... den Satz von Heine-Borel kennen und anwenden können, sich aber auch klar darüber sein, in welchen normierten Vektorräumen er nicht gilt

... den Satz vom Maximum kennen und anwenden können

... wissen, dass alle Normen auf dem $\mathbb{R}^n$ äquivalent sind und welche nützlichen Konsequenzen dies hat

Aufgaben zu Kapitel 14

1. (a) Die am häufigsten verwendeten Normen im $\mathbb{R}^2$ sind
   ▶ die euklidische Norm $\|x\|_2 = \sqrt{x_1^2 + x_2^2}$,
   ▶ die Maximumnorm $\|x\|_\infty = \max\{|x_1|, |x_2|\}$ und
   ▶ die 1-Norm $\|x\|_1 = |x_1| + |x_2|$.
   Skizzieren Sie „Kugeln" $K_p = \{x = (x_1, x_2) \in \mathbb{R}^2;\ \|x\|_p < 1\}$ für $p = 1, 2$ und $p = \infty$.

   (b) Für $p \geq 1$ erhält man durch $\|x\|_p = (|x_1|^p + |x_2|^p)^{1/p}$ eine ganze Familie von Normen, die auch die 1-Norm und die euklidische Norm als Spezialfälle enthält.
   Zeigen Sie, dass
   $$\|x\|_\infty = \lim_{p \to \infty} \|x\|_p.$$

   Nehmen Sie dazu an, dass $|x_1| \geq |x_2|$ ist und verwenden Sie geschickt das Sandwichkriterium.

2. Allgemeiner betrachten wir nun im $\mathbb{R}^n$ die Normen $\|x\|_p = \left(|x_1|^p + |x_2|^p + \ldots + |x_n|^p\right)^{1/p}$ mit $p \geq 1$. Zeigen Sie die Ungleichungskette

$$\frac{1}{\sqrt{n}}\|x\|_2 \leq \|x\|_\infty \leq \|x\|_1 \leq \sqrt{n}\|x\|_2$$

und überlegen Sie sich, was dies für die offenen Kugeln bezüglich der verschiedenen Normen bedeutet.

3. Seien $(X, \|\cdot\|_X)$ und $(Y, \|\cdot\|_Y)$ normierte Vektorräume und $\mathcal{L}(X, Y)$ die Menge der beschränkten (also stetigen) linearen Abbildungen $A : X \to Y$. Zeigen Sie, dass durch

$$\|A\| := \sup\{\|Ax\|_Y;\ x \in X \text{ mit } \|x\|_X = 1\}$$

eine Norm auf $\mathcal{L}(X, Y)$ definiert wird.

Zeigen Sie weiter, dass die Darstellung

$$\|A\| := \sup_{x \neq 0} \frac{\|Ax\|_Y}{\|x\|_X}.$$

gilt.

4. Wie in der vorigen Aufgabe gezeigt kann man zu jeder Vektornorm im $\mathbb{R}^n$ eine *zugeordnete Matrixnorm*

$$\|A\| = \sup_{x \neq 0} \frac{\|Ax\|}{\|x\|}$$

auf dem Raum $M(n, \mathbb{R})$ der $n \times n$-Matrizen konstruieren, so dass die Abschätzung

$$\|Ax\| \leq \|A\| \cdot \|x\|$$

für alle Matrizen $A = (a_{ij})$ und alle Vektoren $x \in \mathbb{R}^n$ gilt.

Zeigen Sie:

(a) Für die Norm $\|x\|_\infty = \max\{|x_1|, |x_2|, \ldots, |x_n|\}$ auf $\mathbb{R}^n$ ist die zugeordneten Matrixnorm die *Zeilensummennorm*

$$\|A\|_Z = \max_{1 \leq i \leq n} \sum_{j=1}^n |a_{ij}|$$

(b) Für die Norm $\|x\|_1 = |x_1| + |x_2| + \ldots + |x_n|$ auf $\mathbb{R}^n$ ist die zugeordneten Matrixnorm die *Spaltensummennorm*

$$\|A\|_S = \max_{1 \leq j \leq n} \sum_{i=1}^n |a_{ij}|.$$

Dass $\|\cdot\|_Z$ und $\|\cdot\|_S$ Normen sind, brauchen Sie nicht nachzurechnen, es ergibt sich als Folgerung aus der vorhergehenden Aufgabe.

5. Kann man die Funktion $f : \mathbb{R}^2 \to \mathbb{R}$ mit

$$f(x, y) = \frac{x^2 - y^2}{x^2 + y^2} \text{ für } (x, y) \neq (0, 0)$$

stetig machen, indem man $f(0, 0)$ passend definiert?

6. Gegeben sei die Funktion $f : \mathbb{R}^2 \to \mathbb{R}$ mit

$$
f(x,y) := \begin{cases} \dfrac{xy^2}{x^2 + y^4} & \text{für alle } (x,y) \in \mathbb{R}^2 \,,\ (x,y) \neq (0,0) \,, \\ 0 & \text{für } (x,y) = (0,0) \,. \end{cases}
$$

Zeigen Sie, dass f auf **jeder** Geraden durch den Nullpunkt stetig ist, als Funktion $f : \mathbb{R}^2 \to \mathbb{R}$ jedoch im Punkt $(0,0)$ nicht stetig ist.

7. Sei X ein normierter Vektorraum und $M, N \subseteq X$. Weiter ist $\overline{M}$ der Abschluss, $\overset{\circ}{M}$ das Innere und $\partial M = \overline{M} \setminus \overset{\circ}{M}$ der Rand von M.

   (a) Zeigen Sie: Für jedes $x \in X$ und jedes $\varepsilon > 0$ ist die ε-Kugel $B_\varepsilon(x) = \{y \in X;\ \|y - x\| < \varepsilon\}$ eine offene Menge,

   (b) Gilt $(M \cap N)^\circ = \overset{\circ}{M} \cap \overset{\circ}{N}$?

   (c) Geben Sie speziell für $X = \mathbb{R}$ eine Menge $M \subset \mathbb{R}$ mit $\partial M = \mathbb{R}$ an!

   (d) Geben Sie speziell für $X = \mathbb{R}^2$ eine Menge $M \subset \mathbb{R}^2$ mit $\partial M = \mathbb{R}^2$ an!

   (e) Gilt $(M \cup N)^\circ = \overset{\circ}{M} \cup \overset{\circ}{N}$?

8. Sei X ein normierter Vektorraum.

   (a) Zeigen Sie, dass eine Menge $A \subseteq X$ genau dann abgeschlossen ist, wenn ihr Komplement $X \setminus A$ offen ist. (Tipp: indirekt argumentieren)

   (b) Zeigen Sie: Eine Teilmenge A von X ist genau dann abgeschlossen, wenn für jede Folge $(x_n)_{n \in \mathbb{N}}$ mit Folgengliedern aus A, die in X konvergiert, auch der Grenzwert in A liegt.

   (c) Für Teilmengen $M \subseteq X$ gilt: $X \setminus \overset{\circ}{M} = \overline{X \setminus M}$ und $X \setminus \overline{M} = (X \setminus M)^\circ$

9. Seien V und W zwei normierte Vektorräume mit Normen $\|\cdot\|_V$ und $\|\cdot\|_W$ Eine Funktion $f : V \to W$ heißt *gleichmäßig stetig*, wenn zu jedem $\varepsilon > 0$ ein $\delta > 0$ existiert, so dass für alle $x, y \in V$ gilt:

$$
\|x - y\|_V < \delta \ \Rightarrow\ \|f(x) - f(y)\|_W < \varepsilon.
$$

Das δ in der ε-δ-Definition der Stetigkeit hängt also nicht von x ab.
Sei $A \subset V$ eine *kompakte* Teilmenge von V. Zeigen Sie, dass jede stetige Funktion $f : A \to W$ dann automatisch gleichmäßig stetig ist.
Nehmen Sie dazu an, dass es zu $\delta = 1, \frac{1}{2}, \frac{1}{3}, \dots$ jeweils einen Punkt $x_1, x_2, x_3, \dots$ in A gibt, für den das jeweilige δ nicht klein genug ist und nutzen Sie die Kompaktheit von A aus.

10. Wir betrachten den Folgenraum $\ell^1 = \{(a_n)_{n \in \mathbb{N}};\ \sum\limits_{n=1}^{\infty} |a_n| < \infty\}$ mit der Norm $\|(a_n)\|_1 = \sum\limits_{n=1}^{\infty} |a_n|$.

   (a) Zeigen Sie, dass die abgeschlossene Einheitskugel

$$
T_1 = \{(a_n)_{n \in \mathbb{N}} \in \ell^1;\ \sum_{n=1}^{\infty} |a_n| \leq 1\}
$$

   nicht kompakt ist.

(b) Entscheiden Sie, ob

$$T_2 = \{(a_n)_{n \in \mathbb{N}} \in \ell^1; \; \sum_{n=1}^{\infty} |a_n| \leq 1, \; |a_n| \leq \frac{1}{n}\}$$

kompakt ist.

11. Sei X ein Banachraum. Wir betrachten eine *Reihe* $\sum_{k=1}^{\infty} x_k$ mit $x_k \in X$. Wie bei Zahlenfolgen

heißt die Reihe *konvergent*, wenn die Folge der Partialsummen $S_n = \sum_{k=1}^{n} x_k$ eine konvergente

Folge ist. Die Reihe heißt *absolut konvergent*, falls die reelle Reihe $\sum_{k=1}^{\infty} \|x_k\|$ konvergiert.

(a) Zeigen Sie, dass in einem Banachraum jede absolut konvergente Reihe konvergiert, indem Sie nachweisen, dass $(S_n)_{n \in \mathbb{N}}$ eine Cauchyfolge ist.

(b) Sei $X = \mathbb{R}^n$ endlich-dimensional und $A \in M(n, \mathbb{R})$ eine $n \times n$-Matrix. Zeigen Sie, dass die Matrixexponentialfunktion

$$e^A = \sum_{k=0}^{\infty} \frac{A^k}{k!} = E_n + \frac{A}{1!} + \frac{A^2}{2!} + \frac{A^3}{3!} + \dots$$

eine konvergente Reihe in $M(n, \mathbb{R})$ ist, wobei Sie $M(n, \mathbb{R})$ beispielsweise mit der Norm $\|A\| = \max_{i,j} |a_{ij}|$ versehen können.

(c) Zeigen Sie, dass $t \mapsto e^{At}$ eine stetige Abbildung ist.

12. Seien X, Y normierte Vektorräume, $A \subset X$ kompakt und $f : A \to B$ eine stetige Abbildung.

(a) Zeigen Sie: Falls f bijektiv ist, dann ist f ein Homöomorphismus, d.h. auch die Umkehrabbildung f^{-1} ist stetig.

(b) Überlegen Sie sich durch ein Gegenbeispiel, dass die Aussage ohne die Kompaktheit von A nicht richtig ist, d.h. die Umkehrabbildung einer stetigen, bijektiven Abbildung muss nicht mehr stetig sein.

13. „Einsetzungsoperator"
Untersuchen Sie die Funktion $F : C^0([0,1], \mathbb{R}) \to C^0([0,1], \mathbb{R})$ mit

$$(F(u))(x) := e^{u(x)}$$

auf Stetigkeit. Wie üblich ist dabei der Raum $C^0([0,1], \mathbb{R})$ der stetigen Funktionen mit der Supremumsnorm versehen.

Hinweis: Nach dem Mittelwertsatz ist $e^b - e^a = e^\xi (b - a)$ mit ξ zwischen a und b.

15 Mehrdimensionale Differentialrechnung

15.1 Partielle und totale Ableitung einer Funktion

In Kapitel 4 hatten wir die Differentiation von Funktionen $f : \mathbb{R} \to \mathbb{R}$ eingeführt. Damals gab es zwei Standpunkte: Die Ableitung $f'(a)$ der Funktion f an einer Stelle a kann als Grenzwert des Differenzenquotienten, also geometrisch als **Tangentensteigung** des Graphen von f aufgefasst werden. Sie kann aber auch als die **beste (affin-)lineare Approximation** von f in der Nähe von a interpretiert werden.

Diese beiden Sichtweisen liefern für Funktionen $f : \mathbb{R}^n \to \mathbb{R}$ oder $f : \mathbb{R}^n \to \mathbb{R}^m$ von mehreren Variablen nun nicht mehr genau dasselbe.

Wir halten uns zunächst an den ersten Zugang über den Grenzwert des Differenzenquotienten und betrachten Funktionen $f : \mathbb{R}^n \to \mathbb{R}$. Eine einfache Idee besteht darin, alle Variablen bis auf eine als konstant aufzufassen und die resultierende Funktion dieser einen Variablen x_j wie gewohnt zu differenzieren. Auf diese Weise ergeben sich für $j = 1, 2, \ldots, n$ die partiellen Ableitungen der Funktion.

Definition. *(partiell differenzierbar)*
Sei $U \subset \mathbb{R}^n$ eine offene Menge. Eine Funktion $f : U \to \mathbb{R}$ heißt **partiell differenzierbar** *im Punkt $a \in U$, falls die Grenzwerte*

$$\frac{\partial f}{\partial x_j}(a) = \lim_{h \to 0} \frac{f(a + h \cdot e_j) - f(a)}{h}$$

für alle $j \in \{1, 2, \ldots, n\}$ existieren. Dabei sind $e_1, e_2, \ldots, e_n$ die Standardbasisvektoren des $\mathbb{R}^n$. Wir nennen $\frac{\partial f}{\partial x_j}$ die **partielle Ableitung** *von f nach x_j und schreiben manchmal auch $\partial_j f(a)$.*

Beispiel: Die euklidische Norm

$$r(x_1, x_2, \ldots, x_n) = \|x\|_2 = \sqrt{x_1^2 + x_2^2 + \ldots + x_n^2}$$

im $\mathbb{R}^n$ ist außer in $x = 0$ partiell differenzierbar nach jedem x_j mit der partiellen Ableitung

$$\frac{\partial r}{\partial x_j} = \frac{2x_j}{2\sqrt{x_1^2 + x_2^2 + \ldots + x_n^2}} = \frac{x_j}{\|x\|_2}.$$

Für Funktionen $f : \mathbb{R}^2 \to \mathbb{R}$ kann man sich das zugehörige Schaubild

$$G_f = \{(x_1, x_2, x_3) \in \mathbb{R}^3;\ x_3 = f(x_1, x_2)\}$$

als eine Fläche visualisieren. Der Funktionswert $f(x_1, x_2)$ wird dann zu einer „Höhe" und der Graph von f zu einem „Höhenprofil". Die partielle Ableitungen $\frac{\partial f}{\partial x_1}(a)$ ist dann anschaulich die Steigung der (eindimensionalen) Kurve, die man erhält, wenn man das Schaubild mit einer Ebene schneidet, die parallel zur $x_1 - x_3$-Ebene ist und in der x_1-x_2-Ebene den Punkt a enthält.

Für die partiellen Ableitungen gelten die altbekannten Ableitungsregeln:

Satz 15.1.
Sei $U \subset \mathbb{R}^n$ eine offene Menge. Für partiell differenzierbare Funktionen $f, g : U \to \mathbb{R}$ und $\alpha, \beta \in \mathbb{R}$ ist

$$\frac{\partial}{\partial x_j}(\alpha f + \beta g)(x) = \alpha \frac{\partial f}{\partial x_j}(x) + \beta \frac{\partial g}{\partial x_j}(x) \qquad \text{(Linearität)}$$

$$\frac{\partial}{\partial x_j}(f \cdot g)(x) = \frac{\partial f}{\partial x_j}(x) \cdot g(x) + f(x) \cdot \frac{\partial g}{\partial x_j}(x) \qquad \text{(Produktregel)}$$

Satz 15.2. *(Kettenregel)*
Sei $U \subset \mathbb{R}^n$ eine offene Menge. Für eine partiell differenzierbare Funktion $f : U \to \mathbb{R}$ und eine differenzierbare Funktion $\varphi : \mathbb{R} \to \mathbb{R}$ ist

$$\frac{\partial}{\partial x_j}(\varphi \circ f)(x) = \varphi'(f(x)) \cdot \frac{\partial f}{\partial x_j}(x).$$

Die Begründung für diese beiden Sätze ergibt sich jeweils aus den entsprechenden Ableitungsregeln für Funktionen einer Variablen.
Beispiel: Für die Funktion $f : \mathbb{R}^2 \to \mathbb{R}$ mit $f(x_1, x_2) = \sin(x_1 + x_2^2)$ ist nach der Kettenregel

$$\frac{\partial f}{\partial x_1} = \cos(x_1 + x_2^2) \quad \text{und} \quad \frac{\partial f}{\partial x_2} = \cos(x_1 + x_2^2) \cdot 2x_2.$$

Man kann anstelle der Ableitung in Richtung der Koordinatenachsen auch die Ableitung von f in eine beliebige Richtung definieren:

Definition. *(Richtungsableitung)*
Sei $U \subset \mathbb{R}^n$ offen und $f : U \to \mathbb{R}$ eine Funktion. Für $v \in \mathbb{R}^n$ mit $v \neq 0$ heißt dann der Grenzwert

$$\lim_{h \to 0} \frac{f(a + h \cdot v) - f(a)}{h}$$

*die **Richtungsableitung** von f in a in Richtung des Vektors v.*

Die Richtungsableitung gibt (in erster Näherung) an, wie sich der Funktionswert von f ändert, wenn man ein kleines Stück in Richtung des Vektors v geht. In manchen Büchern werden für Richtungsableitungen nur Vektoren v der Länge 1 zugelassen, diese Einschränkung machen wir hier nicht.

Beispiel:
Die Funktion $f : \mathbb{R}^2 \to \mathbb{R}$ mit

$$f(x_1, x_2) = \begin{cases} \dfrac{x_1 x_2}{x_1^2 + x_2^2} & \text{für } (x_1, x_2) \neq (0, 0) \\[2mm] 0 & \text{für } (x_1, x_2) = (0, 0) \end{cases}$$

ist mit der Quotientenregel partiell differenzierbar für $(x_1, x_2) \neq (0, 0)$. Außerdem ist

$$\frac{\partial f}{\partial x_1}(0, 0) = \lim_{h \to 0} \frac{f(h, 0) - f(0, 0)}{h} = 0 \text{ und } \frac{\partial f}{\partial x_2}(0, 0) = \lim_{h \to 0} \frac{f(0, h) - f(0, 0)}{h} = 0.$$

Andererseits ist $f(\varepsilon, \varepsilon) = \frac{1}{2}$ und $f(\varepsilon, -\varepsilon) = -\frac{1}{2}$ für jedes noch so kleine $\varepsilon > 0$.
Die Funktion f ist daher in $(0, 0)$ nicht stetig.

Dass aus der partiellen Differenzierbarkeit von f nicht einmal die Stetigkeit folgt, zeigt, dass diese „Differenzierbarkeit" schwächer als die Ableitung einer Funktion einer Variablen ist, denn im Eindimensionalen war jede differenzierbare Funktion automatisch auch stetig.

Dieses Problem lässt sich beheben, indem wir einen stärkeren Differenzierbarkeitsbegriff einführen, der sich an der Sichtweise der Ableitung als lineare Approximation einer Funktion orientiert. Wir betrachten nun also Abbildungen $f : \mathbb{R}^n \to \mathbb{R}^m$ und werden am Ende des Kapitels darauf eingehen, dass man ohne zusätzlichen Aufwand auch Abbildungen zwischen normierten Vektorräumen differenzieren kann.

Definition. *(Differenzierbarkeit)*
*Sei $U \subseteq \mathbb{R}^n$ offen und $f : U \to \mathbb{R}^m$. Dann heißt f **differenzierbar** in $a \in U$, falls es eine stetige lineare Abbildung $A : \mathbb{R}^n \to \mathbb{R}^m$ gibt, so dass*

$$f(a+h) = f(a) + \underbrace{A \cdot h}_{\substack{\in \mathbb{R}^m \\ \text{(affin-)lineare} \\ \text{Approximation}}} + \underbrace{\varphi(h)}_{\substack{\text{„Fehler,"} \\ \text{„Abweichung"}}} \quad mit \quad \lim_{\|h\| \to 0} \frac{\varphi(h)}{\|h\|} = 0 \, .$$

*Die lineare Abbildung A heißt **Ableitung** oder **Differential** von f in a, geschrieben $Df(a)$ oder auch $f'(a)$ oder $df(a)$.*
*Wenn f für jedes $a \in U$ differenzierbar ist, dann heißt f **differenzierbar**.*

Als lineare Abbildung $A : \mathbb{R}^n \to \mathbb{R}^m$ kann die Ableitung $Df(a)$ daher durch eine von a abhängige $m \times n$-Matrix dargestellt werden. Diese Matrix werden wir in Kürze berechnen.

Bemerkung:

1. Die Bedingung, dass U offen sein soll, bedeutet anschaulich, dass man sich dem Punkt a innerhalb von U aus allen Richtungen nähern kann.

2. Alternativ ist A die Ableitung von f im Punkt a, wenn gilt:

$$\lim_{h \to 0} \frac{f(a+h) - f(a) - Ah}{\|h\|} = 0.$$

3. Man schreibt auch $\varphi(h) = o(\|h\|)$ für $\lim_{\|h\| \to 0} \dfrac{\varphi(h)}{\|h\|} = 0$ mit dem **Landau-Symbol** „Klein-o von $\|h\|$". Anschaulich strebt $\varphi(h)$ dann schneller gegen 0 als $\|h\|$.

4. Um diese Ableitung von den partiellen Ableitungen einer Funktion zu unterscheiden, wird auch der Begriff „totale Ableitung" oder „totales Differential" verwendet.

Beispiele:

1. Jede konstante Abbildung $f : \mathbb{R}^n \to \mathbb{R}^m$ mit $f(x) \equiv c \in \mathbb{R}^m$ ist differenzierbar. Die Ableitung $Df(a)$ ist dabei an jeder Stelle $a \in \mathbb{R}^n$ die Nullmatrix.

2. Die Abbildung $g : \mathbb{R}^2 \to \mathbb{R}^2$ mit

$$g(x,y) = \begin{pmatrix} x^3 y \\ x^2 y^2 \end{pmatrix}$$

ist differenzierbar in jedem Punkt $(a, b) \in \mathbb{R}^2$, denn

$$g(a+h, b+k) = \begin{pmatrix} (a+h)^3(b+k) \\ (a+h)^2(b+k)^2 \end{pmatrix}$$

$$= g(a,b) + \begin{pmatrix} 3a^2bh + a^3k + 3a^2hk + 3ah^2b + 3ah^2k + h^3(b+k) \\ 2ab^2h + b^2h^2 + 4abhk + 2bh^2k + 2ahk^2 + h^2k^2 + 2a^2bk + a^2k^2 \end{pmatrix}$$

$$= g(a,b) + \begin{pmatrix} 3a^2b & a^3 \\ 2ab^2 & 2a^2b \end{pmatrix} \begin{pmatrix} h \\ k \end{pmatrix} + \begin{pmatrix} 3a^2hk + 3ah^2b + 3ah^2k + bh^3 + h^3k \\ 4abhk + (b^2 + 2bk)h^2 + (2ah + h^2 + a^2)k^2 \end{pmatrix}.$$

Setzt man

$$Dg(a,b) \begin{pmatrix} h \\ k \end{pmatrix} = \begin{pmatrix} 3a^2b & a^3 \\ 2ab^2 & 2a^2b \end{pmatrix} \begin{pmatrix} h \\ k \end{pmatrix}$$

dann ist

$$\varphi(h,k) = \begin{pmatrix} 3a^2hk + 3abh^2 + 3ah^2k + bh^3 + h^3k \\ b^2h^2 + 4abhk + 2bh^2k + 2ahk^2 + h^2k^2 + a^2k^2 \end{pmatrix}$$

Wählt man in $\mathbb{R}^2$ die Norm $\left\| \begin{pmatrix} h \\ k \end{pmatrix} \right\|_\infty = \max\{|h|, |k|\}$, dann ist

$$\frac{\|\varphi(h,k)\|_\infty}{\|(h,k)\|_\infty} \leq \max\{3a^2 + 3ab + 3a + b + 1, b^2 + 4ab + 2b + 2a + 1 + a^2) \cdot \max\{|h|, |k|\}.$$

Damit strebt wie gewünscht $\dfrac{\|\varphi(h,k)\|_\infty}{\|(h,k)\|_\infty} \to 0$ für $\left\| \begin{pmatrix} h \\ k \end{pmatrix} \right\|_\infty \to 0.$

Wie im Eindimensionalen ist Differenzierbarkeit eine stärkere Eigenschaft als Stetigkeit:

Bemerkung: Ist f differenzierbar in einem Punkt x_0, dann ist f auch stetig in x_0, denn

$$\lim_{x \to x_0} f(x) = \lim_{h \to 0} f(x_0 + h) = \lim_{h \to 0} f(x_0) + Ah + \varphi(h) = f(x_0).$$

Satz 15.3.
Sei $U \subseteq \mathbb{R}^n$ offen und $f : U \to \mathbb{R}^m$ differenzierbar im Punkt $a \in U$. Dann existieren alle partiellen Ableitung $\frac{\partial f_i}{\partial x_j}$ im Punkt a und die Ableitung von f im Punkt a hat als Matrix-Darstellung bezüglich der Standardbasen die **Jacobi-Matrix**

$$Df(a) = \begin{pmatrix} \frac{\partial f_1}{\partial x_1}(a) & \frac{\partial f_1}{\partial x_2}(a) & \cdots & \frac{\partial f_1}{\partial x_n}(a) \\ \frac{\partial f_2}{\partial x_1}(a) & \frac{\partial f_2}{\partial x_2}(a) & \cdots & \frac{\partial f_2}{\partial x_n}(a) \\ \vdots & \ddots & \ddots & \vdots \\ \frac{\partial f_m}{\partial x_1}(a) & \frac{\partial f_m}{\partial x_2}(a) & \cdots & \frac{\partial f_m}{\partial x_n}(a) \end{pmatrix}.$$

Beweis: Seien $\{e_1, e_2, \ldots, e_n\}$ und $\{\tilde{e}_1, \tilde{e}_2, \ldots, \tilde{e}_m\}$ die Standardbasen des $\mathbb{R}^n$ bzw. des $\mathbb{R}^m$. Für festes j gilt wegen der Differenzierbarkeit von f:

$$f(a + he_j) - f(a) = Df(a)(he_j) + \varphi(he_j)$$

mit $h \in \mathbb{R}$ und $\lim\limits_{h \to 0} \frac{\varphi(he_j)}{h} = 0$.

Aus der Linearität der Ableitung ergibt sich

$$Df(a)(he_j) = hDf(a)e_j$$

und wir können die obere Gleichung durch h teilen und auf der rechten Seite den Grenzübergang $h \to 0$ durchführen:

$$\lim_{h \to 0} \frac{f(a + he_j) - f(a)}{h} = Df(a)e_j + \lim_{h \to 0} \frac{\varphi(he_j)}{h} = Df(a)e_j$$

Zerlegt man f in Komponenten, dann wird aus der linken Seite

$$\lim_{h \to 0} \sum_{i=1}^{m} \frac{f_i(a + he_j) - f_i(x)}{h} \tilde{e}_i = Df(a)e_j$$

und indem man nun auch links den Grenzübergang durchführt, erhält man

$$\sum_{i=1}^{m} \frac{\partial f_i}{\partial x_j}(a) \tilde{e}_i = Df(a)e_j.$$

Auf der linken Seite steht nun ein Vektor, dessen Einträge die partiellen Ableitungen $\frac{\partial f_i}{\partial x_j}(a)$ sind, auf der rechten Seite die j-te Spalte der Matrix $Df(a)$. Da j beliebig war, erhält man auf diese Weise spaltenweise die Jacobi-Matrix von f im Punkt a.

$\square$

Beispiele:

1. Wir hatten oben „von Hand" die Ableitung der Abbildung $g : \mathbb{R}^2 \to \mathbb{R}^2$ mit

$$g(x, y) = \begin{pmatrix} x^3 y \\ x^2 y^2 \end{pmatrix}$$

als

$$Dg(a, b) \begin{pmatrix} h \\ k \end{pmatrix} = \begin{pmatrix} 3a^2 b & a^3 \\ 2ab^2 & 2a^2 b \end{pmatrix} \begin{pmatrix} h \\ k \end{pmatrix}$$

berechnet und können nun leicht überprüfen, dass

$$\begin{pmatrix} 3a^2 b & a^3 \\ 2ab^2 & 2a^2 b \end{pmatrix} = \begin{pmatrix} \frac{\partial g_1}{\partial x}(a, b) & \frac{\partial g_1}{\partial y}(a, b) \\ \frac{\partial g_2}{\partial x}(a, b) & \frac{\partial g_2}{\partial y}(a, b) \end{pmatrix}$$

ist.

2. Eine Abbildung $g : \mathbb{R} \to \mathbb{R}^m$ lässt sich als Vektor

$$g(t) = \begin{pmatrix} g_1(t) \\ g_2(t) \\ \vdots \\ g_m(t) \end{pmatrix}$$

schreiben. Wenn alle Komponentenfunktionen $g_1, g_2, \ldots, g_m$ im Punkt $t_0 \in \mathbb{R}$ differenzierbar sind, dann ist die Funktion g in t_0 differenzierbar mit der „Jacobimatrix"

$$\dot{g}(t_0) = Dg(t_0) = \begin{pmatrix} g_1'(t) \\ g_2'(t) \\ \vdots \\ g_m'(t) \end{pmatrix},$$

wobei $g_1'(t), \ldots$ die bekannten Ableitungen einer Funktion von einer Variablen sind.

Für ein Intervall $I \subseteq \mathbb{R}$ nennt man eine Abbildung $g : I \to \mathbb{R}^m$ auch eine differenzierbare **Kurve** im $\mathbb{R}^m$. Man kann sich $t \in I$ als „Zeit" vorstellen und die Kurve als die Bahn eines (Massen-)Punktes. Falls g differenzierbar ist, dann ist $\dot{g}(t_0) = Dg(t_0)$ die **Geschwindigkeit** von g zur Zeit t_0. Falls $\dot{g}(t_0) \neq 0$ ist, dann nennt man $\dot{g}(t_0)$ den **Tangentialvektor** von g im Punkt t_0.

3. Ellipse

Betrachte konkret $g : \mathbb{R} \to \mathbb{R}^2$ mit

$$g(t) = \begin{pmatrix} 2\cos t \\ \sin t \end{pmatrix}.$$

Dann ist g differenzierbar mit

$$\dot{g}(t) = \begin{pmatrix} -2\sin t \\ \cos t \end{pmatrix}$$

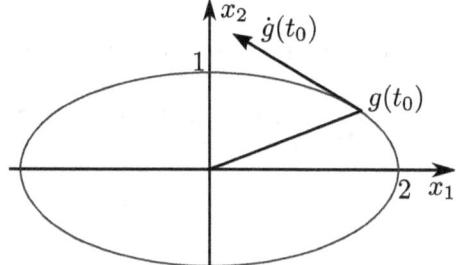

Die totale Differenzierbarkeit einer Funktion $f : \mathbb{R}^n \to \mathbb{R}^m$ kann man mit Hilfe der partiellen Ableitungen überprüfen.

Satz 15.4.
Sei $U \subseteq \mathbb{R}^n$ offen und $f : U \to \mathbb{R}^m$ eine Abbildung. Dann gilt: Wenn f auf U partiell differenzierbar ist (d.h. alle partielle Ableitungen existieren) und wenn die partiellen Ableitungen in $a \in U$ stetig sind, dann ist f in a differenzierbar.

Beweis: Es genügt, den Fall $m = 1$ zu betrachten, denn wenn jede Komponentenfunktion f_j differenzierbar ist, dann ist auch f selbst differenzierbar. Wir definieren dazu die lineare Abbildung $A : \mathbb{R}^n \to \mathbb{R}$ durch

$$Ah = \frac{\partial f}{\partial x_1}(a)h_1 + \frac{\partial f}{\partial x_2}(a)h_2 + \ldots + \frac{\partial f}{\partial x_n}(a)h_n$$

mit $h = (h_1, h_2, \ldots, h_n) = h_1 e_1 + h_2 e_2 + \ldots h_n e_n$ und zeigen, dass damit die Definition der Differenzierbarkeit erfüllt ist und somit $A = Df(a)$ ist. Wir zerlegen die Differenz zwischen dem Punkt $a + h$ und dem Punkt a in lauter achsenparallele Stücke, damit wir später die partiellen

Ableitungen sinnvoll ins Spiel bringen können. Dazu sei

$$
\begin{aligned}
a_0 &= a \\
a_1 &= a + h_1 e_1 \\
a_2 &= a_1 + h_2 e_2 = a + h_1 e_1 + h_2 e_2 \\
&\vdots \\
a_n &= a_{n-1} + h_n e_n = a + h.
\end{aligned}
$$

Also ist

$$
f(a+h) - f(a) = f(a_n) - f(a_{n-1}) + f(a_{n-1}) - f(a_{n-2}) + - \ldots + f(a_2) - f(a_1) + f(a_1) - f(a).
$$

Wir betrachten die Funktionen $g_j(t) = f(a_{j-1} + te_j)$ mit t zwischen 0 und h_j.
Dann ist $g_j(0) = f(a_{j-1})$ und $g_j(h_j) = f(a_{j-1} + h_j e_j) = f(a_j)$. Da nur die j-te Komponente von g_j von t abhängt, ist die Ableitung von g_j

$$
g_j'(t) = \frac{\partial f}{\partial x_j}(a_{j-1} + te_j)
$$

und nach dem Mittelwertsatz angewandt auf g_j ist daher

$$
f(a_j) - f(a_{j-1}) = g_j(h_j) - g_j(0) = g_j'(\xi_j) \cdot h_j = \frac{\partial f}{\partial x_j}(c_j) \cdot h_j
$$

für ein $c_j = a_j + \xi_j e_j$ auf der Verbindungslinie zwischen a_{j-1} und a_j. Mit der Maximumsnorm $\|x\|_\infty = \max\{|x_1|, |x_2|, \ldots, |x_n|\}$ ist dann

$$
\begin{aligned}
\frac{|f(a+h) - f(a) - Ah|}{\|h\|_\infty} &= \frac{\left| \sum_{j=1}^{n} (f(a_j) - f(a_{j-1})) - Ah \right|}{\|h\|_\infty} \\[2ex]
&= \frac{\left| \sum_{j=1}^{n} \frac{\partial f}{\partial x_j}(c_j) \cdot h_j - \sum_{j=1}^{n} \frac{\partial f}{\partial x_j}(a) \cdot h_j \right|}{\|h\|_\infty} \\[2ex]
&\leq \|h\|_\infty \frac{\left| \sum_{j=1}^{n} \frac{\partial f}{\partial x_j}(c_j) - \frac{\partial f}{\partial x_j}(a) \right|}{\|h\|_\infty} \\[2ex]
&= \left| \sum_{j=1}^{n} \left(\frac{\partial f}{\partial x_j}(c_j) - \frac{\partial f}{\partial x_j}(a) \right) \right|.
\end{aligned}
$$

Da für $h \to 0$ auch alle $a_j \to a$ konvergieren, streben auch die Zwischenstellen c_j gegen a und wegen der Stetigkeit der partiellen Ableitungen ist

$$
\lim_{h \to 0} \frac{|f(a+h) - f(a) - Ah|}{\|h\|_\infty} = \lim_{h \to 0} \left| \sum_{j=1}^{n} \left(\frac{\partial f}{\partial x_j}(a_{j-1} + \xi_j e_j) - \frac{\partial f}{\partial x_j}(a) \right) \right| = 0.
$$

Daher ist f im Punkt a differenzierbar mit der Ableitung $Df(a) = A$.

$\square$

Der Gradient

Für Funktionen $f : \mathbb{R}^n \to \mathbb{R}$ bekommt die Ableitung einen eigenen Namen.

Definition. *(Gradient)*
Sei $U \subseteq \mathbb{R}^n$ und $f : \mathbb{R}^n \to \mathbb{R}$ differenzierbar. Dann heißt der Zeilenvektor

$$Df(x) = \nabla f(x) = \operatorname{grad} f(x) = \left(\frac{\partial f}{\partial x_1}(x), \frac{\partial f}{\partial x_2}(x), \ldots, \frac{\partial f}{\partial x_n}(x) \right)$$

Gradient von f im Punkt x.

Bemerkung: Der Gradient wird in der Literatur manchmal als Spalten- und manchmal als Zeilenvektor aufgefasst. Manchmal wird f auch nur als partiell differenzierbar vorausgesetzt. Hier soll er ein Zeilenvektor sein, und damit genau der Jacobimatrix von f entsprechen, aber man sollte sich angewöhnen, je nach Kontext zwischen beiden Darstellungsweisen hin- und herzuwechseln.

Mit Hilfe des Gradienten kann man auch Richtungsableitungen von f ausdrücken, indem man das Skalarprodukt des Gradienten mit dem entsprechenden Richtungsvektor bildet.

Satz 15.5.
Sei $U \subseteq \mathbb{R}^n$ offen und $f : \mathbb{R}^n \to \mathbb{R}$ differenzierbar. Ist

$$v = \begin{pmatrix} v_1 \\ \vdots \\ v_n \end{pmatrix} = v_1 e_1 + v_2 e_2 + \cdots + v_n e_n,$$

dann ist die Richtungsableitung von f im Punkt a in Richtung v gegeben durch

$$Df(a)\,v = \operatorname{grad} f(a)\,v = \sum_{j=1}^{n} v_j \frac{\partial f}{\partial x_j}(a).$$

Beweis: Die Richtungsableitung von f in a ist die Ableitung der Funktion $h : (-s, s) \to \mathbb{R}$ mit $h(t) = f(a + t \cdot v)$ in $t = 0$. Wir können $h = f \circ g$ schreiben als Verkettung der beiden Funktionen $f : \mathbb{R}^n \to \mathbb{R}$ und $g : \mathbb{R} \to \mathbb{R}^n$ mit $g(t) = a + t \cdot v$. Die Ableitung von g ist daher gerade $Dg(t) = v$. Nach der Kettenregel ist die Ableitung von h in $t = 0$

$$Df(a)Dg(t) = \operatorname{grad} f(a)\,v.$$

$\square$

Der Gradient $\operatorname{grad} f(x_0)$ gibt an, in welche Richtung sich die Funktion f am stärksten ändert. Sei dazu $v \in \mathbb{R}^n$ mit $\|v\| = 1$ ein Vektor der Länge 1. Dann ist

$$Df(x_0)v = \operatorname{grad} f(x_0)v$$

die Änderung von f in Richtung v. Da man $\operatorname{grad} f(x_0)v$ auch als das (Standard-)Skalarprodukt der Vektoren $\operatorname{grad} f(x_0)^T$ und v im $\mathbb{R}^n$ auffassen kann, ist nach der Cauchy-Schwarzschen Ungleichung

$$|\operatorname{grad} f(x_0)v| \leq \|\operatorname{grad} f(x_0)\| \cdot \|v\| = \|\operatorname{grad} f(x_0)\|$$

und Gleichheit gilt genau dann, wenn $\operatorname{grad} f(x_0)$ und v linear abhängig sind, d.h. wenn der Gradient $\operatorname{grad} f(x_0)$ in Richtung von v zeigt. Insbesondere ist die Änderung von f maximal in Richtung des Gradienten. Falls v andererseits senkrecht zu grad $f(x_0)$ ist, dann verschwindet das Skalarprodukt und damit die Richtungsableitung in Richtung v, die Funktion ändert sich in diese Richtung also nur wenig. Geometrisch bedeutet das, dass der Gradient senkrecht auf den Niveauflächen von f steht.

15.2 Rechenregeln für Ableitungen

Satz 15.6. *(Linearität der Ableitung)*
Sei $U \subseteq \mathbb{R}^n$ offen und $f, g : U \to \mathbb{R}^m$ differenzierbar und seien $\lambda, \mu \in \mathbb{R}$. Dann gilt

$$D(\lambda \cdot f + \mu \cdot g) = \lambda \cdot Df + \mu \cdot Dg.$$

Beweis: Für eine beliebige Stelle $a \in U$ und $h \in \mathbb{R}^n$ ist

$$f(a + h) = f(a) + Df(a)h + \phi_f(h) \text{ und}$$
$$g(a + h) = g(a) + Dg(a)h + \phi_g(h)\,,$$

wobei

$$\lim_{h \to 0} \frac{\varphi_f(h)}{\|h\|} = \lim_{h \to 0} \frac{\varphi_g(h)}{\|h\|} = 0$$

ist. Damit ist

$$\lambda f(a + h) + \mu g(a + h) = \lambda f(a) + \mu g(a) + \lambda Df(a)h + \mu Dg(a)h + \lambda \phi_f(h) + \mu \phi_g(h)\,.$$

und somit

$$(\lambda f + \mu g)(a + h) = (\lambda f + \mu g)(a) + (\lambda Df(a) + \mu Dg(a))h + \lambda \phi_f(h) + \mu \phi_g(h)$$

Die lineare Abbildung $\lambda Df(a) + \mu Dg(a)$ erfüllt daher genau die Bedingung, die an die Ableitung von $\lambda f + \mu g$ gestellt wird und da die Ableitung eindeutig ist, handelt es sich daher um **die** Ableitung.

$\square$

Die Produktregel gilt nur Funktionen von $\mathbb{R}^n$ nach $\mathbb{R}$.

Satz 15.7. *(Produktregel)*
Sei $U \subseteq \mathbb{R}^n$ offen und $f, g : U \to \mathbb{R}$ differenzierbar. Dann ist die Ableitung des Produkts $f(x) \cdot g(x)$:

$$D(f \cdot g)(x) = Df(x) \cdot g(x) + f(x) \cdot Dg(x).$$

Beweis: Direktes Nachrechnen.

$\square$

Die mehrdimensionale Kettenregel entspricht genau der eindimensionalen Version, allerdings sind die Ableitungen, die dabei auftreten, jetzt jeweils Matrizen.

Satz 15.8. *(Kettenregel)*
Sei $U \subseteq \mathbb{R}^n$, $f : U \to \mathbb{R}^m$ differenzierbar in a und $g : \mathbb{R}^m \to \mathbb{R}^p$ differenzierbar in $f(a)$. Dann ist $g \circ f$ differenzierbar in a mit

$$D(g \circ f)(a) = \underbrace{Dg(f(a))}_{p \times m\text{-Matrix}} \cdot \underbrace{Df(a)}_{m \times n\text{-Matrix}} .$$
$$\underbrace{}_{p \times n\text{-Matrix}}$$

Beweis: Für eine beliebige Stelle $a \in U$ und „kleine" Vektoren $h \in \mathbb{R}^n$ und $k \in \mathbb{R}^m$ ist

$$
\begin{aligned}
f(a + h) &= f(a) + Df(a)h + \phi_f(h) \text{ und} \\
g(f(a) + k) &= g(f(a)) + Dg(f(a))k + \phi_g(k) .
\end{aligned}
$$

Unter Verwendung dieser beiden Gleichungen (speziell mit $k = Df(a)h + \phi_f(h)$) erhält man

$$
\begin{aligned}
g(f(a + h)) &= g\left(f(a) + Df(a)h + \phi_f(h)\right) \\
&= g(f(a)) + Dg(f(a))(Df(a)h + \phi_f(h)) + \phi_g(Df(a)h + \phi_f(h)) \\
&= g(f(a)) + Dg(f(a))Df(a)h + Dg(f(a))\phi_f(h) + \phi_g(Df(a)h + \phi_f(h)) .
\end{aligned}
$$

Der Ausdruck $Dg(f(a))Df(a)$ erfüllt nun gerade die Bedingung an die Ableitung von $g \circ f$ im Punkt a, denn es ist

$$
\begin{aligned}
&\lim_{h \to 0} \frac{Dg(f(a))\phi_f(h) + \phi_g(Df(a)h + \phi_f(h))}{h} \\
&= \lim_{h \to 0} \left(Dg(f(a))\frac{\phi_f(h)}{h} + \frac{\phi_g(Df(a)h + \phi_f(h))}{h} \right) \\
&= \lim_{h \to 0} Dg(f(a)) \underbrace{\frac{\phi_f(h)}{h}}_{=0} + \lim_{h \to 0} \frac{\phi_g(Df(a)h + \phi_f(h))}{h} = 0,
\end{aligned}
$$

weil $\|Df(a)h + \phi_f(h)\| \le C\|h\|$ für kleine $\|h\|$ und damit auch der rechte Grenzwert Null ergibt. Damit ist nachgewiesen, dass $Dg(f(a))Df(a)$ genau die Bedingung erfüllt, die die Ableitung von $g \circ f$ an der Stelle a erfüllen muss.

$\square$

Beispiel: Seien $f : \mathbb{R}^2 \to \mathbb{R}^2$ und $g : \mathbb{R}^2 \to \mathbb{R}^3$ gegeben durch

$$
f(x, y) = \begin{pmatrix} xy \\ x^2 + y^2 \end{pmatrix} \text{ und } g(u, v) = \begin{pmatrix} u + v \\ \sin u \\ \ln(1 + u^2 + v) \end{pmatrix} .
$$

Dann ist $Df(x, y) = \begin{pmatrix} y & x \\ 2x & 2y \end{pmatrix}$ und $Dg(u, v) = \begin{pmatrix} 1 & 1 \\ \cos u & 0 \\ \dfrac{2u}{1 + u^2 + v} & \dfrac{1}{1 + u^2 + v} \end{pmatrix}$.

Damit ist für die Verkettung

$$
h(x, y) = g(f(x, y)) = \begin{pmatrix} xy + x^2 + y^2 \\ \sin(xy) \\ \ln(1 + x^2 y^2 + x^2 + y^2) \end{pmatrix}
$$

die Ableitung $Dh(x, y)$ nach der mehrdimensionalen Kettenregel gerade

$$Dg(xy, x^2 + y^2)Df(x, y) = \begin{pmatrix} 1 & 1 \\ \cos(xy) & 0 \\ \dfrac{2xy}{1 + x^2y^2 + x^2 + y^2} & \dfrac{1}{1 + x^2y^2 + x^2 + y^2} \end{pmatrix} \begin{pmatrix} y & x \\ 2x & 2y \end{pmatrix}$$

$$= \begin{pmatrix} y + 2x & x + 2y \\ y\cos(xy) & x\cos(xy) \\ \dfrac{2xy^2 + 2x}{1 + x^2y^2 + x^2 + y^2} & \dfrac{2x^2y + 2y}{1 + x^2y^2 + x^2 + y^2} \end{pmatrix}.$$

Die folgenden drei Beispiele zeigen die Verwendung der Kettenregel in einem etwas "angewandteren" Kontext.

Beispiele:

1. Seien $r : [0, 1] \to \mathbb{R}^3$ und $\Theta : \mathbb{R}^3 \to \mathbb{R}$ differenzierbare Funktionen. Wir können uns zum Beispiel vorstellen, dass $r(t)$ die Bahnkurve eines Messflugzeugs ist und $\Theta(x)$ die (hier als zeitlich konstant vorausgesetzte) Temperatur am Ort x.
   Die Verkettung $\theta(t) := \Theta(r(t))$ gibt dann den zeitlichen Temperaturverlauf während des Fluges wieder. Nach der Kettenregel ist

$$\dot{\theta}(t) = \underbrace{D\Theta(r(t))}_{\text{Zeilenvektor}} \, \underbrace{\dot{r}(t)}_{\text{Spaltenvektor}} = \frac{\mathrm{d}}{\mathrm{d}s}\Theta(r(t) + s \cdot \dot{r}(t))\bigg|_{s=0}$$

Anschaulich gesprochen: Die Änderung der gemessenen Temperatur θ ist gerade die Richtungsableitung des Temperaturfelds Θ in der Richtung der momentanen Fluggeschwindigkeit.

2. **Kugelkoordinaten** im $\mathbb{R}^3$ sind definiert durch

$$\begin{pmatrix} x \\ y \\ z \end{pmatrix} = \Psi(r, \varphi, \theta) = \begin{pmatrix} r\cos\varphi\sin\theta \\ r\sin\varphi\sin\theta \\ r\cos\theta \end{pmatrix}.$$

Sei $H : \mathbb{R}^3 \to \mathbb{R}$ eine beliebige differenzierbare Funktion. Um „dieselbe Funktion" in Kugelkoordinaten auszudrücken definieren wir

$$\hat{H}(r, \varphi, \theta) = H(x(r, \varphi, \theta), y(r, \varphi, \theta), z(r, \varphi, \theta))$$

Die Funktion $\hat{H}$ hat dann an einer Stelle (r, φ, θ) genau den Funktionswert, den die Funktion $H(x, y, z)$ hat, wenn $x = r\cos\varphi\sin\theta$ etc. ist.
Nun ist die Ableitung der Funktion H nach dem ersten Argument x in aller Regel nicht dasselbe wie die Ableitung der Funktion $\hat{H}$ nach deren erstem Argument r. Wenn man also beispielsweise in Differentialgleichungen mit Ableitungen von H zu tun hat, dann muss man diese zunächst in Ableitungen von $\hat{H}$ umrechnen. Dafür benutzt man die Kettenregel, denn $\hat{H} = H \circ \Psi$.

Insbesondere ist dann

$$DĤ(r,\varphi,\theta) = DH(\Psi(r,\phi,\theta))D\Psi(r,\varphi,\theta)$$

oder ausführlicher

$$
\frac{\partial \hat{H}}{\partial r} = \frac{\partial H}{\partial x}\frac{\partial x}{\partial r} + \frac{\partial H}{\partial y}\frac{\partial y}{\partial r} + \frac{\partial H}{\partial z}\frac{\partial z}{\partial r}
$$

$$
= \frac{\partial H}{\partial x}\cos\varphi\sin\theta + \frac{\partial H}{\partial y}\sin\varphi\sin\theta + \frac{\partial H}{\partial z}\cos\theta,
$$

$$
\frac{\partial \hat{H}}{\partial \varphi} = \frac{\partial H}{\partial x}\frac{\partial x}{\partial \varphi} + \frac{\partial H}{\partial y}\frac{\partial y}{\partial \varphi} + \frac{\partial H}{\partial z}\frac{\partial z}{\partial \varphi}
$$

$$
= -\frac{\partial H}{\partial x}r\sin\varphi\sin\theta + \frac{\partial H}{\partial y}r\cos\varphi\sin\theta,
$$

$$
\frac{\partial \hat{H}}{\partial \theta} = \frac{\partial H}{\partial x}\frac{\partial x}{\partial \theta} + \frac{\partial H}{\partial y}\frac{\partial y}{\partial \theta} + \frac{\partial H}{\partial z}\frac{\partial z}{\partial \theta}
$$

$$
= \frac{\partial H}{\partial x}r\cos\varphi\cos\theta + \frac{\partial H}{\partial y}r\sin\varphi\cos\theta - \frac{\partial H}{\partial y}r\sin\theta.
$$

Dabei werden die partiellen Ableitungen von H alle an der Stelle $\Psi(r,\phi,\theta)$ ausgewertet.

3. Das mathematische Pendel wird durch die Differentialgleichung zweiter Ordnung

$$\ddot{x}(t) + \sin x(t) = 0$$

beschrieben. Man kann diese Differentialgleichung auch als System von Differentialgleichungen erster Ordnung schreiben:

$$
\begin{aligned}
\dot{x}(t) &= y(t) \\
\dot{y}(t) &= -\sin x(t)
\end{aligned}
$$

Es lässt sich zeigen, dass die Funktion $H(x,y) = \frac{1}{2}y^2 - \cos x$ eine Erhaltungsgröße ist, d.h. H ändert sich entlang von Lösungskurven der Differentialgleichung nicht, denn die Funktion $H(x(t),y(t))$ ist die Verkettung der Funktion H mit der Funktion $t \mapsto (x(t),y(t))$ und diese Verkettung lässt sich wieder mit der Kettenregel differenzieren:

$$
\frac{\mathrm{d}}{\mathrm{d}t}H(x(t),y(t)) = DH(x(t),y(t))\begin{pmatrix}\dot{x}(t)\\\dot{y}(t)\end{pmatrix}
$$

$$
= \frac{\partial H}{\partial x}(x(t),y(t))\dot{x}(t) + \frac{\partial H}{\partial y}(x(t),y(t))\dot{y}(t)
$$

$$
= \sin x(t)y(t) + y(t)(-\sin x(t)) = 0,
$$

wobei im letzten Schritt benutzt wird, dass $x(t)$ und $y(t)$ Lösungen der oben angegebenen Differentialgleichungen sind. Die Lösungskurven der Differentialgleichung verlaufen daher innerhalb von *Niveaumengen* $\{H(x,y) = const.\}$ der Funktion H.

Als weitere Anwendung der Kettenregel zeigen wir einen Satz für (eindimensionale) Integrale, deren Grenzen und Integrand von einer Variablen t abhängen.

Satz 15.9. *(Parameterintegral, Leibnizregel)*
Seien $I, J \subset \mathbb{R}$ *offene Intervalle,* $\Omega := I \times J \subset \mathbb{R}^2$ *und* $f : \Omega \to \mathbb{R}$ *stetig.*
Wir nehmen an, dass die partielle Ableitung $\frac{\partial f}{\partial t}(s,t)$ *auf ganz* Ω *existiert und stetig ist. Seien weiter*
die Integralgrenzen $a, b : J \to I$ *differenzierbare Funktionen.*
Dann ist die Funktion $F : J \to \mathbb{R}$ *mit*

$$F(t) := \int_{a(t)}^{b(t)} f(s,t)\, \mathrm{d}s$$

differenzierbar mit der Ableitung

$$F'(t) = f(b(t),t)\, b'(t) - f(a(t),t)\, a'(t) + \int_{a(t)}^{b(t)} \frac{\partial f}{\partial t}(s,t)\, \mathrm{d}s.$$

Beweis: Wir definieren eine Hilfsfunktion $\Phi : I \times I \times J \to \mathbb{R}$ durch

$$\Phi(a,b,c) := \int_a^b f(s,c)\, \mathrm{d}s\,.$$

Diese Funktion ist stetig differenzierbar mit partiellen Ableitungen

$$\frac{\partial \Phi}{\partial a}(a,b,c) = -f(a,c)$$

$$\frac{\partial \Phi}{\partial b}(a,b,c) = f(b,c)$$

$$\frac{\partial \Phi}{\partial c}(a,b,c) = \int_a^b \frac{\partial f}{\partial t}(s,c)\, \mathrm{d}s$$

Dabei folgen die ersten beiden Zeilen direkt aus dem Hauptsatz der Differential- und Integralrechnung und die Stetigkeit der partiellen Ableitungen folgt direkt aus der Stetigkeit von f.
Wenn wir zeigen können, dass die partielle Ableitung von Φ nach c die angegebene Funktion ist,
und dass diese stetig ist, dann ist Φ nach Satz 15.4 total differenzierbar, wir dürfen die Kettenregel
auf $F(t) = \Phi(a(t), b(t), t)$ anwenden und wir sind fertig.
Für die partielle Ableitung von Φ nach c müssen wir allerdings zunächst etwas mehr arbeiten. Wir
betrachten dazu einen beliebigen Punkt $(a_0, b_0, c_0) \in I \times I \times J$ mit $a_0 < b_0$ und wählen $r > 0$ so
klein, dass die kompakte Menge $K := [a_0 - r, b_0 + r] \times [c_0 - r, c_0 + r]$ noch in Ω enthalten ist.
Weil die Funktion $\varphi = \frac{\partial f}{\partial t}$ auf Ω stetig ist, ist sie auf der kompakten Menge K sogar gleichmäßig
stetig. Zu jedem vorgegebenen $\varepsilon > 0$ existiert dann wegen dieser gleichmäßigen Stetigkeit von φ
ein $\delta \in (0, r)$, so dass für alle $(s,t), (s',t') \in K$ mit $|s - s'| < \delta$ und $|t - t'| < \delta$ gilt:

$$|\varphi(s,t) - \varphi(s',t')| < \frac{\varepsilon}{b_0 - a_0}.$$

Dann ist nach dem Hauptsatz der Differential- und Integralrechnung für alle $h \in \mathbb{R}$ mit $0 < h < \delta$
und alle $s \in [a_0, b_0]$

$$\left| \frac{f(s, c_0 + h) - f(s, c_0)}{h} - \varphi(s, c_0) \right| = \left| \frac{1}{h} \int_{c_0}^{c_0 + h} \varphi(s,t)\, \mathrm{d}t - \frac{1}{h} \int_{c_0}^{c_0 + h} \varphi(s, c_0)\, \mathrm{d}t \right|$$

$$\leq \frac{1}{h} \int_{c_0}^{c_0 + h} \underbrace{|\varphi(s,t) - \varphi(s, c_0)|}_{< \frac{\varepsilon}{b_0 - a_0},\ \text{da}\ |t - c_0| < \delta}\, \mathrm{d}t < \frac{\varepsilon}{b_0 - a_0}\,.$$

Für die ursprüngliche Funktion Φ kann man nun den Differenzenquotienten bezüglich der dritten Variablen mit der „gewünschten" Ableitung vergleichen:

$$
\left| \frac{\Phi(a_0, b_0, c_0 + h) - \Phi(a_0, b_0, c_0)}{h} - \int_{a_0}^{b_0} \varphi(s, c_0)\, ds \right|
$$

$$
= \left| \int_{a_0}^{b_0} \left(\frac{f(s, c_0 + h) - f(s, c_0)}{h} - \varphi(s, c_0) \right) ds \right|
$$

$$
\leq \int_{a_0}^{b_0} \underbrace{\left| \frac{f(s, c_0 + h) - f(s, c_0)}{h} - \varphi(s, c_0) \right|}_{< \frac{\varepsilon}{b_0 - a_0}} ds < \varepsilon
$$

Genauso kann man für $-\delta < h < 0$ vorgehen.

Damit ist wie oben schon behauptet die partielle Ableitung

$$
\frac{\partial \Phi}{\partial c}(a_0, b_0, c_0) = \lim_{h \to 0} \frac{\Phi(a_0, b_0, c_0 + h) - \Phi(a_0, b_0, c_0)}{h} = \int_{a_0}^{b_0} \varphi(s, c_0)\, ds = \int_{a_0}^{b_0} \partial_2 f(s, c_0)\, ds.
$$

Die Stetigkeit von $\frac{\partial \Phi}{\partial c}$ skizzieren wir nur. Nach der Dreiecksungleichung ist

$$
\left| \frac{\partial \Phi}{\partial c}(a, b, c) - \frac{\partial \Phi}{\partial c}(a_0, b_0, c_0) \right| \leq \left| \frac{\partial \Phi}{\partial c}(a, b, c) - \frac{\partial \Phi}{\partial c}(a_0, b, c) \right|
$$

$$
+ \left| \frac{\partial \Phi}{\partial c}(a_0, b, c) - \frac{\partial \Phi}{\partial c}(a_0, b_0, c) \right| + \left| \frac{\partial \Phi}{\partial c}(a_0, b_0, c) - \frac{\partial \Phi}{\partial c}(a_0, b_0, c_0) \right|
$$

$$
= \left| \int_{a_0}^{a} \varphi(s, c)\, ds \right| + \left| \int_{b_0}^{b} \varphi(s, c)\, ds \right| + \left| \int_{a_0}^{b_0} (\varphi(s, c) - \varphi(s, c_0))\, ds \right|,
$$

wobei im letzten Schritt die Darstellung $\frac{\partial \Phi}{\partial c}(a_0, b_0, c_0) = \int_{a_0}^{b_0} \partial_2 f(s, c_0)\, ds$ benutzt wird. Da φ auf K stetig (und damit auch beschränkt) ist, strebt für $a \to a_0$, $b \to b_0$ und $c \to c_0$ jeder der drei Terme gegen Null. Aus der Stetigkeit der partiellen Ableitungen folgt nun, dass Φ differenzierbar ist und somit auch die Verkettung von Φ mit der Funktion $t \mapsto (a(t), b(t), t)$. Diese Verkettung liefert aber gerade die Funktion $F(t) = \Phi(a(t), b(t), t)$, die somit differenzierbar ist mit der nach der Kettenregel bestimmten Ableitung

$$
F'(t) = \frac{\partial \Phi}{\partial a}(a(t), b(t), t) a'(t) + \frac{\partial \Phi}{\partial b}(a(t), b(t), t) b'(t) + \frac{\partial \Phi}{\partial c}(a(t), b(t), t)
$$

$\square$

Bemerkung: Der Satz lässt sich für Funktionen $f : I \times J \to \mathbb{R}^m$ auch komponentenweise anwenden.

15.3 Ableiten in Banachräumen

Wir kommen nun zu einigen Anmerkungen und Beispielen zur Differentiation von Funktionen in unendlich-dimensionalen Banachräumen.

Zunächst betrachten wir Richtungsableitungen für Funktionen von einem Banachraum in die reellen Zahlen. Für solche **Funktionale** heißen die Richtungsableitungen meist **Variation**.

Sei X ein Banachraum und $J : X \to \mathbb{R}$ eine Abbildung. Dann ist

$$\delta J(x; v) = \lim_{h \to 0} \frac{J(x + hv) - J(x)}{h} = \frac{\mathrm{d}}{\mathrm{d}h} J(x + hv) \Big|_{h=0}$$

die Variation von J im Punkt x in Richtung v. Dabei ist die Wahl von v oft durch Randbedingungen des Problems eingeschränkt.

Beispiele sind das Brachistochronen-Problem, bei dem die Bahn gesucht ist, auf der ein Massepunkt reibungsfrei unter Einwirkung der Schwerkraft in minimaler Zeit von $A = (0,0)$ nach $B = (a, b)$ gleitet. Das entsprechende Funktional

$$J(u) = \int_0^a \sqrt{\frac{1 + u'(x)^2}{2gu(x)}}\, \mathrm{d}x$$

für stetig differenzierbare Funktionen $u(x)$ mit $u(0) = 0$ und $u(a) = b$ ordnet jeder Funktion u die zugehörige „Laufzeit" zu.

Ein weiteres Beispiel ist das Lagrange-Funktional aus der theoretischen Mechanik

$$J(u) = \int_a^b L(t, u(t), \dot{u}(t))\, \mathrm{d}t,$$

aus dessen Variation man mit Hilfe von partieller Integration die Euler-Lagrange-Gleichungen gewinnt.

Auch die totale Ableitung lässt sich verallgemeinern, sogar die Rechenregeln bleiben im wesentlichen gleich, allerdings fällt die praktische Möglichkeit weg, die Ableitung an jeder Stelle durch eine Matrix darzustellen, deren Einträge die partiellen Ableitungen sind.

Definition.
*Seien X, Y zwei Banachräume, $U \subseteq X$ offen und $f : U \to Y$. Dann heißt f **(Fréchet)-differenzierbar** in $x \in U$, falls es eine stetige lineare Abbildung $A : X \to Y$ gibt, so dass*

$$\lim_{h \to 0} \frac{\|f(x + h) - f(x) - Ah\|_Y}{\|h\|_X} = 0$$

ist. Die Ableitung in jedem Punkt x ist also eine lineare Abbildung $Df(x) : X \to Y$.

Bemerkung: Die Bedingung, dass die lineare Abbildung A stetig sein muss, ist im endlichdimensionalen Fall $f : \mathbb{R}^n \to \mathbb{R}^m$ automatisch erfüllt, hier stellt sie jedoch eine echte zusätzliche Bedingung dar.

Drei Beispiele sollen dieses allgemeinere „Ableiten im Banachraum" illustrieren.

Beispiel:
Falls X und Y Banachräume sind und $A \in \mathcal{L}(X, Y)$ eine stetige lineare Abbildung ist, dann ist A in jedem Punkt $x \in X$ differenzierbar mit Ableitung A, denn es ist

$$A(x + h) - Ax - Ah = 0 \Rightarrow \lim_{h \to 0} \frac{\|A(x + h) - Ax - Ah\|_Y}{\|h\|_X} = 0.$$

Beispiel:
Wir betrachten den Banachraum $X = C^0([0,1], \mathbb{R})$ der stetigen Funktionen und die Abbildung $Q : X \to X$, die jeder Funktion $u(x)$ die Funktion $u^2(x)$ zuordnet. Um die Ableitung von Q in einem „Punkt" $u_0 \in C^0([0,1], \mathbb{R})$ zu bestimmen, berechnen wir zunächst für eine feste Funktion $v \in C^0([0,1], \mathbb{R})$ und kleines $h \in \mathbb{R}$

$$\frac{Q(u_0 + hv) - Q(u_0)}{h} = \frac{(u_0(x) + hv(x))^2 - u_0^2(x)}{h} = 2u_0(x)v(x) + hv^2(x).$$

Für $h \to 0$ bleibt davon nur der erste Term übrig. Als Kandidat für die Ableitung ergibt sich auf diese Weise der **Multiplikationsoperator**

$$M : C^0([0,1], \mathbb{R}) \quad \to \quad C^0([0,1], \mathbb{R})$$
$$v(x) \quad \mapsto \quad 2u_0(x)v(x)$$

Dass dies tatsächlich die Ableitung ist (und Q an der Stelle u_0 damit differenzierbar ist), verifiziert man mit einer Rechnung:

$$\lim_{\|v\|_\infty \to 0} \frac{\|Q(u_0 + v) - Q(u_0) - Mv\|_\infty}{\|v\|_\infty} = \frac{\sup |(u_0(x) + v(x))^2 - u_0^2(x) - 2u_0(x)v(x)|}{\|v\|_\infty}$$

$$= \lim_{\|v\| \to 0} \frac{\sup |v^2(x)|}{\sup |v(x)|} = 0.$$

Beispiel:
Für $X = C^0([0,1], \mathbb{R})$ und $Y = \mathbb{R}$ ordnet die Abbildung

$$\Phi(f) = \int_0^1 1 + f^2(x)\,\mathrm{d}x$$

jeder Funktion f eine Zahl zu. Nun ist für $h \in C^0([0,1], \mathbb{R})$

$$\Phi(f + h) - \Phi(h) = \int_0^1 1 + (f+h)^2(x)\,\mathrm{d}x - \int_0^1 1 + f^2(x)\,\mathrm{d}x = \int_0^1 2f(x)h(x) + h^2(x)\,\mathrm{d}x$$

Da $|h(x)| \le \|h\|_\infty$ ist, gilt $\displaystyle\lim_{h \to 0} \frac{\left| \int_0^1 h^2(x)\,\mathrm{d}x \right|}{\|h\|_\infty} \le \lim_{h \to 0} \frac{\left| \int_0^1 \|h\|_\infty^2\,\mathrm{d}x \right|}{\|h\|_\infty} = \lim_{h \to 0} \|h\|_\infty = 0.$

Daher ist durch

$$D\Phi(f) \cdot h = \int_0^1 2f(x)h(x)\,\mathrm{d}x$$

die Ableitung von Φ an der „Stelle" f gegeben, denn

$$\lim_{h \to 0} \frac{|\Phi(f + h) - \Phi(h) - D\Phi(f) \cdot h|}{\|h\|_\infty} = \lim_{h \to 0} \frac{\left| \int_0^1 h^2(x)\,\mathrm{d}x \right|}{\|h\|_\infty} = 0.$$

Anschaulich gibt die Ableitung $D\Phi(f) \cdot h$ näherungsweise die Änderung an, wenn man $\Phi(f + h)$ und $\Phi(f)$ miteinander vergleicht.

15.4 Höhere Ableitungen und Taylor-Polynome

Motivation: Für eine $(k+1)$-mal stetig differenzierbare Funktion $f : \mathbb{R} \to \mathbb{R}$ ist das Taylor-Polynom von f zum Entwicklungspunkt a mit Lagrange-Restglied R_{k+1}

$$f(a + h) = f(a) + f'(a) \cdot h + \frac{f''(a)}{2!} \cdot h^2 + \frac{f'''(a)}{3!} \cdot h^3 + \ldots + \frac{f^{(k)}(a)}{k!} \cdot h^k + \underbrace{\frac{f^{(k+1)}(\xi)}{(k+1)!} \cdot h^{k+1}}_{R_{k+1}}.$$

Dabei ist der Punkt ξ im Restglied zwischen a und $a + h$ nicht genau bekannt. Auf diese Weise kann die Funktion f in der Nähe der Stelle a durch ein Polynom ersetzt werden, für das man die Abweichung von der Funktion f recht genau kennt.

Ziel ist es nun, eine analoge Entwicklung für Funktionen $f : \mathbb{R}^n \to \mathbb{R}$ herzuleiten. Für vektorwertige Funktionen $f : \mathbb{R}^n \to \mathbb{R}^m$ kann man diese Vorgehensweise dann komponentenweise durchführen.

Definition. *(höhere Ableitungen)*
*Sei $U \subseteq \mathbb{R}^n$ offen. $f : U \to \mathbb{R}^m$ heißt **stetig differenzierbar** falls f differenzierbar ist und alle partiellen Ableitungen $\frac{\partial f_i}{\partial x_j}$ stetig sind.*

f heißt zweimal partiell differenzierbar, wenn die partiellen Ableitungen $\frac{\partial f_i}{\partial x_j}$ wieder partiell differenzierbare Funktionen sind.
Schreibweise:

$$\frac{\partial}{\partial x_k}\left(\frac{\partial f_i}{\partial x_j}\right) = \frac{\partial^2 f}{\partial x_j\, \partial x_k}$$

oder alternativ

$$\frac{\partial^2 f_i}{\partial x_j^2} = D_j(D_j f_i) = D_j^2 f_i = \partial_{x_j}^2 f_i, \quad \frac{\partial^2 f_i}{\partial x_j\, \partial x_k} = D_k D_j f_i = \partial_{x_k} \partial_{x_j} f_i.$$

Die Funktion f heißt k-mal stetig differenzierbar wenn die $(k-1)$-ten partiellen Ableitungen partiell differenzierbar sind und die dadurch definierten k-ten partiellen Ableitungen $\frac{\partial}{\partial x_{j_k}} \cdots \frac{\partial}{\partial x_{j_2}} \frac{\partial}{\partial x_{j_1}} f_i$ alle stetig sind für jede Wahl von $j_1, j_2, j_3, \ldots, j_k \in \{1, 2, \ldots, n\}$

Beispiel: Für $f(x,y) = e^{x^2 + y^4}$ ist

$$\frac{\partial f}{\partial x} = 2x e^{x^2 + y^4}, \quad \frac{\partial f}{\partial y} = 4y^3 e^{x^2 + y^4},$$

also

$$\frac{\partial^2 f}{\partial x^2} = (4x^2 + 2)e^{x^2 + y^4}, \quad \frac{\partial^2 f}{\partial y^2} = (16y^6 + 12y^2)e^{x^2 + y^4},$$

und für die gemischten Ableitungen

$$\frac{\partial^2 f}{\partial y \partial x} = 4y^3(2x e^{x^2 + y^4}), \quad \frac{\partial^2 f}{\partial x \partial y} = 2x(4y^3 e^{x^2 + y^4}).$$

Dass die gemischten Ableitungen trotz unterschiedlicher Schreibweise übereinstimmen ist kein Zufall, wie der folgende Satz zeigt.

Satz 15.10. *(Satz von Schwarz)*

Sei $U \subseteq \mathbb{R}^n$ offen und $f : U \to \mathbb{R}$ stetig differenzierbar. Wenn die gemischte partielle Ableitung $\frac{\partial^2 f}{\partial x_k \, \partial x_j}$ in U existiert und in a stetig ist, dann ist $\frac{\partial f}{\partial x_k}$ in a nach x_j partiell differenzierbar und

$$\frac{\partial^2 f}{\partial x_j \, \partial x_k}(a) = \frac{\partial^2 f}{\partial x_k \, \partial x_j}(a)$$

d.h. es kommt nicht auf die Reihenfolge beim Differenzieren an.

Beweis: Da im Folgenden alle Komponenten außer der j-ten und k-ten konstant gehalten werden, genügt es, den Fall $n = 2$ zu betrachten, d.h. es sei $f = f(x, y)$.

Man setzt nun für festes (x_0, y_0) und kleine Zahlen h, k

$$R(h, k) = f(x_0 + h, y_0 + k) - f(x_0 + h, y_0) - (f(x_0, y_0 + k) - f(x_0, y_0))$$

Diese Funktion R lässt sich wiederum schreiben als $R(h, k) = F(y_0 + k) - F(y_0)$ mit $F(y) = f(x_0 + h, y) - f(x_0, y)$ wobei jetzt auch h festgehalten wird. Nach dem (eindimensionalen) Mittelwertsatz angewandt auf die Funktion F, die nur noch von y abhängt, weil x_0 und h festgehalten werden, ergibt sich

$$R(h, k) = F(y_0 + k) - F(y_0) = k F'(\eta) = k \cdot \left(\frac{\partial f}{\partial y}(x_0 + h, \eta) - \frac{\partial f}{\partial y}(x_0, \eta) \right)$$

Mit η zwischen y_0 und $y_0 + k$. Fasst man diesen Ausdruck nun als Funktion in x auf mit konstanter zweiter Komponente, dann kann man erneut den Mittelwertsatz anwenden:

$$R(h, k) = k \cdot h \cdot \frac{\partial^2 f}{\partial y \partial x}(\xi, \eta)$$

diesmal mit ξ zwischen x_0 und $x_0 + h$. Es gilt also

$$\frac{\partial^2 f}{\partial y \partial x}(\xi, \eta) = \frac{1}{k} \frac{f(x_0 + h, y_0 + k) - f(x_0 + h, y_0) - (f(x_0, y_0 + k) - f(x_0, y_0))}{h}$$

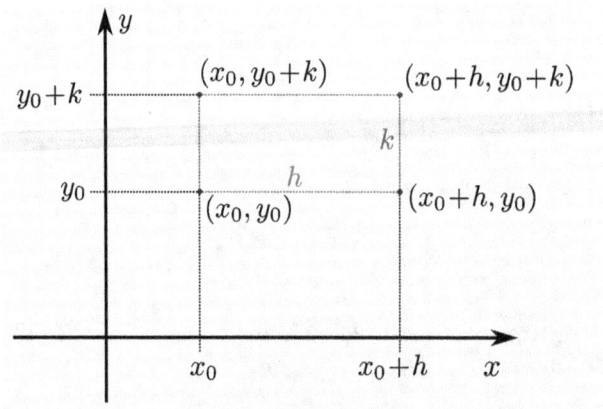

Im Limes $(h.k) \to (0,0)$ streben die „Zwischenstellen" $(\xi, \eta) \to (x_0, y_0)$, d.h.

$$
\begin{aligned}
\frac{\partial^2 f}{\partial y \partial x}(x_0, y_0) &= \lim_{k \to 0} \lim_{h \to 0} \frac{\partial^2 f}{\partial y \partial x}(\xi, \eta) \\
&= \lim_{k \to 0} \frac{1}{k} \left(\lim_{h \to 0} \frac{f(x_0 + h, y_0 + k) - f(x_0, y_0 + k)}{h} - \lim_{h \to 0} \frac{f(x_0 + h, y_0) - f(x_0, y_0)}{h} \right) \\
&= \lim_{k \to 0} \frac{1}{k} \left(\frac{\partial f}{\partial x}(x_0, y_0 + k) - \frac{\partial f}{\partial x}(x_0, y_0) \right) \\
&= \frac{\partial^2 f}{\partial x \partial y}(x_0, y_0).
\end{aligned}
$$

$\square$

Dass man die Reihenfolge beim partiellen Differenzieren beliebig vertauschen darf, gilt auch für höhere partielle Ableitungen.

Satz 15.11. *(Satz von Schwarz für höhere Ableitungen)*
Sei $U \subseteq \mathbb{R}^n$ offen und $f : U \to \mathbb{R}^n$ k-mal stetig differenzierbar. Dann hängt die k-te partielle Ableitung $\frac{\partial^k f}{\partial x_{j_k} \ldots \partial x_{j_2} \partial x_{j_1}}$ nicht von der Reihenfolge der Differentiation ab.
Für Funktionen $f \in C^k(U, \mathbb{R}^m)$ dürfen partielle Ableitungen bis zur Ordnung k in beliebiger Reihenfolge berechnet werden.

Als Nächstes soll der Satz von Taylor, den wir schon im ersten Semester für Funktionen $f : \mathbb{R} \to \mathbb{R}$ kennengelernt haben, auf Funktionen $f : \mathbb{R}^n \to \mathbb{R}$ verallgemeinert werden. Damit man bei den dabei auftretenden partiellen Ableitungen den Überblick nicht verliert, ist die Notation mit **Multiindizes** nützlich. Ein Multiindex $\alpha = (\alpha_1, \alpha_2, \ldots, \alpha_n) \in \mathbb{N}_0^n$ ist dabei zunächst eine Zusammenstellung von n nichtnegativen ganzen Zahlen. Gebrauchswert gewinnt man dadurch, dass man für Multiindizes verschiedene Größen definieren kann, die dann in der Taylor-Formel genau die Pendants zu den entsprechenden eindimensionalen Größen sind:

$$
\begin{aligned}
|\alpha| &= \alpha_1 + \alpha_2 + \cdots + \alpha_n, \\
x^\alpha &= x_1^{\alpha_1} x_2^{\alpha_2} \cdots \cdot x_n^{\alpha_n}, \\
\alpha! &= (\alpha_1!) \cdot (\alpha_2!) \cdots \cdot (\alpha_n!).
\end{aligned}
$$

Beispielsweise für $n = 4$ und $\alpha = (2, 1, 0, 3)$ ist dann

$$
\begin{aligned}
|\alpha| &= 2 + 1 + 0 + 3 = 6 & x^\alpha &= x_1^2 x_2 \cdot x_4^3, \\
\alpha! &= (2!) \cdot (1!) \cdot (0!) \cdot (3!) = 12.
\end{aligned}
$$

Sei nun $f : \mathbb{R}^n \to \mathbb{R}$ sogar k-mal stetig differenzierbar und α ein Multiindex mit $|\alpha| = k$. Man setzt nun

$$
D^\alpha f = \frac{\partial^k f}{\partial x^\alpha} = \frac{\partial^{|\alpha|} f}{\partial x^\alpha} := \frac{\partial^k f}{\partial x_1^{\alpha_1} \partial x_2^{\alpha_2} \ldots \partial x_n^{\alpha_n}},
$$

d.h. es wird α_1-mal partiell nach x_1 differenziert, α_2-mal partiell nach x_2 differenziert, ...und α_n-mal partiell nach x_n differenziert.

Satz 15.12. *(Taylor-Polynom)*
Sei $U \subseteq \mathbb{R}^n$ offen und $f : U \to \mathbb{R}$ sei eine $(k+1)$-mal stetig differenzierbare Funktion. Sei weiter $a \in U$ und $r > 0$ so gewählt, dass $B_r(a) \subset U$. Definiere

$$T_k(x; f, a) = \sum_{|\alpha| \le k} \frac{1}{\alpha!} \frac{\partial^{|\alpha|} f}{\partial x^\alpha}(a)(x - a)^\alpha$$

*das **Taylor-Polynom** vom Grad k von f zum Entwicklungspunkt a.*
Dann gilt für jedes $x \in B_r(a)$:

$$f(x) = T_k(x; f, a) + R_{k+1}(x; f, a)$$

mit dem Restglied

$$R_{k+1}(x; f, a) = \sum_{|\alpha| = k+1} \frac{1}{\alpha!} \frac{\partial^{|\alpha|} f}{\partial x^\alpha}(a + \theta(x - a))(x - a)^\alpha$$

für ein (im allgemeinen unbekanntes) $\theta \in (0, 1)$.

Bevor wir diesen Satz beweisen, ein paar Vorüberlegungen:

1. Da es nach dem Satz von Schwarz auf die Reihenfolge beim Differenzieren nicht ankommt, kann eine gemischte Ableitung auf mehrere Arten berechnet werden.

   Genauer: Die Anzahl der Möglichkeiten, eine Funktion f genau α_1-mal nach x_1, genau α_2-mal nach x_2,...und genau α_n-mal nach x_n zu differenzieren beträgt

$$\frac{|\alpha|!}{\alpha!} = \frac{(\alpha_1 + \alpha_2 + \ldots + \alpha_n)!}{\alpha_1! \, \alpha_2! \ldots \alpha_n!},$$

   denn: man kann aus den $N = \alpha_1 + \alpha_2 + \ldots + \alpha_n$ Ableitungen zunächst auf $\binom{N}{\alpha_1}$ Arten die Positionen für die Ableitungen nach x_1 auswählen, aus den noch verbleibenden $N - \alpha_1$ Positionen auf $\binom{N - \alpha_1}{\alpha_2}$ Arten die Positionen der Ableitungen nach x_2, aus den noch verbleibenden $N - \alpha_1 - \alpha_2$ Positionen auf $\binom{N - \alpha_1 - \alpha_2}{\alpha_3}$ Arten die Positionen der Ableitungen nach x_3, usw. Da alle diese Wahlmöglichkeiten unabhängig voneinander sind, hat man insgesamt

$$\binom{N}{\alpha_1}\binom{N - \alpha_1}{\alpha_2}\binom{N - \alpha_1 - \alpha_2}{n_3} \cdots \binom{N - \alpha_1 - \alpha_2 - \ldots - \alpha_{n-1}}{\alpha_n}$$

   Möglichkeiten. Mit Hilfe der Formel $\binom{p}{q} = \frac{p!}{q!(p-q)!}$ vereinfacht sich dies zu

$$\frac{N!}{\alpha_1! \, \alpha_2! \ldots \alpha_n!}.$$

   Diesen Ausdruck nennt man auch **Multinomialkoeffizient**. Er spielt auch in der statistischen Physik eine Rolle, wenn beispielsweise N ununterscheidbare Teilchen auf mehrere Energieniveaus verteilt werden sollen.

2. Für Multiindizes $\alpha, \beta \in \mathbb{N}_0^n$ mit $\alpha_j \le \beta_j$ für alle j gilt:

$$D^\alpha x^\beta = \frac{\beta!}{(\beta - \alpha)!} x^{\beta - \alpha}$$

3. Sei $\beta \in \mathbb{N}_0^n$ ein Multiindex und

$$M_\beta = \{\alpha \in \mathbb{N}_0^n; \beta = \alpha + e_j \text{ für ein } j\}$$

die Menge aller Multiindizes, die sich nur an einer Stelle und um genau eins von β unterscheiden. Dann ist

$$\sum_{\alpha \in M_\beta} \frac{1}{\alpha!} = \sum_{\beta_j > 0} \frac{\alpha_j + 1}{\beta!} = \sum_{\beta_j > 0} \frac{\beta_j}{\beta!} = \frac{|\beta|}{\beta!} .$$

Beweis des Satzes: Für $x \in B_r(a)$ sei $\varphi(t) = f(a + t \cdot (x - a))$ die Auswertung der Funktion entlang der Verbindungsstrecke von a nach x, d.h. es ist $\varphi(0) = f(a)$ und $\varphi(1) = f(x)$.
Außerdem ist $\varphi : [0,1] \to \mathbb{R}$ eine $(k+1)$-mal stetig differenzierbare Funktion und erfüllt somit die Voraussetzungen des eindimensionalen Satzes von Taylor. Dieser besagt, dass

$$\varphi(t) = \varphi(0) + \frac{\varphi'(0)}{1!}t + \frac{\varphi''(0)}{2!}t^2 + \ldots + \frac{\varphi^{(k)}(0)}{k!}t^k + \frac{\varphi^{(k+1)}(\tau)}{(k+1)!}t^{k+1}$$

für ein $\tau \in (0,1)$, das noch von t abhängt.
Wir beweisen nun mit Vollständiger Induktion die folgende
Behauptung:

$$\frac{\varphi^{(\ell)}(t)}{\ell!} = \sum_{|\alpha| = \ell} \frac{1}{\alpha!} \frac{\partial^\ell f}{\partial x^\alpha}(a + t \cdot (x - a))(x - a)^\alpha$$

Zum Induktionsanfang bei $\ell = 0$ verifiziert man, dass

$$\varphi(t) = \frac{1}{0!} f(a + t \cdot (x - a)) (x - a)^0$$

ist. Beim Schritt von ℓ nach $\ell + 1$ benutzen wir die Mengen M_β aus der Vorüberlegung:

$$\frac{\varphi^{(\ell+1)}(t)}{(\ell+1)!} = \frac{1}{\ell+1} \left(\frac{\varphi^{(\ell)}(t)}{\ell!} \right)'$$

$$= \frac{1}{\ell+1} \left(\sum_{|\alpha| = \ell} \frac{1}{\alpha!} \frac{\partial^\ell f}{\partial x^\alpha}(a + t \cdot (x - a))(x - a)^\alpha \right)' \quad \text{nach Induktionsvoraussetzung}$$

$$= \frac{1}{\ell+1} \sum_{|\alpha| = \ell} \frac{1}{\alpha!} \sum_{j=1}^n \frac{\partial}{\partial x_j} \frac{\partial^\ell f}{\partial x^\alpha}(a + t \cdot (x - a))(x_j - a_j)(x - a)^\alpha$$

$$= \frac{1}{\ell+1} \sum_{|\alpha| = \ell} \frac{1}{\alpha!} \sum_{j=1}^n \frac{\partial^{\ell+1} f}{\partial x^{\alpha + e_j}}(a + t \cdot (x - a))(x - a)^{\alpha + e_j}$$

$$= \frac{1}{\ell+1} \sum_{|\beta| = \ell+1} \sum_{\alpha \in M_\beta} \frac{1}{\alpha!} \frac{\partial^{\ell+1} f}{\partial x^\beta}(a + t \cdot (x - a))(x - a)^\beta$$

$$= \frac{1}{\ell+1} \sum_{|\beta| = \ell+1} \frac{\ell+1}{\beta!} \frac{\partial^{\ell+1} f}{\partial x^\beta}(a + t \cdot (x - a))(x - a)^\beta \quad \text{(siehe Vorüberlegung)}$$

$$= \sum_{|\beta| = \ell+1} \frac{1}{\beta!} \frac{\partial^{\ell+1} f}{\partial x^\beta}(a + t \cdot (x - a))(x - a)^\beta.$$

Insbesondere ist dann

$$\frac{\varphi^{(\ell)}(0)}{\ell!} = \sum_{|\alpha| = \ell} \frac{1}{\alpha!} \frac{\partial^\ell f}{\partial x^\alpha}(a)(x - a)^\alpha$$

und die mehrdimensionale Taylor-Formel ergibt sich durch Einsetzen dieser Ausdrücke in die eindimensionale Taylor-Formel für φ.

$\square$

Beispiele:

1. Lineare Approximation
   Sei $f : U \to \mathbb{R}$ zweimal stetig differenzierbar. Dann besagt der Satz von Taylor mit $k = 1$

$$f(x_1, x_2, \ldots, x_n) = f(a) + \frac{\partial f}{\partial x_1}(a) \cdot (x_1 - a_1) + \ldots + \frac{\partial f}{\partial x_n}(a) \cdot (x_n - a_n) + R_2(x; f, a).$$

   Das Schaubild des Taylorpolynoms ist eine Hyperebene im $\mathbb{R}^{n+1}$. Speziell für Funktionen $f : \mathbb{R}^2 \to \mathbb{R}$ erhält man so die Tangentialebene im Punkt $(a_1, a_2, f(a_1, a_2))$ als

$$x_3 = f(a) + \frac{\partial f}{\partial x_1}(a) \cdot (x_1 - a_1) + \frac{\partial f}{\partial x_2}(a) \cdot (x_2 - a_2).$$

2. Quadratische Approximation
   Sei $U \subseteq \mathbb{R}^n$ offen und $f : U \to \mathbb{R}$ sei dreimal differenzierbar mit stetigen partiellen Ableitungen.
   Dann sagt der Satz von Taylor für $k = 2$

$$f(x) = f(a) + \sum_{j=1}^{n} \frac{\partial f}{\partial x_j}(a) \cdot (x_j - a_j) + \frac{1}{2} \sum_{i,j=1}^{n} \frac{\partial^2 f}{\partial x_i \partial x_j}(a) \cdot (x_i - a_i) \cdot (x_j - a_j) + R_3(x; f, a)$$

Die quadratische Approximation lässt sich noch etwas eleganter schreiben, indem man die Hesse-Matrix verwendet.

Definition. *(Hesse-Matrix)*
Für eine zweimal differenzierbare Funktion $f : \mathbb{R}^n \to \mathbb{R}$ ist die **Hesse-Matrix** *von f im Punkt a*

$$H_f(a) = \begin{pmatrix} \frac{\partial^2 f}{\partial x_1^2}(a) & \frac{\partial^2 f}{\partial x_1 \partial x_2}(a) & \cdots & \frac{\partial^2 f}{\partial x_1 \partial x_n}(a) \\ \frac{\partial^2 f}{\partial x_1 \partial x_2}(a) & \frac{\partial^2 f}{\partial x_2^2}(a) & \cdots & \vdots \\ \vdots & & \ddots & \vdots \\ \frac{\partial^2 f}{\partial x_1 \partial x_n}(a) & \cdots & \cdots & \frac{\partial^2 f}{\partial x_n^2}(a) \end{pmatrix}.$$

Diese Matrix ist nach dem Satz von Schwarz immer eine symmetrische Matrix.
Als Konsequenz aus dem Satz von Taylor gilt nun für dreimal stetig differenzierbare Funktionen

$$f(x) = f(a) + \underbrace{\operatorname{grad} f(a)}_{\text{Zeilenvektor}} \cdot \underbrace{(x - a)}_{\text{Spaltenvektor}} + \frac{1}{2!}(x - a)^T \cdot H_f(a) \cdot (x - a) + R_3(x; f, a).$$

15.5 Lokale Extrema

Definition. *(lokales Extremum)*
*Sei $U \subseteq \mathbb{R}^n$ und $f : U \to \mathbb{R}$. Dann heißt $a \in U$ **lokales Maximum** von f, wenn ein $\delta > 0$ existiert, so dass $f(a) \geq f(x)$ für alle $x \in U$ mit $\|x - a\| < \delta$.*

*$a \in U$ heißt **striktes lokales Maximum**, falls $f(a) > f(x)$ für alle $x \in B_\delta(a) \backslash \{a\}$.*

*$a \in U$ heißt **globales Maximum**, falls $f(a) \geq f(x)$ gilt für alle $x \in U$.*

Ein lokales Minimum ist analog definiert: Im Punkt $a \in U$ ist ein lokales Minimum, falls es eine Zahl $\delta > 0$ gibt, so dass $f(a) \leq f(x)$ ist für alle $x \in U$ mit $\|x - a\| < \delta$.

Für differenzierbare Funktionen kann man ähnlich wie im Eindimensionalen durch die Ableitung Kandidaten für lokale Extrema identifizieren:

Satz 15.13. *(Notwendige Bedingung für Extrema)*
Sei $U \subset \mathbb{R}^n$ offen und $f : U \to \mathbb{R}$ partiell differenzierbar. Falls f im Punkt x_0 ein Extremum hat, dann ist grad $f(x_0) = 0$.

Beweis des Satzes: Wenn f ein lokales Extremum an der Stelle x_0 hat, dann hat für jeden Standardbasisvektor $e_j \in \mathbb{R}^n$ die Funktion $g_j : (-s, s) \to \mathbb{R}$ mit $g_j(t) = f(x_0 + te_j)$ ebenfalls ein lokales Extremum in $t = 0$. Weil für Funktionen von einer Variablen die Ableitung in lokalen Extrema verschwindet, muss die Ableitung

$$g_j'(0) = \frac{\partial f}{\partial x_j}(x_0) = 0$$

sein. Da diese Gleichung für alle j gilt, muss grad $f(x_0) = 0$ sein.

$\square$

Definition. *(Kritischer Punkt)*
Sei $U \subset \mathbb{R}^n$ offen und $f : U \to \mathbb{R}$ differenzierbar. Ein Punkt x_0 mit grad $f(x_0) = 0$ *heißt **kritischer Punkt** von f.*

Nicht alle Punkte x_0, bei denen grad $f(x_0) = 0$ ist, sind jedoch lokale Maxima oder Minima:

Definition. *(Sattelpunkt)*
*Sei $U \subset \mathbb{R}^n$ und $f : U \to \mathbb{R}$ differenzierbar. Ein Punkt x_0 im Inneren von U heißt **Sattelpunkt** von f, falls* grad $f(x_0) = 0$ *ist und falls es für jedes $\varepsilon > 0$ Punkte $a, b \in U$ mit $0 < \|x_0 - a\| < \varepsilon$ bzw. $0 < \|x_0 - b\| < \varepsilon$ gibt, so dass*

$$f(a) < f(x_0) \quad \text{und} \quad f(x_0) < f(b).$$

Im Eindimensionalen ist $f(x) = x^3$ das Standardbeispiel für einen Sattelpunkt. Im Mehrdimensionalen nimmt f typischerweise in gewisse Richtungen zu und in anderen Richtungen ab.

Beispiel: (Sattelpunkt)

Für die Funktion $f : \mathbb{R}^2 \mapsto \mathbb{R}$ mit $f(x,y) = x^2 - y^2$ ist

$$\text{grad } f(x,y) = (2x \ -2y).$$

Es ist grad $f(0,0) = (0\ 0)$, aber für jede noch so kleine Zahl $\varepsilon > 0$ ist

$$f(\varepsilon, 0) = \varepsilon^2 > f(0,0) > f(0,\varepsilon) = -\varepsilon^2,$$

in $(0,0)$ ist daher kein lokales Extremum von f.

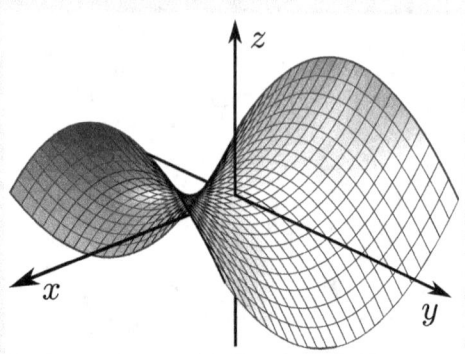

Ebenso wie im Eindimensionalen kann man mit Hilfe der zweiten Ableitungen oft entscheiden, ob an einem kritischen Punkt ein lokales Maximum oder ein lokales Minimum (oder gar kein Extremum) vorliegt. Dafür muss man jedoch nicht nur einzelne partielle Ableitungen, sondern die Definitheit der gesamten Hesse-Matrix betrachten.

Definition. *(positiv/negativ definit)*
Eine symmetrische reelle $n \times n$-Matrix A heißt

▸ *positiv definit, falls $v^T A v > 0$ ist für alle Vektoren $v \neq 0$,*

▸ *negativ definit, falls $v^T A v < 0$ ist für alle Vektoren $v \neq 0$,*

▸ *positiv semidefinit, falls $v^T A v \geq 0$ ist für alle Vektoren $v \in \mathbb{R}^n$,*

▸ *negativ semidefinit, falls $v^T A v \leq 0$ ist für alle Vektoren $v \in \mathbb{R}^n$ und*

▸ *indefinit, falls es Vektoren $v, w \in \mathbb{R}^n$ gibt, so dass $v^T A v < 0 < w^T A w$ ist.*

Bemerkung: Man kann zeigen, dass eine reelle symmetrische Matrix A genau dann positiv definit ist, wenn alle Eigenwerte von A positiv sind.[1] Beispielsweise kann eine Matrix nicht positiv definit sein, wenn sie einen negativen Eigenwert besitzt, denn wenn v ein Eigenvektor zu einem negativen Eigenwert λ_- ist, dann ist

$$v^T A v = v^T (Av) = v^T (\lambda_- v) = \lambda_- v^T v = \lambda_- \|v\|_2^2 < 0.$$

Das selbe Argument trifft auch zu, wenn Null ein Eigenwert von A ist.
Für die umgekehrte Richtung ist es nützlich, die symmetrische Matrix zu diagonalisieren.

Die entsprechende Charakterisierung mit Hilfe der Eigenwerte lautet in den anderen Fällen:

A ist positiv semidefinit genau dann, wenn alle Eigenwerte von A nichtnegativ sind.
A ist negativ definit genau dann, wenn alle Eigenwerte von A negativ sind.
A ist negativ semidefinit genau dann, wenn alle Eigenwerte von A nichtpositiv sind.
A ist indefinit genau dann, wenn A sowohl positive als auch negative Eigenwerte besitzt.

---

[1]Die Eigenwerte einer symmetrischen Matrix sind bekannterweise alle reell, deshalb kann man hier von positiv sprechen.

Satz 15.14. *(Lokale Extrema, notwendige Bedingung)*
Sei $U \subseteq \mathbb{R}^n$ offen und $f : U \to \mathbb{R}$ sei zweimal stetig differenzierbar.

(a) *Wenn f in a ein lokales Maximum hat, dann ist $H_f(a)$ negativ semidefinit.*

(b) *Wenn f in a ein lokales Minimum hat, dann ist $H_f(a)$ positiv semidefinit.*

Beweisidee:

(a) Für jeden Vektor v hat die Funktion $g : (-s, s) \to \mathbb{R}$ mit $g(t) = f(a + t \cdot v)$ ein lokales Maximum in $t = 0$. Also ist $g'(0) = 0$ und $g''(0) \leq 0$.
Indem man g zweimal differenziert, lässt sich zeigen, dass $g''(0) = v^T H_f(a)v$ ist. Für alle Vektoren $v \in \mathbb{R}^n$ ist daher $v^T H_f(a)v \leq 0$.

(b) lässt sich mit analogen Argumenten zeigen

Satz 15.15. *(Lokale Extrema, hinreichende Bedingung)*
Seien $U \subseteq \mathbb{R}^n$, $f : U \to \mathbb{R}$ dreimal differenzierbar und $\operatorname{grad} f(a) = 0$.

(a) *Falls $H_f(a)$ positiv definit ist, hat f in a ein lokales Minimum.*

(b) *Falls $H_f(a)$ negativ definit ist, hat f in a ein lokales Maximum.*

(c) *Falls $H_f(a)$ indefinit ist, hat f in a kein lokales Extremum (Sattelpunkt).*

Bemerkung: Es genügt eigentlich, dass f zweimal stetig differenzierbar ist, aber für den Beweis benutzen wir den Satz von Taylor, in dem etwas mehr Differenzierbarkeit vorausgesetzt wird.
Beweis:

(a) Aus der linearen Algebra ist bekannt, dass die symmetrische Matrix $H_f(a)$ eine Orthonormalbasis aus Eigenvektoren $\{v_1, v_2, \ldots, v_n\}$ zu den Eigenwerten $\lambda_1 \leq \lambda_2 \leq \ldots \leq \lambda_n$ besitzt. Falls $H_f(a)$ positiv definit ist, dann ist der kleinste Eigenwert λ_1 von $H_f(a)$ positiv. Ein beliebiger Vektor v lässt sich nun darstellen als $v = c_1 v_1 + c_2 v_2 + \ldots + c_n v_n$ mit Koeffizienten $c_1, c_2, \ldots, c_n \in \mathbb{R}$. Dann ist

$$v^T H_f(a)v = v^T H_f(a)(c_1 v_1 + c_2 v_2 + \ldots + c_n v_n)$$

$$= v^T (c_1 H_f(a)v_1 + c_2 H_f(a)v_2 + \ldots + c_n H_f(a)v_n)$$

$$= v^T (c_1 \lambda_1 v_1 + c_2 \lambda_2 v_2 + \ldots + c_n \lambda_n v_n)$$

$$= (c_1 v_1 + c_2 v_2 + \ldots + c_n v_n)^T (c_1 \lambda_1 v_1 + c_2 \lambda_2 v_2 + \ldots + c_n \lambda_n v_n)$$

$$= c_1^2 \lambda_1 \|v_1\|^2 + c_2^2 \lambda_2 \|v_2\|^2 + \ldots + c_n^2 \lambda_n \|v_n\|^2$$

$$\geq \lambda_1 \left(c_1^2 \|v_1\|^2 + c_2^2 \|v_2\|^2 + \ldots + c_n^2 \|v_n\|^2 \right) = \lambda_1 \|v\|_2^2.$$

Nach dem Satz von Taylor ist nun

$$f(a + v) = f(a) + \operatorname{grad} f(a) \cdot v + \frac{1}{2!} v^T \cdot H_f(a) \cdot v + R_3(v; f, a)$$

$$= f(a) + \frac{1}{2!} v^T \cdot H_f(a) \cdot v + R_3(v; f, a)$$

$$\geq f(a) + \frac{1}{2!} \lambda_1 \|v\|_2^2 + R_3(v; f, a),$$

wobei $\lim\limits_{v \to 0} \dfrac{R_3(v; f, a)}{\|v\|_2^2} = 0$ ist. Insbesondere kann man also ein $\delta > 0$ finden, so dass für $\|v\|_2 < \delta$ die Abschätzung $|R_3(v)| < \frac{1}{4}\lambda_1\|v\|_2^2$ erfüllt ist.

Dann ist aber für alle $v \in \mathbb{R}^n$ mit $\|v\|_2 < \delta$

$$f(a + v) \geq f(a) + \frac{1}{2}\lambda_1\|v\|_2^2 - \frac{1}{4}\lambda_1\|v\|_2^2 > f(a)$$

und in a liegt ein striktes lokales Minimum vor.

(b) lässt sich auf analoge Weise zeigen

(c) Falls $H_f(a)$ indefinit ist, gibt es Eigenwerte $\lambda_- < 0 < \lambda_+$ mit zugehörigen Eigenvektoren v_- und v_+. Die Funktionen $g_-(t) = f(a + t \cdot v_-)$ und $g_+(t) = f(a + t \cdot v_+)$ haben jeweils ein striktes lokales Maximum bzw. ein striktes lokales Minimum in $t = 0$. Es gibt daher in jeder noch so kleinen Umgebung von a Punkte, deren Funktionswerte kleiner als $f(a)$ sind, aber auch Punkte, deren Funktionswerte größer als $f(a)$ sind.

$\square$

Beispiele:

1. Für die oben schon als Beispiel für einen Sattelpunkt angegebene Funktion $f(x, y) = x^2 - y^2$ ist grad $f(x, y) = (2x, -2y)$ und

$$H_f(x, y) = \begin{pmatrix} 2 & 0 \\ 0 & -2 \end{pmatrix}.$$

Der einzige kritische Punkt ist daher $(x_0, y_0) = (0, 0)$, aber da die Hessematrix dort (wie überall) die Eigenwerte -2 und $+2$ besitzt und daher indefinit ist, zeigt die Rechnung noch einmal, dass in $(0, 0)$ ein Sattelpunkt vorliegt.

2. Für $g(x, y) = x^4 + x^2 - 6xy + 3y^2$ ist grad $g(x, y) = (4x^3 + 2x - 6y, -6x + 6y)$ und

$$H_g(x, y) = \begin{pmatrix} 12x^2 + 2 & -6 \\ -6 & 6 \end{pmatrix}.$$

Die notwendige Bedingung grad $g(x, y) = (0, 0)$ führt auf das nichtlineare Gleichungssystem

$$\begin{aligned} 4x^3 + 2x - 6y &= 0 \\ -6x + 6y &= 0 \end{aligned}$$

Für solche Gleichungssysteme gibt es kein routinemäßiges Lösungsverfahren. Man erkennt, dass hier $y = x$ sein muss, damit die zweite Gleichung erfüllt ist. Durch Einsetzen in die erste Gleichung ergibt sich daraus

$$4x^3 + 2x - 6x = 4x^3 - 4x = 4x(x^2 - 1) = 0$$

mit den Lösungen $x = \pm 1$ und $x = 0$. Es existieren also drei kritische Punkte $(-1, -1)$, $(0, 0)$ und $(1, 1)$.

Die Hessematrix

$$H_g(\pm 1, \pm 1) = \begin{pmatrix} 14 & -6 \\ -6 & 6 \end{pmatrix}$$

hat die Eigenwerte $\lambda_{1,2} = 10 \pm 2\sqrt{13}$, die beide positiv sind. Daher liegt in $(-1, -1)$ und in $(1, 1)$ ein lokales Minimum vor.

Die Hessematrix

$$H_g(0, 0) = \begin{pmatrix} 2 & -6 \\ -6 & 6 \end{pmatrix}$$

hat die Eigenwerte $\lambda_1 = 4 - 2\sqrt{13} < 0$ und $\lambda_2 = 4 + 2\sqrt{13} > 0$, der Punkt $(0,0)$ ist daher ein Sattelpunkt.

Das folgende Schaubild illustriert sehr schön die rechnerischen Ergebnisse:

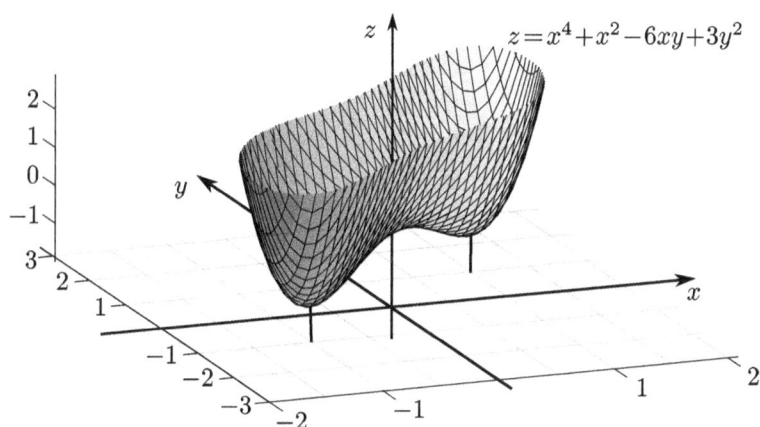

15.6 Mittelwertsätze im $\mathbb{R}^n$

Dieser Abschnitt beginnt mit einem „Nicht-Satz": Obwohl sich in diesem Kapitel viele Sätze als Verallgemeinerungen der entsprechenden eindimensionalen Aussagen aus dem ersten Semester ergaben, ist dies beim Mittelwertsatz nicht direkt möglich.
Beispielsweise findet man ohne große Schwierigkeiten Funktionen $f : [a,b] \to \mathbb{R}^2$ so dass

$$f(b) - f(a) \neq Df(\xi)(b - a) \text{ für alle } \xi \in (a,b).$$

Es reicht also nicht aus, einfach $f'(\xi)$ durch $Df(\xi)$ zu ersetzen, um eine gültige Aussage zu erhalten Trotzdem kann man einige Aussagen für Funktionen im $\mathbb{R}^n$ treffen, die mit dem Mittelwertsatz zu tun haben. Die Idee besteht dabei meist darin, eine Funktion auf eine Strecke oder Gerade einzuschränken und dort den eindimensionalen Mittelwertsatz anzuwenden.

Satz 15.16. *(Mittelwertsatz für reelle Funktionen)*
Seien $U \subseteq \mathbb{R}^n$ offen, $f : U \to \mathbb{R}$ differenzierbar und $x, y \in U$. Falls die Verbindungsstrecke von x und y in U enthalten ist, dann gibt es ein $\tau \in (0,1)$ mit

$$f(y) - f(x) = Df(x + \tau \cdot (y - x)) \, (y - x).$$

Beweis: Die Verbindungsstrecke von x und y lässt sich parametrisieren durch

$$c(t) = x + t \cdot (y - x) \text{ mit } t \in [0,1].$$

Definiert man nun $\varphi := f \circ c$, d.h. $\varphi : [0,1] \to \mathbb{R}$ mit $\varphi(t) = f(c(t))$, dann ist

▶ φ differenzierbar als Verkettung von differenzierbaren Funktionen

▶ $\varphi(1) = f(c(1)) = f(y)$ und $\varphi(0) = f(c(0)) = f(x)$

▶ $\varphi'(t) = Df(c(t)) \cdot c'(t) = Df(x + t \cdot (y - x)) \cdot (y - x)$

Wendet man nun den Mittelwertsatz aus dem ersten Semester auf die Funktion φ an, dann gibt es ein $\tau \in (0,1)$ mit

$$
\begin{aligned}
\varphi(1) - \varphi(0) &= \varphi'(\tau) \cdot (1 - 0) \\
\Rightarrow f(y) - f(x) &= Df(x + \tau \cdot (y - x)) \cdot (y - x) .
\end{aligned}
$$

$\square$

Definition.

Sei $\varphi : [a,b] \to \mathbb{R}^m$ mit $\varphi(t) = \begin{pmatrix} \varphi_1(t) \\ \varphi_2(t) \\ \vdots \\ \varphi_m(t) \end{pmatrix}$ und alle Komponenten von φ seien Regelfunktionen

(z.B. alle stetig). Dann integriert man die Funktion „komponentenweise", d.h.

$$
\int_a^b \varphi(s)\, ds := \begin{pmatrix} \int_a^b \varphi_1(s)\, ds \\ \int_a^b \varphi_2(s)\, ds \\ \vdots \\ \int_a^b \varphi_m(s)\, ds \end{pmatrix} .
$$

Wie im Eindimensionalen ist dieses komponentenweise Integrieren die Umkehrung des komponentenweisen Differenzierens.

Satz 15.17. *(„verallgemeinerter Hauptsatz")*

Sei $f : [a,b] \to \mathbb{R}^m$ stetig und $F(x) = \int_a^x f(s)\, ds \in \mathbb{R}^m$. Dann ist $F : [a,b] \to \mathbb{R}^m$ differenzierbar und

$$
F'(x) = \begin{pmatrix} F_1'(x) \\ F_2'(x) \\ \vdots \\ F_m'(x) \end{pmatrix} = f(x) .
$$

F heißt **Stammfunktion** von f und es gilt $F(b) - F(a) = \int_a^b f(s)\, ds$.

Zur Begründung wendet man den „normalen" Hauptsatz komponentenweise an.

Damit lässt sich dann eine Version des Mittelwertsatzes für vektorwertige Funktionen formulieren.

Satz 15.18. *(Mittelwertsatz im $\mathbb{R}^m$)*
Seien $U \subseteq \mathbb{R}^n$, $f : U \to \mathbb{R}^m$ differenzierbar und $x, y \in U$, so dass $c(t) = x + t \cdot (y - x)$ für alle $t \in [0, 1]$ in U liegt. Dann gilt:

$$f(y) - f(x) = \int_0^1 Df(x + \tau \cdot (y - x))\,(y - x)\,\mathrm{d}\tau$$

$$= \left(\int_0^1 Df(x + \tau \cdot (y - x)) \right)(y - x)\,.$$

Beweis: Sei $c : [0, 1] \to \mathbb{R}^n$ mit $c(\tau) = x + \tau(y - x)$ eine Parametrisierung der Verbindungsstrecke von x nach y.
Dann ist $f \circ c$ stetig differenzierbar und die Ableitung berechnet sich nach der Kettenregel als $D(f \circ c)(\tau) = Df(c(\tau))\dot{c}(\tau)$. Also ist

$$f(y) - f(x) = f(c(1)) - f(c(0)) = \int_0^1 D(f \circ c)(\tau)\,\mathrm{d}\tau = \int_0^1 Df(c(\tau))\underbrace{(y - x)}_{\dot{c}(\tau)}\,\mathrm{d}\tau\,.$$

$\square$

Satz 15.19. *(Schrankensatz)*
Sei $U \subseteq \mathbb{R}^n$ offen, $f : U \to \mathbb{R}^m$ stetig differenzierbar und x, y sowie die Verbindungsstrecke der beiden Punkte sei in U enthalten. Falls $\|Df(a)\| \leq C$ für alle $a \in U$, dann gilt

$$\|f(y) - f(x)\|_{\mathbb{R}^m} \leq C \cdot \|y - x\|_{\mathbb{R}^n}\,.$$

Beweis: Nach dem vorigen Satz ist

$$\|f(y) - f(x)\| = \left\| \int_0^1 Df(x + \tau \cdot (y - x))(y - x)\,\mathrm{d}\tau \right\|$$

$$\leq \int_0^1 \|Df(x + \tau \cdot (y - x))\|\,\mathrm{d}\tau\,\|y - x\|$$

$$\leq C\,\|y - x\|.$$

$\square$

Bemerkung: Dieser Satz sagt insbesondere, dass stetig differenzierbare Funktionen, deren Ableitung in U beschränkt ist, automatisch Lipschitz-stetig sind. Dies ist eine der gebräuchlichsten Argumentationen, um zu zeigen, dass eine Funktion $f : \mathbb{R}^n \supseteq U \to \mathbb{R}^m$ Lipschitz-stetig ist.

Teilmengen U des $\mathbb{R}^n$, bei denen für beliebige Punkte auch deren Verbindungsstrecke in U enthalten ist, bekommen einen eigenen Namen:

Definition. *(konvexe Menge)*
Eine Menge $U \subseteq \mathbb{R}^n$ heißt **konvex**, *falls gilt: $x, y \in U \Rightarrow x + t \cdot (y - x) \in U$ für alle $t \in [0, 1]$.*

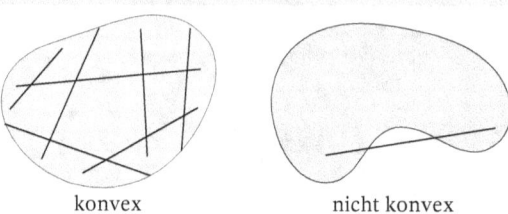

konvex   nicht konvex

Kombiniert man Satz 15.19 mit dem Satz vom Maximum, erhält man folgende Aussage:

Satz 15.20.
Sei $U \subseteq \mathbb{R}^n$ offen, $f : U \to \mathbb{R}^m$ stetig differenzierbar und K eine kompakte, konvexe Teilmenge von U. Dann ist f Lipschitz-stetig auf K.

Nach diesem Kapitel sollten Sie...

... partielle Ableitungen definieren und berechnen können

... wissen, wie die totale Ableitung einer Funktion $f : \mathbb{R}^n \to \mathbb{R}^n$ definiert ist

... den Zusammenhang zwischen Differenzierbarkeit und der linearen Approximation einer Funktion erklären können

... die Jacobi-Matrix einer Abbildung berechnen können

... wissen, wie man mit Hilfe der partiellen Ableitungen die totale Differenzierbarkeit einer Funktion nachweisen kann

... die merhdimensionale Kettenregel kennen und anwenden können

... wissen, wie der Gradient definiert ist und wie er mit den Richtungsableitungen einer Funktion zusammenhängt

... wissen, welche Richtung der Gradient angibt

... den Gradienten einer Funktion in Kugelkoordinaten berechnen können (und diese Rechnung erläutern können)

... wissen, wie man Parameterintegrale differenziert

... wissen, dass man auch Funktionen zwischen Banachräumen differenzieren kann

... den Satz von Schwarz formulieren können

... das Taylorpolynom einer Funktion in mehreren Variablen aufstellen können

... lokale Extrema von Funktionen in mehreren Variablen bestimmen können

... kritische Punkte mit Hilfe der Hesse-Matrix als lokale Maxima, lokale Minima oder Sattelpunkte identifizieren können

... den Schrankensatz formulieren und anwenden können

Aufgaben zu Kapitel 15

1. (a) Bestimmen Sie für die Abbildung $S : \mathbb{R}^2 \to \mathbb{R}^2$ mit

    $$S(x,y) = \begin{pmatrix} x^2 - y^3 \\ x^5 + y^5 - 1 \end{pmatrix}$$

    die partiellen Ableitungen sowie die Jacobimatrix.

    (b) Wie ändert sich S näherungsweise, wenn man x durch $x+h$ und y durch $y+k$ ersetzt? Wie könnte man die Jacobimatrix nutzen, um die Schnittpunkte der Kurven, die durch die Gleichungen $x^2 = y^3$ und $x^5 + y^5 = 1$ gegeben sind, näherungsweise zu bestimmen? *Tipp:* Wie sehen die Kurven ungefähr aus? Wo liegt der Schnittpunkt etwa? Was hat dieser Schnittpunkt mit S zu tun? Wie sollte man h und k am besten wählen?

2. Gegeben sei die Funktion

    $$f(x,y) = \begin{cases} \dfrac{x^2 + y^2}{y} & \text{für } y \neq 0 \\[2mm] 0 & \text{für } y = 0 \end{cases}$$

    Untersuchen Sie, für welche Vektoren $v \in \mathbb{R}^2 \setminus \{0\}$ die Richtungsableitung der Funktion f in Richtung v existiert und berechnen Sie ggf. diese Richtungsableitung. Ist f in $(0,0)$ differenzierbar?

3. Gegeben seien die Funktionen $f : \mathbb{R}^3 \to \mathbb{R}^2$ mit $f(x,y,z) = \begin{pmatrix} xy + y^2 - 2z \\ -xyz \end{pmatrix}$, $g : \mathbb{R} \to \mathbb{R}^3$

    mit $g(t) = \begin{pmatrix} t^2 \\ t \\ e^t \end{pmatrix}$ und $h : \mathbb{R}^2 \to \mathbb{R}^2$ mit $h(u,v) = \begin{pmatrix} u^2 + v^2 \\ uv \end{pmatrix}$.

    Bestimmen Sie die Ableitungen von f, g, h, $f \circ g$ und $h \circ f$.

4. Polarkoordinaten
    Sei $D \subset \mathbb{R}^2$ eine offene Menge und $U = \{r, \varphi\} \in \mathbb{R}^2;\ r > 0, (r\cos\varphi, r\sin\varphi) \in D\}$.
    Sei weiter $f : D \to \mathbb{R}$ eine stetig differenzierbare Funktion und $g : U \to \mathbb{R}$ gegeben durch $g(r,\varphi) = f(r\cos\varphi, r\sin\varphi)$.

    Drücken Sie die partiellen Ableitungen $\dfrac{\partial g}{\partial r}$ und $\dfrac{\partial g}{\partial \varphi}$ durch die partiellen Ableitungen von f aus.

    Zusatzfrage: Warum ist U offen?

5. Mit Hilfe der Zustandsgleichung idealer Gase $pV = cT$ kann jede der Größen p, V und T als eine Funktion der zwei anderen dargestellt werden:

    $$p = p(V,T) = \frac{cT}{V}, \quad V = V(p,T) = \dots, \quad T = T(p,V) = \dots$$

    Bestimmen Sie

    $$\frac{\partial V}{\partial T} \cdot \frac{\partial T}{\partial p} \cdot \frac{\partial p}{\partial V}$$

    für die drei Funktionen $p = p(V,T)$, $V = V(p,T)$ und $T = T(p,V)$.
    Könnte man die Differentialquotienten „kürzen"?

6. Eine Funktion $f : \mathbb{R}^n \setminus \{0\} \to \mathbb{R}$ heißt *homogen vom Grad* $\alpha \in \mathbb{R}$, falls

$$f(tx) = t^\alpha f(x), \quad x \in \mathbb{R}^n \setminus \{0\}, \ t > 0.$$

Zeigen Sie: Ist $f : \mathbb{R}^n \setminus \{0\} \to \mathbb{R}$ differenzierbar, so ist f genau dann homogen vom Grad α, wenn die Eulersche Relation

$$\langle \operatorname{grad} f(x), x \rangle = \alpha f(x), \quad x \in \mathbb{R}^n \setminus \{0\}$$

gilt.

7. Zeigen Sie, dass für stetige Funktionen a und b die Funktion

$$y(t) = e^{\int_{t_0}^{t} a(\sigma)\,\mathrm{d}\sigma} x_0 + \int_{t_0}^{t} e^{\int_{s}^{t} a(\sigma)\,\mathrm{d}\sigma} b(s)\,\mathrm{d}s$$

eine Lösung der Differentialgleichung $y'(t) = a(t)y(t) + b(t)$ ist.

8. Sei $A \in M(n, \mathbb{R})$ eine reelle $n \times n$-Matrix und $x_0 \in \mathbb{R}^n$. Mit der Matrixexponentialfunktion aus Aufgabe S3 von Blatt 2 kann man die Kurve $x(t) = e^{At}x_0$ im $\mathbb{R}^n$ definieren, d.h. eine Abbildung $x : \mathbb{R} \to \mathbb{R}^n$.

   (a) Für eine Matrix $B \in M(n, \mathbb{R}^n)$ sei die *Spaltensummennorm* wie in Aufgabe 4(b) zu Kapitel definiert durch

$$\|B\|_S = \max_{1 \le j \le n} \sum_{i=1}^{n} |b_{ij}|$$

   so dass die Abschätzung $\|Bx_0\|_1 \le \|B\|_S \|x_0\|_1$ gilt.
   Zeigen Sie, dass für alle Matrizen mit $\|B\|_S < 1$ gilt:

$$\|e^B x_0 - x_0 - Bx_0\|_1 \le \frac{\|B\|_S^2}{1 - \|B\|_S} \|x_0\|_1.$$

   (b) Zeigen Sie, dass $x(t) = e^{At}x_0$ die Differentialgleichung $\dot{x} = Ax$ löst, d.h. $x(t)$ ist differenzierbar und es gilt

$$\dot{x}(t) = Ae^{At}x_0 = Ax(t).$$

   Überprüfen Sie dabei zunächst die Differenzierbarkeit bei $t = 0$ anhand der Definition und erweitern dann das Resultat unter Benutzung der Funktionalgleichung $e^{A(t+s)} = e^{At}e^{As}$ auf andere $t \in \mathbb{R}$.

9. Zeigen Sie, wie man aus dem Satz von Schwarz (für gemischte zweite partielle Ableitungen) folgern kann, dass für eine dreimal stetig differenzierbare Funktion $f : U \to \mathbb{R}$ gilt:

$$\frac{\partial^3 f}{\partial x \partial y \partial z} = \frac{\partial^3 f}{\partial y \partial z \partial x}.$$

10. Bestimmen Sie die Taylor-Polynome

   (a) 3. Grades für $g : \mathbb{R}^2 \to \mathbb{R}$ mit $g(x, y) = (1 - y)e^{2xy}$ zum Entwicklungspunkt $(0, 1)$

   (b) 2. Grades für $f : \mathbb{R}^2 \to \mathbb{R}$ mit $f(x, y) = \ln(1 + x + 2y^2)$ zum Entwicklungspunkt $(0, 0)$

   Oft ist es leichter, sich die Taylor-Polynome aus bekannten Reihenentwicklungen zu verschaffen. Versuchen Sie, so die Ergebnisse zu (a) und (b) auf andere Weise zu erhalten.

11. Schätzen Sie mit Hilfe des Satzes von Taylor, aber ohne Benutzung von PC, Taschenrechner, etc., die Differenz

$$0.9999^{1.003} - 1$$

möglichst genau ab.

12. Bestimmen Sie für die Funktionen

$$f(x, y) = \cosh(x) \sin(y) \quad \text{und} \quad g(x, y) = x^3 - 2y^2 - 4xy + x$$

alle kritischen Punkte und entscheiden Sie jeweils, ob es sich um lokale Maxima, lokale Minima oder Sattelpunkte handelt.

13. (a) Bestimmen Sie die lokalen Extrema der Funktion $f : \mathbb{R}^2 \to \mathbb{R}$, die durch die Gleichung

$$f(x, y) = 2x^3 - 3xy + 2y^3 - 5$$

gegeben ist.

(b) Untersuchen Sie die Funktion $g : \mathbb{R}^2 \to \mathbb{R}$ mit

$$g(x, y) = (x^2 + 2y^2) \exp(-x^2 - 2y^2)$$

auf kritische Punkte und lokale Extrema.

14. Sei $F : \mathbb{R}^n \to \mathbb{R}$ definiert durch

$$F(x) = \sum_{i=1}^{n} \sum_{j=1}^{n} a_{ij} x_i x_j$$

mit reellen Zahlen a_{ij}.

Zeigen Sie: Falls $F(x) > 0$ ist für alle $x \neq 0$, dann existiert eine Zahl $c > 0$, so dass sogar gilt:

$$F(x) \geq c \|x\|_2^2.$$

Hinweis: Nutzen Sie die Kompaktheit der Sphäre $S^{n-1} = \{x \in \mathbb{R}^n; \|x\|_2 = 1\}$.

15. Sei $F : \mathbb{R}^n \to \mathbb{R}$ wie in der vorhergehenden Aufgabe definiert durch $F(x) = \sum_{i=1}^{n} \sum_{j=1}^{n} a_{ij} x_i x_j$ und es gelte wieder die Abschätzung $F(x) \geq c \|x\|_2^2$ für alle $x \in \mathbb{R}^n$ und eine Zahl $c > 0$.
Zeigen Sie:
Falls für alle i, j die Ungleichung

$$|b_{ij} - a_{ij}| < \frac{\varepsilon}{n^2}$$

gilt, dann gilt die Funktion $G(x) = \sum_{i=1}^{n} \sum_{j=1}^{n} b_{ij} x_i x_j$ und alle $x \in \mathbb{R}$ die Abschätzung

$$G(x) \geq (c - \varepsilon) \|x\|_2^2.$$

16. Maximumprinzip
Sei $\Omega \subset \mathbb{R}^n$ eine offene, beschränkte Menge und $u : \overline{\Omega} \to \mathbb{R}$ eine Funktion, die auf $\overline{\Omega}$ stetig und in Ω zweimal stetig differenzierbar ist und für die

$$\Delta u(x) \geq 0 \quad \text{für alle } x \in \Omega.$$

Zeigen Sie, dass die Funktion u ihr Maximum auf dem Rand von Ω annimmt.

(a) Nehmen Sie zunächst an, dass $\Delta u(x) > 0$ ist für alle $x \in \Omega$ und zeigen Sie die Behauptung für diesen Fall.
Hinweis: Überlegen Sie sich die Konsequenzen für die Eigenwerte der Hesse-Matrix.

(b) Betrachten Sie im Fall $\Delta u(x) \geq 0$ nun für kleines $\varepsilon > 0$ statt $u(x)$ die Familie von Hilfsfunktionen $v_\varepsilon(x) = u(x) + \varepsilon \|x\|_2^2$.

(c) Was folgt daraus für Funktionen u mit $\Delta u(x) \leq 0$ bzw. für *harmonische Funktionen* u mit $\Delta u(x) = 0$?

17. Formulieren Sie einen Beweis für Satz 15.20.

16 Der Banachsche Fixpunktsatz und Anwendungen

16.1 Banachs Fixpunktsatz

Dieses Kapitel befasst sich mit einem der am vielseitigsten anwendbaren Sätze der Analysis und einigen seiner Anwendungen.

Definition. *(Kontraktion)*
*Sei M Teilmenge eines normierten Vektorraums. Eine Abbildung $T : M \to M$ heißt **Kontraktion** auf M, falls es ein $\varrho \in (0,1)$ gibt, so dass*

$$\|T(x) - T(y)\| \leq \varrho \cdot \|x - y\| \text{ für alle } x, y \in M.$$

Satz 16.1. *(Banachs Fixpunktsatz)*
Sei X ein Banachraum, $M \subset X$ eine abgeschlossene Teilmenge von X und $T : M \to M$ eine Kontraktion mit Kontraktionsrate $\rho < 1$.
Dann besitzt T genau einen Fixpunkt in M, d.h. es gibt genau ein $x_* \in M$ mit $T(x_*) = x_*$.

Beweis: Um einen Fixpunkt zu finden, konstruiert man rekursiv eine Folge $(x_n)_{n \in \mathbb{N}}$, indem man $x_0 \in M$ beliebig wählt und dann durch die Vorschrift $x_{n+1} = T(x_n)$ eine Folge in M erzeugt. Um zu zeigen, dass diese Folge gegen den (eindeutigen) Fixpunkt konvergiert, kann man in vier Schritten vorgehen.

1. Schritt: Die Folge $(x_n)_{n \in \mathbb{N}}$ ist eine Cauchy-Folge
Dazu zeigen wir zunächst per Vollständiger Induktion, dass

$$\|x_{n+1} - x_n\| \leq \rho^n \|x_1 - x_0\|.$$

Für den Induktionsanfang ist nichts zu zeigen.
Der Induktionsschritt benutzt die Kontraktionseigenschaft:
Ist $\|x_{n+1} - x_n\| \leq \rho^n \|x_1 - x_0\|$, dann ist

$$\|x_{n+2} - x_{n+1}\| = \|T(x_{n+1}) - T(x_n)\| \leq \rho \|x_{n+1} - x_n\| \leq \rho^{n+1} \|x_1 - x_0\|.$$

Um zu zeigen, dass $(x_n)_{n \in \mathbb{N}}$ eine Cauchy-Folge ist, sei $\varepsilon > 0$ gegeben und $n \geq m$ seien zunächst beliebige Indizes. Wir schätzen $\|x_n - x_m\|$ unter Benutzung der Dreiecksungleichung ab, um zu sehen, wie groß wir m (und damit n) wählen müssen, damit $\|x_n - x_m\| < \varepsilon$ ist.

$$\|x_n - x_m\| \leq \|x_m - x_{m+1}\| + \|x_{m+1} - x_{m+2}\| + \ldots + \|x_{n-2} - x_{n-1}\| + \|x_{n-1} - x_n\|$$

$$\leq \rho^m \|x_1 - x_0\| + \rho^{m+1} \|x_1 - x_0\| + \ldots + \rho^{n-2} \|x_1 - x_0\| + \rho^{n-1} \|x_1 - x_0\|$$

$$= \rho^m \|x_1 - x_0\| \left(1 + \rho + \rho^2 + \ldots + \rho^{n-m-1}\right)$$

$$\leq \rho^m \|x_1 - x_0\| \left(1 + \rho + \rho^2 + \ldots\right)$$

$$\leq \rho^m \|x_1 - x_0\| \frac{1}{1 - \rho},$$

wobei von der vorletzten zur letzten Zeile mit Hilfe der geometrischen Reihe abgeschätzt wird. Die Abschätzung ist unabhängig von n und wir können nun m so groß wählen, dass

$$\rho^m \|x_1 - x_0\| \frac{1}{1 - \rho} < \varepsilon \Leftrightarrow \rho^m < \frac{\varepsilon(1 - \rho)}{\|x_1 - x_0\|} \Leftrightarrow m > \frac{\ln \varepsilon + \ln(1 - \rho) - \ln \|x_1 - x_0\|}{\ln \rho}$$

ist. Unter dieser Bedingung ist dann für $n \geq m$ immer $\|x_n - x_m\| < \varepsilon$.

2. Schritt: Die Cauchy-Folge $(x_n)_{n \in \mathbb{N}}$ konvergiert, weil X ein Banachraum ist und Cauchy-Folgen dort definitionsgemäß konvergent sind. Weil M eine abgeschlossene Teilmenge von X ist, liegt der Grenzwert in M. Wir definieren daher

$$x_* := \lim_{n \to \infty} x_n \,.$$

3. Schritt: x_* ist ein Fixpunkt von T.
Da T eine Kontraktion ist, ist T insbesondere Lipschitz-stetig und damit auch stetig. Betrachtet man die Gleichung $x_{n+1} = T(x_n)$ im Grenzfall $n \to \infty$, ergibt sich

$$\lim_{n \to \infty} x_{n+1} = x_* = \lim_{n \to \infty} T(x_n) = T(x_*) \,.$$

4. Schritt: Der Fixpunkt ist eindeutig.
Seien dazu x_* und x_{**} zwei Fixpunkte. Dann ist

$$\|x_* - x_{**}\| = \|T(x_*) - T(x_{**})\| \leq \rho \|x_* - x_{**}\| \,.$$

Weil $\rho < 1$ ist, kann diese Gleichung nur erfüllt sein, wenn $\|x_* - x_{**}\| = 0$ ist, d.h. wenn $x_* = x_{**}$ ist. Es kann also keine zwei verschiedenen Fixpunkte von T geben. $\square$

Das Verfahren $x_{n+1} = T(x_n)$ zur Fixpunktsuche kann man tatsächlich auch als konstruktive Methode anwenden, um Fixpunkte zu berechnen, man spricht dann von der **Methode der sukzessiven Approximation**.
Die Folgenglieder x_n fasst man dann auf als „Näherungswerte" für den gesuchten Fixpunkt.

Bemerkung: Um abzuschätzen, wie gut die Näherung x_n ist, gibt es verschiedene Möglichkeiten: **A-priori-Fehlerschätzer** erlauben, den Abstand der m-ten Approximation vom exakten Fixpunkt schon vor der Berechnung der Iterierten abzuschätzen. Hier gilt beispielsweise die Abschätzung

$$\|x_m - x_*\| \leq \frac{\varrho^m}{1 - \varrho} \|x_1 - x_0\| \,.$$

Dagegen dienen **a-posteriori-Fehlerschätzer** dazu, diese Differenz abzuschätzen, wenn man schon alle Iterierten berechnet hat. Die a-posteriori-Abschätzung

$$\|x_m - x_*\| \leq \frac{\varrho}{1 - \varrho} \|x_m - x_{m-1}\|$$

ist daher besser als die oben angegebene a-priori-Abschätzung (siehe Aufgaben).

Beispiel: Drückt man beim Taschenrechner ausgehend von der Anzeige 0 immer wieder die cos-Taste, so nähert sich der angezeigte Wert immer mehr einer Zahl an. Wenn man den Taschenrechner auf Bogenmaß eingestellt hat, ist diese Zahl ungefähr $0,73908513322$. Die angezeigte Zahl ändert sich also offenbar nicht (oder nur sehr, sehr wenig), wenn man die Cosinusfunktion auf sie anwendet. Es handelt sich daher um einen Fixpunkt der Cosinusfunktion.

Mit Hilfe des Banachschen Fixpunktsatzes kann man die Existenz streng beweisen und die Güte der Näherungen abschätzen. Betrachte daher die Abbildung $T(x) = \cos x$ auf dem Intervall $[0, 1]$ mit $x_0 = 0$ als Startwert einer Folge $x_1 = T(x_0), x_2 = T(x_1), \ldots$. Dann bleibt $T(x) \in [0, 1]$, da der Cosinus für $0 \leq x < \dfrac{\pi}{2}$ positiv ist und $1 < \frac{\pi}{2}$ ist.

Die Cosinusfunktion ist auf $[0, 1]$ auch eine Kontraktion, denn nach dem Mittelwertsatz ist

$$|\cos(x) - \cos y| = |\sin(\xi)| \cdot |x - y|$$

für ein ξ zwischen x und y und damit ein $\xi \in (0, 1)$. Damit ist

$$|\cos x - \cos y| \leq \underbrace{\sin(1)}_{\approx 0.84} |x - y| \text{ für alle } x, y \in [0, 1].$$

Damit sind alle Voraussetzungen des Banachschen Fixpunktsatzes erfüllt und es muss ein Fixpunkt x_* existieren. Die a-priori-Abschätzung besagt, dass

$$|x_m - x_*| \leq \frac{\sin(1)^m}{1 - \sin(1)} |1 - \cos(1)|$$

Dieses Beispiel kann man noch etwas modifizieren:
Die Abbildung $(\mathcal{T}(u))(x) = \frac{1}{2}x + \frac{1}{2}\sin(u(x))$ ordnet einer stetigen Funktion $u : [0, 1] \to \mathbb{R}$ eine neue Funktion zu, die wieder stetig ist, weil die Summe und Verkettung stetiger Funktionen immer stetig ist. Daher ist $\mathcal{T} : C^0([0, 1], \mathbb{R}) \to C^0([0, 1], \mathbb{R})$ und mit der Supremumsnorm ist

$$
\begin{aligned}
\|\mathcal{T}(u) - \mathcal{T}(v)\|_\infty &= \sup_{x \in [0,1]} |\mathcal{T}(u)(x) - \mathcal{T}(v)(x)| = \sup_{x \in [0,1]} \underbrace{|\frac{1}{2}\sin(u(x)) - \frac{1}{2}\sin(v(x))|}_{=\frac{1}{2}\cos(\xi)(u(x)-v(x))} \\
&\leq \sup_{x \in [0,1]} \frac{1}{2}(u(x) - v(x)) = \frac{1}{2}\|u - v\|_\infty.
\end{aligned}
$$

Die Abbildung $\mathcal{T}$ ist also eine Kontraktion und besitzt damit genau einen Fixpunkt, d.h. es gibt genau eine stetige Funktion, die die Funktionalgleichung

$$u(x) = \frac{1}{2}x + \frac{1}{2}\sin(u(x))$$

auf dem Intervall $x \in [0, 1]$ erfüllt. Obwohl die Rechnung nur unwesentlich komplizierter war als im ersten Beispiel, sieht das Ergebnis viel schwieriger aus.

16.2 Lokale Umkehrbarkeit

Will man eine Gleichung $f(x) = y$ mit einer gegebenen rechten Seite y lösen, dann geht das formal besonders einfach, wenn die Funktion f bijektiv ist. In diesem Fall wenden wir auf beiden Seiten der Gleichung die Umkehrfunktion f^{-1} an und erhalten $x = f^{-1}(y)$. Wenn diese Umkehrfunktion stetig ist, bedeutet das, dass wir eine ähnliche Lösung $\tilde{x} = f^{-1}(\tilde{y})$ erhalten, wenn wir die rechte Seite y durch eine ein klein wenig andere rechte Seite $\tilde{y}$ ersetzen.

Aus der linearen Algebra kennen wir den Spezialfall einer affin-linearen Funktion $f(x) = Ax + b$. In diesem Fall kann man die Funktion genau dann umkehren, wenn die Matrix A invertierbar ist: Aus $y = Ax + b$ ergibt sich $x = A^{-1}(y - b)$. Die lineare Näherung $f(x_0) + Df(x_0)(x - x_0)$ an eine beliebige Funktion $f(x)$ ist genau von dieser Form, jedoch abhängig vom Punkt x_0.
Wir wollen in diesem Abschnitt zeigen, dass man f *lokal*, also in der Nähe eines festen Punktes x_0, umkehren kann, wenn die Jacobimatrix $Df(x_0)$ invertierbar ist.

Definition. *(Diffeomorphismus)*
*Eine Abbildung $f : U \to V$ zwischen zwei offenen Mengen $U, V \subseteq \mathbb{R}^n$ heißt **Diffeomorphismus**, falls f bijektiv ist und sowohl f selbst als auch die zugehörige Umkehrabbildung $f^{-1} : V \to U$ stetig differenzierbar sind.*
Man sagt, dass f ein C^k-Diffeomorphismus ist, falls f und f^{-1} sogar k-mal stetig differenzierbare Funktionen sind.

Warum wir hier $V \subseteq \mathbb{R}^n$ und nicht $V \subseteq \mathbb{R}^m$ gewählt haben, zeigt die folgende Überlegung zum Zusammenhang zwischen den Ableitungen von f und f^{-1}, wenn f bijektiv ist.

Satz 16.2.
Seien $U \subseteq \mathbb{R}^n$ und $V \subseteq \mathbb{R}^m$ offen und $f : U \to V$ eine bijektive Abbildung mit Umkehrabbildung $g : V \to U$. Ist f im Punkt $x_0 \in U$ und g im Punkt $y_0 := f(x_0) \in V$ differenzierbar, dann ist die Jacobimatrix $Df(x_0)$ invertierbar und es gilt

$$Dg(y_0) = Df(x_0)^{-1}.$$

Insbesondere muss dann $n = m$ sein.

Beweis: Aus den beiden Bedingungen $g(f(x)) = x$ und $f(g(y)) = y$ erhält man durch Ableiten mit der Kettenregel

$$Dg(f(x_0))Df(x_0) = Dg(y_0)Df(x_0) = E_n \text{ und } Df(g(y_0))Dg(y_0) = Df(x_0)Dg(y_0) = E_m$$

Die erste Gleichung impliziert, dass $Df(x_0)$ injektiv ist, denn wenn $Df(x_0)$ nicht injektiv wäre, dann wäre auch die Verkettung $Dg(f(x_0)Df(x_0)$ nicht injektiv. Analog folgt aus der rechten Gleichung, dass die Matrix $Df(x_0)$ auch surjektiv ist, und damit invertierbar. Aus der Dimensionsformel folgt dann wegen dim Kern $Df(x_0) = 0$ direkt $m = n$.

$\square$

Eine differenzierbare Funktion $f : \mathbb{R} \to \mathbb{R}$ ist auf jeden Fall invertierbar, wenn sie streng monoton wachsend oder streng monoton fallend ist. Diese Eigenschaft ist wiederum sicher gegeben, wenn $f'(x) > 0$ ist für alle x bzw. wenn $f'(x) < 0$ ist für alle x.
Eine lokale Version dieses Sachverhalts geht so: Wenn f stetig differenzierbar ist und $f'(x_0) \neq 0$ an einer Stelle x_0, beispielsweise $f'(x_0) > 0$, dann gibt es ein kleines Intervall $[x_0 - \delta, x_0 + \delta]$, auf dem die Ableitung überall positiv ist. Die Funktion f ist dann auf diesem Intervall streng monoton wachsend und wenn man nur die Einschränkung $\tilde{f} : [x_0 - \delta, x_0 + \delta] \to [f(x_0 - \delta), f(x_0 + \delta)]$ betrachtet, dann ist dies eine invertierbare Funktion. Die ursprüngliche Funktion f nennt man dann *lokal invertierbar* bei x_0. Ähnlich wie im Eindimensionalen kann man auch im $\mathbb{R}^n$ die lokale Invertierbarkeit einer Funktion in der Nähe eines einzelnen Punktes alleine mit Hilfe der Ableitung in diesem Punkt charakterisieren.

Satz 16.3. *(Lokaler Umkehrsatz)*
Sei $\Omega \subset \mathbb{R}^n$ offen und $f : \Omega \to \mathbb{R}^n$ sei stetig differenzierbar. Falls die Jacobimatrix $Df(x_0) \in M(n, \mathbb{R})$ im Punkt x_0 invertierbar ist, dann gibt es eine offene Umgebung U von x_0 mit folgenden Eigenschaften:

(i) *$V = f(U)$ ist eine offene Menge, die den Punkt $f(x_0)$ enthält und*

(ii) *Die Einschränkung $f|_U : U \to V$ ist ein Diffeomorphismus, d.h. es gibt eine stetig differenzierbare Funktion $g : V \to U$ mit $g \circ f = \mathrm{id}_U$ und $f \circ g = \mathrm{id}_V$.*

Beweis: Wir können durch Verschieben erreichen, dass $x_0 = f(x_0) = 0$ ist. Dazu betrachten wir statt der Funktion f die neue Funktion $\hat{f}(x) = f(x + x_0) - f(x_0)$, die auf der entsprechend verschobenen Menge $\hat{\Omega} = \{x \in \mathbb{R}^n; \ x + x_0 \in \Omega\}$ definiert ist.

Wir schreiben der Übersichtlichkeit halber weiter f statt $\hat{f}$, nehmen aber ab jetzt an, dass

$$x_0 = f(x_0) = 0$$

ist.

1. Schritt: Umformulierung in ein Fixpunktproblem

Sei $A := Df(0)$ und $R_f(x) = f(x) - Ax$ der nichtlineare Anteil von f. Damit können wir die Gleichung $f(x) = y$ auch schreiben als

$$Ax + R_f(x) = y \Leftrightarrow x = A^{-1}(y - R_f(x))$$

Wir halten nun jeweils $y \in \mathbb{R}^n$ fest und suchen für dieses feste y eine Lösung x. Dazu definieren wir $T_y : \Omega \to \mathbb{R}^n$ durch $T_y(x) = A^{-1}(y - R_f(x))$, d.h. es gilt

$$f(x) = y \Leftrightarrow x = T_y(x)$$

2. Schritt: Lösen der Fixpunktgleichung für festes y nahe 0

Dazu bestimmen wir kleine Zahlen $\delta, \varepsilon > 0$, so dass die Abbildung $T_y : \overline{B_\delta(0)} \to \overline{B_\delta(0)}$ für $\|y\| < \varepsilon$ eine Kontraktion ist. Das würde bedeuten, dass wir zu jedem solchen y eine Lösung x mit $\|x\| < \delta$ finden.

Da f als stetig differenzierbar vorausgesetzt war, muss auch R_f stetig differenzierbar sein und $DR_f(x) = Df(x) - A$ stetig mit $DR_f(0) = 0$.

Daher gibt es ein $\delta_0 > 0$, so dass einerseits $\overline{B_{\delta_0}(0)} \subseteq \Omega$ und

$$\|DR_f(x)\| \leq \frac{1}{2\|A^{-1}\|} \text{ für alle } \|x\| \leq \delta_0.$$

Aus dem Schrankensatz 15.19 ergibt sich daher für alle x_1, x_2 mit $\|x_1\|, \|x_2\| \leq \delta_0$:

$$\|R_f(x_1) - R_f(x_2)\| \leq \frac{1}{2\|A^{-1}\|}\|x_1 - x_2\|.$$

Nun können wir nachrechnen, dass T_y eine Kontraktion ist:

$$
\begin{aligned}
\|T_y(x_1) - T_y(x_2)\| &= \|A^{-1}(y - R_f(x_1)) - A^{-1}(y - R_f(x_2))\| \\
&= \|A^{-1}(y - R_f(x_1) - y + R_f(x_2))\| \\
&\leq \|A^{-1}\| \cdot \|R_f(x_1) - R_f(x_2)\| \\
&\leq \|A^{-1}\|\frac{1}{2\|A^{-1}\|}\|x_1 - x_2\| = \frac{1}{2}\|x_1 - x_2\|
\end{aligned}
$$

Um jetzt noch eine geeignete Menge $\overline{B_\delta(0)}$ zu finden, die von T_y in sich selbst abgebildet wird, schätzen wir weiter ab:

$$
\begin{aligned}
\|T_y(x)\| &= \|A^{-1}(y - R_f(x))\| \\
&\leq \|A^{-1}\| \cdot \|y - R_f(x)\| \\
&\leq \|A^{-1}\| (\|y\| + \|R_f(x)\|) \\
&= \|A^{-1}\| (\|y\| + \|R_f(x) - R_f(0)\|) \text{ da } R_f(0) = 0 \\
&\leq \|A^{-1}\|\|y\| + \frac{1}{2}\|x\| \text{ falls } \|x\| \leq \delta_0
\end{aligned}
$$

Wählt man nun $\varepsilon = \dfrac{\delta}{2\|A^{-1}\|} > 0$, dann ist

$$\|T_y(x)\| < \|A^{-1}\|\varepsilon + \frac{1}{2}\delta = \delta.$$

Damit ist $T_y : \overline{B_\delta(0)} \to \overline{B_\delta(0)}$ für festes y mit $\|y\| < \varepsilon$ eine Kontraktion mit Kontraktionsrate $1/2$. Nach dem Banachschen Fixpunktsatz existiert also ein eindeutiges $x \in \overline{B_\delta(0)}$ mit $T_y(x) = x$. Es ist sogar $x \in B_\delta(0)$, weil ja $\|x\| = \|T_y(x)\| < \delta$ ist.

Damit können wir $V = B_\varepsilon(0)$ und $U = B_\delta(0) \cap f^{-1}(V)$ wählen und haben offene Umgebungen des Nullpunkts gefunden, für die $f : U \to V$ bijektiv ist.

Sei $g : V \to U$ die Umkehrabbildung. Wir müssen „nur" noch verifizieren, dass g stetig differenzierbar ist. Dazu stellen wir fest, dass

$$\|g(y)\| = \|T_y(g(y))\| \le C\|y\| + \frac{1}{2}\|g(y)\| \;\Rightarrow\; \|g(y)\| \le 2C\|y\|$$

Daraus folgt zunächst, dass g im Nullpunkt stetig ist mit $g(0) = 0$.

Um zu zeigen, dass $Dg(0) = A^{-1}$ ist, schätzen wir ab:

$$\frac{\|g(h) - A^{-1}h\|}{\|h\|} = \frac{\|T_h(g(h)) - A^{-1}h\|}{\|h\|} = \frac{\|A^{-1}(R_f(g(h)))\|}{\|h\|} \le C\frac{\|R_f(g(h))\|}{\|g(h)\|} \cdot \underbrace{\frac{\|g(h)\|}{\|h\|}}_{\le 2C}$$

Wegen der Stetigkeit von g im Nullpunkt konvergiert für $h \to 0$ auch $x = g(h) \to 0$. Damit strebt die ganze rechte Seite für $h \to 0$ gegen Null, da $\lim\limits_{x \to 0} \|R_f(x)\|/\|x\| = 0$. Dies zeigt, dass g in $y = 0$ differenzierbar ist mit $Dg(0) = A^{-1}$. Um zu zeigen, dass g auch in anderen Punkten differenzierbar ist, wendet man einen kleinen Trick an. Da $\det Df(0) \neq 0$ ist, ist auch für $\|x\| < \delta$ mit kleinem δ immer noch $\det Df(x) \neq 0$ und man könnte die gesamte Argumentation, die wir jetzt für $x = 0$ durchgeführt haben, auch für dieses andere x durchführen. Damit zeigt man, dass g in einer Umgebung von $y = 0$ differenzierbar ist. Streng genommen muss man noch zeigen, dass die Ableitung Dg eine stetige Funktion ist. Dies geht so: Wenn wir δ klein genug wählen, dann ist $\det Df(x) \neq 0$ für jedes x mit $\|x\| < \delta$. Ist $y \in V$, dann können wir die gesamte Argumentation von oben im Punkt $x = g(y)$ wieder durchführen und dort $Dg(y) = (Df(x))^{-1}$ zeigen. $\qquad\square$

Bemerkung: Falls f sogar k-mal stetig differenzierbar ist und die Bedingungen des lokalen Umkehrsatzes erfüllt sind, dann ist auch die lokale Umkehrabbildung k-mal stetig differenzierbar.

Beispiel: Die komplexe Exponentialfunktion als Funktion $E : \mathbb{R}^2 \to \mathbb{R}^2$

Im ersten Teil dieses Kurses haben wir die komplexe Exponentialfunktion über eine unendliche Reihe eingeführt und die Eulersche Formel $e^{i\varphi} = \cos\varphi + i\sin\varphi$ kennengelernt. Wir betrachten nun $z = x + iy$ mit x, y reell und zerlegen $e^z = e^{x+iy} = e^x \cos y + ie^x \sin y$ in Real- und Imaginärteil. Dies liefert eine Funktion

$$\begin{aligned} E : \mathbb{R}^2 &\to \mathbb{R}^2 \\ (x, y) &\mapsto \begin{pmatrix} e^x \cos y \\ e^x \sin y \end{pmatrix}, \end{aligned}$$

deren Jakobideterminante

$$DE(x, y) = \begin{pmatrix} e^x \cos y & -e^x \sin y \\ e^x \sin y & e^x \cos y \end{pmatrix} \Rightarrow \det DE(x, y) = e^{2x} \neq 0$$

nirgends verschwindet. In jedem Punkt (x_0, y_0) lässt sich also der lokale Umkehrsatz anwenden. Die Abbildung E ist aber nicht (global) invertierbar, denn jeder Bildpunkt besitzt wegen der Periodizität der trigonometrischen Funktionen (unendlich) viele Urbilder.

Beispiel: Die Funktion $F : \mathbb{R}^2 \to \mathbb{R}^2$ mit $F(x, y) = (x^3 - \sin y, xe^y - ye^x)$ ist in der Nähe des Punktes $F(0, 0) = (0, 0)$ lokal invertierbar, denn

$$DF(0,0) = \begin{pmatrix} 3x^2 & -\cos y \\ e^y - ye^x & xe^y - e^x \end{pmatrix}_{x=y=0} = \begin{pmatrix} 0 & -1 \\ 1 & -1 \end{pmatrix}$$

ist eine invertierbare Matrix. Es gibt also eine Umgebungen U, V von $(0, 0)$, so dass $F : U \to V$ ein Diffeomorphismus ist.

16.3 Der Satz über implizite Funktionen

Um Teilmengen M des $\mathbb{R}^n$ wie Kurven oder Flächen mathematisch zu beschreiben, gibt es verschiedene Möglichkeiten. Am Beispiel einer Kreislinie im $\mathbb{R}^2$ soll das illustriert werden:

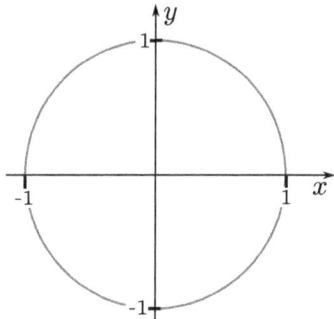

1. implizite Beschreibung durch eine oder mehrere Gleichungen, hier:

$$S^1 = \left\{ (x, y);\ x^2 + y^2 = 1 \right\}.$$

Allgemein: $M = \{x \in \mathbb{R}^n;\ F(x_1, x_2, \ldots, x_n) = 0\}$ für eine Funktion $F : \mathbb{R}^n \to \mathbb{R}^m$.

2. parametrische Darstellung, indem die Koordinaten in Abhängigkeit eines oder mehrerer Parameter dargestellt werden, hier zum Beispiel durch $x = \cos\varphi,\ y = \sin\varphi$ mit $\varphi \in [0, 2\pi)$, d.h.

$$S^1 = \{(\cos\varphi, \sin\varphi);\ \varphi \in [0, 2\pi)\}.$$

Allgemein: $M = \{x \in \mathbb{R}^n;\ x_1 = f_1(t_1, \ldots, t_k), x_2 = f_2(t_1, \ldots, t_k), \ldots, x_n = f_n(t_1, \ldots, t_k)\}$ mit Parametern $t_1, t_2, \ldots, t_k$.
Als Faustregel gilt hier: k ist (meistens) die Dimension von M, d.h. es ist $k = 1$ für Kurven, $k = 2$ für Flächen etc.

3. explizite Darstellung als Schaubild von Funktionen, d.h. eine der Variablen lässt sich als Funktion der übrigen Variablen schreiben, zum Beispiel

$$S^1 = \left\{ (x, y);\ y = \pm\sqrt{1 - x^2} \right\}.$$

Man erkennt direkt eine Schwierigkeit: es gibt nicht *eine* einzelne explizite Funktion, die genügt, um die ganze Kreislinie darzustellen. Dies geht nur mit der parametrischen oder der impliziten Darstellung.

Da situationsabhängig eine der Varianten praktischer sein kann als die andere, möchte man gelegentlich von einer impliziten zu einer expliziten Darstellung kommen. Dass das nicht für die ganze Menge geht, hat unser Beispiel eben gezeigt. Aber ähnlich wie beim Umkehrsatz kann man hoffen, dass sich die implizite Gleichung $f(x,y) = 0$ wenigstens lokal, das heißt in der Nähe eines Punktes (x_0, y_0) mit $f(x_0, y_0) = 0$ nach x oder y auflösen lässt.

Wann geht das? Betrachten wir dazu wieder das Beispiel $f(x,y) = x^2 + y^2 - 1$. Die Lösungsmenge kann man in der Form $y = g(x) = \pm\sqrt{1-x^2}$ schreiben in der Nähe von allen Punkten außer $(-1,0)$ und $(1,0)$. Man kann sie auch in der Form $x = g(y) = \pm\sqrt{1-y^2}$ schreiben außer bei den beiden Punkten $(0,-1)$ und $(0,1)$. Man beachte, dass in den vier Ausnahmepunkten immer irgendwelche partiellen Ableitungen von f verschwinden. Genauer: f lässt sich nach y auflösen, solange $\dfrac{\partial f}{\partial y} \neq 0$ ist und f lässt sich nach x auflösen, solange $\dfrac{\partial f}{\partial x} \neq 0$ ist.

Wir stellen uns nun etwas allgemeiner vor, dass wir eine Funktion $f : W \to \mathbb{R}^m$ gegeben haben, wobei $W \subseteq \mathbb{R}^n \times \mathbb{R}^m$ offen ist. Wenn man nun eine Lösung $(x_0, y_0) \in \mathbb{R}^n \times \mathbb{R}^m$ der Gleichung $f(x,y) = 0$ kennt, wollen wir gerne die Gleichung lokal nach y auflösen, d.h. die Lösungsmenge der Gleichung nahe (x_0, y_0) als Graph $y = g(x)$ einer Funktion g schreiben. Dazu müssen wir unsere Überlegungen von oben etwas verallgemeinern.

Wir beginnen mit dem linearen Fall:

Beispiel: Sei $A : \mathbb{R}^n \times \mathbb{R}^m \to \mathbb{R}^m$ eine lineare Abbildung. Wir schreiben für $(x,y) \in \mathbb{R}^n \times \mathbb{R}^m$

$$f(x,y) = Bx + Cy$$

mit $B \in M(m \times n, \mathbb{R})$ und $C \in M(m, \mathbb{R})$. Die Gleichung $f(x,y) = z$ bzw. $Bx + Cy = z$ hat bei festem $x \in \mathbb{R}^n$ eine Lösung, wenn die Matrix C invertierbar ist. In diesem Fall ist $y = C^{-1}(z - Bx)$ die eindeutige Lösung. Es kommt also wesentlich darauf an, wie f von y abhängt und nicht darauf, wie die Abhängigkeit von x ist.   Diese Idee lässt sich auf nichtlineare Funktionen übertragen.

Definition. *(partielles Differential)*
Betrachte die differenzierbare Abbildung $f : \mathbb{R}^n \times \mathbb{R}^p \to \mathbb{R}^m$. Definiere die **partiellen Differentiale** *durch*

$$D_x f(x_0, y_0) : \mathbb{R}^n \to \mathbb{R}^m \ \textit{mit}$$

$$D_x f(x_0, y_0) \cdot h = Df(x_0, y_0) \begin{pmatrix} h \\ 0 \end{pmatrix} \ \textit{und}$$

$$D_y f(x_0, y_0) : \mathbb{R}^p \to \mathbb{R}^n \ \textit{mit}$$

$$D_y f(x_0, y_0) \cdot k = Df(x_0, y_0) \begin{pmatrix} 0 \\ k \end{pmatrix}.$$

In Matrixschreibweise:

$$Df(x_0, y_0) = \left(\begin{array}{cccc|cccc} \frac{\partial f_1}{\partial x_1} & \frac{\partial f_1}{\partial x_2} & \cdots & \frac{\partial f_1}{\partial x_n} & \frac{\partial f_1}{\partial y_1} & \frac{\partial f_1}{\partial y_2} & \cdots & \frac{\partial f_1}{\partial y_p} \\ \frac{\partial f_2}{\partial x_1} & \cdots & \cdots & \frac{\partial f_2}{\partial x_n} & \frac{\partial f_2}{\partial y_1} & \cdots & \cdots & \frac{\partial f_2}{\partial y_p} \\ \vdots & & & \vdots & \vdots & & & \vdots \\ \frac{\partial f_m}{\partial x_1} & \frac{\partial f_m}{\partial x_2} & \cdots & \frac{\partial f_m}{\partial x_n} & \frac{\partial f_m}{\partial y_1} & \frac{\partial f_m}{\partial y_2} & \cdots & \frac{\partial f_m}{\partial y_p} \end{array} \right)$$

$$\qquad = D_x f(x_0, y_0) \qquad = D_y f(x_0, y_0)$$

$D_x f(x_0, y_0)$ *ist die Ableitung der partiellen Funktion $x \mapsto f(x, y_0)$ mit festem y_0 nach x im Punkt x_0.*

Satz 16.4. *(Satz über implizite Funktionen)*
Sei $W \subseteq \mathbb{R}^n \times \mathbb{R}^m$ offen, $f : W \to \mathbb{R}^m$ stetig differenzierbar und $f(x_0, y_0) = 0$. Falls das partielle Differential $D_y f(x_0, y_0)$ invertierbar ist, dann ist die Gleichung lokal nach y auflösbar, d.h. es gibt Umgebungen U_1 von x_0, U_2 von y_0, und eine differenzierbare Abbildung $g : U_1 \to U_2$ mit

$$f(x, y) = 0 \quad \Leftrightarrow \quad y = g(x)$$

für $(x, y) \in U_1 \times U_2$. g ist stetig differenzierbar und hat im Punkt x_0 die Ableitung

$$Dg(x_0) = - \left(D_y f(x_0, y_0) \right)^{-1} \cdot D_x f(x_0, y_0).$$

Für $x \in U_1$ ist dann $f(x, g(x)) = 0$.
Andere Schreibweise:

$$f^{-1}(0) \cap (U_1 \times U_2) = \operatorname{graph}(g) = \{ (x, g(x)); x \in U_1 \}.$$

Bemerkung: Die Ableitung nach denjenigen Variablen, nach denen man auflösen möchte, muss invertierbar sein.
Will man nach einer einzigen Variablen x_k auflösen, d.h. $f(x_1, x_2, \ldots, x_n) = 0$ lokal nahe x_0 in die Form $x_k = g(x_1, \ldots, x_{k-1}, x_{k+1}, \ldots, x_n)$ bringen, dann muss $\frac{\partial f}{\partial x_k}(x_0) \neq 0$ sein.
Beweis: Um nicht allzu hart arbeiten zu müssen, benutzt man einen kleinen Trick, mit dem der Satz über implizite Funktionen auf den Satz 16.3 über die lokale Umkehrfunktion zurückgeführt wird. Der lokale Umkehrsatz bezog sich auf Funktionen, deren Definitions- und Bildbereich dieselbe Dimension hatte.
Wir definieren daher eine neue Funktion $F : W \to \mathbb{R}^n \times \mathbb{R}^m$ mit $F(x, y) = (x, f(x, y))$. Dann ist die Ableitung von F geschrieben als Blockmatrix

$$DF(x, y) = \begin{pmatrix} E_n & 0 \\ D_x f(x, y) & D_y f(x, y) \end{pmatrix}$$

und da es sich um eine Blockdiagonalmatrix handelt ist

$$\det DF(x_0, y_0) = \det E_n \cdot \det D_y f(x_0, y_0) \neq 0.$$

Wendet man den lokalen Umkehrsatz auf F an, gibt es also Umgebungen $U_1 \times U_2$ von (x_0, y_0) und V von $F(x_0, y_0) = (x_0, 0)$, so dass $F : U_1 \times U_2 \to V$ bijektiv ist. Die zugehörige Umkehrabbildung bezeichnen wir mit $G : V \to U_1 \times U_2$. Falls $(x, z) \in V$ liegt, ist nach der Konstruktion von V auf jeden Fall $(x, z) = (x, f(x, y))$ für ein $(x, y) \in U_1 \times U_2$. Damit ist

$$G(x, z) = G(x, f(x, y)) = G(F(x, y)) = (x, y)$$

Also ist G von der Form $G(x, z) = (x, h(x, z))$ wobei $h \in C^1(V, \mathbb{R}^m)$.
Für $(x, y) \in U_1 \times U_2$ ist also

$$f(x, y) = 0 \Leftrightarrow F(x, y) = (x, 0)$$
$$\Leftrightarrow (x, y) = G(x, 0)$$
$$\Leftrightarrow y = h(x, 0)$$

Also gilt die Aussage des Satzes, wenn wir $g(x) := h(x, 0)$ setzen (wobei wir eventuell U_1 noch etwas verkleinern müssen, so dass $h(x, 0) \in U_2$ für alle $x \in U_1$).
Die Formel für die Ableitung ergibt sich dann aus der Kettenregel, indem man die Gleichung

$$f(x, g(x)) = 0$$

differenziert:

$$D_x f(x, g(x)) + D_y f(x, g(x)) \cdot Dg(x) = 0$$

liefert nach Einsetzen von x_0 und $g(x_0) = y_0$

$$D_x f(x_0, y_0) + D_y f(x_0, y_0) \cdot Dg(x_0) = 0.$$

Die Behauptung folgt direkt, indem man nach $Dg(x_0)$ auflöst.

$\square$

Bemerkung: Auch einzelne partielle Ableitungen von g im Punkt (x_0, y_0) oder höhere (partielle) Ableitungen von g lassen sich analog durch Differenzieren der Gleichung $f(x, g(x)) = 0$ bestimmen

Beispiel: Betrachte $f(x, y) = xe^{2y} + ye^{3x}$. Offenbar ist $f(0,0) = 0$, also ist $(x_0, y_0) = (0,0)$ eine Lösung der Gleichung $f(x, y) = 0$. Um weitere Lösungen dieser Gleichung zu finden, wenden wir den Satz über implizite Funktionen an. Da $\frac{\partial f}{\partial y}(0,0) = 1 \neq 0$ ist, existiert ein $\delta > 0$ und eine differenzierbare Funktion $g : (-\delta, \delta) \to \mathbb{R}$ mit

$$f(x, g(x)) = 0 \text{ und } g(0) = 0.$$

Wir berechnen nun das Taylor-Polynom 2. Grades von g zum Entwicklungspunkt $x_0 = 0$, obwohl wir keine explizite Formel für g kennen. Zunächst erhalten wir durch Differenzieren der Gleichung $f(x, g(x)) = 0$

$$\frac{\partial f}{\partial x}(x, g(x)) + \frac{\partial f}{\partial y}(x, g(x))g'(x) = 0 \qquad (*)$$

und speziell für $x = 0$ daraus

$$g'(0) = -\frac{\frac{\partial f}{\partial x}(0,0)}{\frac{\partial f}{\partial y}(0,0)} = -1$$

Nun leiten wir Gleichung $(*)$ noch einmal ab:

$$\frac{\partial^2 f}{\partial x^2}(x, g(x)) + 2\frac{\partial^2 f}{\partial x \partial y}(x, g(x))g'(x) + \frac{\partial^2 f}{\partial y^2}(x, g(x))g'(x)^2 + \frac{\partial f}{\partial y}(x, g(x))g''(x) = 0$$

Setzt man wieder $x = 0$ und $g'(0) = -1$ cin, so kann man nach $g''(0)$ auflösen und erhält $g''(0) = 10$. Das Taylorpolynom 2. Grades von g ist dann also

$$T_2(x; g, 0) = g(0) + g'(0)x + \frac{1}{2}g''(0)x^2 = -x + 5x^2.$$

Beispiel: Das Gleichungssystem

$$x^2 u^3 + u^2 vy = 2$$
$$x^2 u^2 + v^2 y^3 = 2$$

besitzt die Lösung $x = y = u = v = 1$, mit anderen Worten, für die Funktion

$$f(x, y, u, v) = \begin{pmatrix} x^2 u^3 + u^2 vy - 2 \\ x^2 u^2 + v^2 y^3 - 2 \end{pmatrix}$$

ist $f(1,1,1,1) = 0$. Da das partielle Differential

$$D_{(u,v)}f(x,y,u,v) = \begin{pmatrix} 3x^2u^2 + 2uvy & u^2y \\ 2x^2u & 2vy^3 \end{pmatrix} \Rightarrow D_{(u,v)}f(1,1,1,1) = \begin{pmatrix} 5 & 1 \\ 2 & 2 \end{pmatrix}$$

an der Stelle $(x,y,u,v) = (1,1,1,1)$ invertierbar ist, gibt es Funktionen g_1 und g_2, mit $g_1(1,1) = 1$ und $g_2(1,1) = 1$, so dass

$$f(x,y,g_1(x,y),g_2(x,y)) = 0$$

ist für $(x,y) \approx (1,1)$. Die Ableitung der Funktion $g = (g_1,g_2)$ ist

$$Dg(1,1) = -D_{(u,v)}f(1,1,1,1)^{-1}D_{(x,y)}f(1,1,1,1) = \begin{pmatrix} 5 & 1 \\ 2 & 2 \end{pmatrix}^{-1}\begin{pmatrix} 2 & 1 \\ 2 & 3 \end{pmatrix} = \begin{pmatrix} -\frac{1}{4} & \frac{1}{8} \\ -\frac{3}{4} & -\frac{13}{8} \end{pmatrix}.$$

Beispiel: „Für $f(x,y,z) = 0$ ist $\frac{\partial z}{\partial y} \cdot \frac{\partial y}{\partial x} \cdot \frac{\partial x}{\partial z} = -1$"

Was ist damit genau gemeint?

Sei $f : \mathbb{R}^3 \to \mathbb{R}$ stetig differenzierbar und

$$f(x_0,y_0,z_0) = 0, \ \frac{\partial f}{\partial x}(x_0,y_0,z_0) \neq 0, \ \frac{\partial f}{\partial y}(x_0,y_0,z_0) \neq 0, \ \frac{\partial f}{\partial z}(x_0,y_0,z_0) \neq 0.$$

Nach dem Satz über implizite Funktionen existieren daher Funktionen g, h und k mit

$$f(g(y,z),y,z) = 0 \text{ für } (y,z) \text{ nahe } (y_0,z_0)$$
$$f(x,h(x,z),z) = 0 \text{ für } (x,z) \text{ nahe } (x_0,z_0)$$
$$f(x,y,k(x,y)) = 0 \text{ für } (x,y) \text{ nahe } (x_0,y_0)$$

und

$$g(y_0,z_0) = x_0, \quad h(x_0,z_0) = y_0 \text{ und } k(x_0,y_0) = z_0.$$

Da die Auflösung der Gleichung $f(x,y,z) = 0$ nach x durch $x = g(y,z)$ beschrieben wird, bezieht sich die Bezeichnung „$\frac{\partial x}{\partial z}$" auf die partielle Ableitung $\frac{\partial g}{\partial z}(y_0,z_0)$. Aus dem Satz über implizite Funktionen ergeben sich für diese und die anderen oben gemeinten partiellen Ableitungen

$$\frac{\partial x}{\partial z}^{\text{„}} = \frac{\partial g}{\partial z}(y_0,z_0) = -\frac{\frac{\partial f}{\partial z}}{\frac{\partial f}{\partial x}}(x_0,y_0,z_0)$$

$$\frac{\partial y}{\partial x}^{\text{„}} = \frac{\partial h}{\partial x}(x_0,z_0) = -\frac{\frac{\partial f}{\partial x}}{\frac{\partial f}{\partial y}}(x_0,y_0,z_0)$$

$$\frac{\partial z}{\partial y}^{\text{„}} = \frac{\partial k}{\partial y}(x_0,y_0) = -\frac{\frac{\partial f}{\partial y}}{\frac{\partial f}{\partial z}}(x_0,y_0,z_0)$$

Multipliziert man diese drei Gleichungen miteinander, ergibt sich

$$\frac{\partial g}{\partial z}(y_0,z_0) \cdot \frac{\partial h}{\partial x}(x_0,z_0) \cdot \frac{\partial k}{\partial y}(x_0,y_0) = -1$$

Man kann diese Gleichung auch noch konkret für die Zusandsgleichung eines idealen Gases

$$F(p,V,T) = pV - RT$$

verifizieren. Mit

$$p(V,T) = \frac{RT}{V}, \quad V(p,T) = \frac{RT}{p} \text{ und } T(p,V) = \frac{pV}{R}$$

ist

$$\frac{\partial T}{\partial V} \cdot \frac{\partial V}{\partial p} \cdot \frac{\partial p}{\partial T} = \frac{p}{R} \cdot \frac{-RT}{p^2} \cdot \frac{R}{V} = -\frac{RT}{pV} = -1.$$

16.4 Das Newton-Verfahren für nichtlineare Gleichungssysteme

Zur Erinnerung: Im ersten Semester hatten wir Nullstellen von $f(x) = 0$ näherungsweise bestimmt, indem wir mit einem ersten Näherungswert x_0 gestartet waren, und dann eine Folge von Punkten $(x_n)_{n\in\mathbb{N}}$ konstruiert hatten, die gegen eine Nullstelle von f konvergierte, wenn der Startwert x_0 „gut genug" gewählt war. Dabei wurde die Funktion f in jedem Schritt durch Ihre lineare Approximation $f(x_n) + f'(x_n)(x - x_n)$ ersetzt und die Nullstelle dieser Näherungsfunktion als neuer Näherungswert x_{n+1} festgelegt.

Diese Idee sollte auch für Abbildungen $F : \mathbb{R}^n \to \mathbb{R}^n$ funktionieren.

Man betrachtet also statt $F(x)$ die lineare Approximation $F(x) \approx F(x_n) + DF(x_n) \cdot (x - x_n)$ und definiert x_{n+1} als die Lösung von $F(x_n) + DF(x_n) \cdot (x - x_n) = 0$. Unter der Voraussetzung, dass $DF(x_n)$ invertierbar ist, erhält man so das *mehrdimensionale Newton-Verfahren*

$$x_{n+1} = x_n - DF(x_n)^{-1} F(x_n).$$

Für dessen Konvergenz gilt:

Satz 16.5. *(Mehrdimensionales Newton-Verfahren, Satz von Newton-Kantorowitsch)*
Sei $U \subseteq \mathbb{R}^n$ offen und konvex, d.h. mit zwei Punkten $x, y \in U$ liegt auch die Verbindungsstrecke in U. Die Funktion $F : U \to \mathbb{R}^n$ besitze eine Nullstelle x_* in U und erfülle die folgenden Bedingungen: Die Jacobi-Matrix $DF(x)$ ist invertierbar für alle $x \in U$ und für ein $L > 0$ gelte:

$$\|DF(x)^{-1} \left(DF(x + h \cdot v) - DF(x) \right) v\| \leq L \cdot h \cdot \|v\|^2$$

für alle $h \in [0, 1]$ und alle $v \in \mathbb{R}^n$ solange $x + h \cdot v \in U$.
Sei weiter und $0 < \rho < \frac{2}{L}$. Dann konvergiert das Newton-Verfahren

$$x_{k+1} = x_k - DF(x_k)^{-1} F(x_k)$$

für jeden Startwert $x_0 \in U$ mit $\|x_0 - x_*\| \leq \rho$ gegen x_* und $\|x_{k+1} - x_*\| \leq \frac{L}{2} \|x_k - x_*\|^2$ („quadratische Konvergenz").

Beweis: Für $x, y \in U$ gilt nach Satz 15.16

$$
\begin{aligned}
F(y) - F(x) &= F(x + \theta(y - x))\big|_{\theta=0}^{1} \\
&= \int_0^1 DF(x + \theta(y - x))(y - x)\, \mathrm{d}\theta \\
\Rightarrow F(y) - F(x) - DF(x)(y - x) &= \int_0^1 (DF(x + \underbrace{\theta}_{=h}\underbrace{(y - x)}_{=v}) - DF(x))\underbrace{(y - x)}_{=v}\, \mathrm{d}\theta
\end{aligned}
$$

Daraus folgt

$$
\begin{aligned}
&\left\|DF^{-1}(x)F(y) - DF^{-1}(x)F(x) - (y - x)\right\| \\
=\ &\left\|DF^{-1}(x)\left(F(y) - F(x) - DF(x)(y - x)\right)\right\| \\
\leq\ &\int_0^1 \left\|DF^{-1}(x)\left(DF(x + \theta(y - x) - DF(x))(y - x)\right)\right\|\, \mathrm{d}\theta \\
\leq\ &\int_0^1 L\theta\|y - x\|^2\, \mathrm{d}\theta = \frac{1}{2}L\|y - x\|^2.
\end{aligned}
$$

Wir betrachten nun die Abbildung

$$G : B_\rho(x_*) \;\to\; B_\rho(x_*)$$
$$x \;\mapsto\; x - DF(x)^{-1} F(x)$$

und zeigen zunächst, dass diese Abbildung die Menge $B_\rho(x_*)$ in sich abbildet.
Dazu schätzt man wie folgt ab:

$$
\begin{aligned}
\|G(x) - x_*\| &= \left\| x - DF(x)^{-1} F(x) - x_* \right\| \\[2mm]
&= \left\| x - x_* - DF(x)^{-1} (F(x) - \underbrace{F(x_*)}_{=0}) \right\| \\[2mm]
&= \left\| DF(x)^{-1} \left(DF(x)(x - x_*) - (F(x) - F(x_*)) \right) \right\| \\[2mm]
&\leq \frac{1}{2} L \|x - x_*\|^2
\end{aligned}
$$

nach der oben hergeleiteten Ungleichung. Dies liefert auch die *quadratische Konvergenz*, wenn dann die Konvergenz erst einmal nachgewiesen ist.
Falls nun $\|x - x_*\| \leq \rho$ ist, dann ist demzufolge

$$\|G(x) - x_*\| \leq \frac{1}{2} L \|x - x_*\|^2 < \frac{1}{2} L \rho^2 < \frac{1}{2} L \frac{2}{L} \rho = \rho.$$

Damit gilt für die Newton-Iterierten

$$\|x_{k+1} - x_*\| \leq \frac{L}{2} \|x_k - x_*\| \cdot \|x_k - x_*\| \leq \underbrace{\frac{L}{2} \rho}_{<1} \cdot \|x_k - x_*\|$$

und durch Induktion

$$\|x_{k+1} - x_*\| \leq \left(\frac{L}{2} \rho \right)^{k+1} \cdot \|x_0 - x_*\|$$

woraus die Konvergenz gegen x_* folgt.
Die Eindeutigkeit der Nullstelle folgt ähnlich wie beim Banachschen Fixpunktsatz: Gäbe es eine weitere Nullstelle x_{**} in $B_\rho(x_*)$, dann wäre

$$\|x_{**} - x_*\| \leq \frac{L}{2} \rho \|x_{**} - x_*\| < \|x_{**} - x_*\|.$$

$\square$

Bemerkungen:

1. Dass eine Nullstelle existiert, wird im Satz vorausgesetzt. Im allgemeinen ist dies für mehrdimensionale Funktionen schwieriger nachzuweisen, als im Eindimensionalen, wo man mit Hilfe des Zwischenwertsatzes oft Nullstellen grob lokalisieren kann. Eine Konsequenz des Satzes ist allerdings, dass es keine weiteren Nullstellen im Ball $B_\rho(x_*)$ geben kann.

2. Da das Berechnen der Jacobimatrix und besonders das Invertieren einer Matrix breits für moderate n sehr aufwändig ist, benutzt man in der Praxis oft das vereinfachte Newton-Verfahren, bei dem entweder mit einer festen Jacobimatrix gerechnet wird, also

$$x_{k+1} = x_k - DF(x_0)^{-1} F(x_k)$$

oder die Jacobimatrix erst nach mehreren Iterationsschritten neu berechnet wird. Zur Konvergenz $\rightsquigarrow$ Übungsaufgabe.

16.5 Differenzierbare Untermannigfaltigkeiten des $\mathbb{R}^n$

Bisher haben wir die Differentialrechnung im $\mathbb{R}^n$ bzw. in offenen Teilmengen entwickelt. Das ist aber in vielen Fällen zu restriktiv, man möchte auch auf „gebogenen" Flächen differenzieren (und später) integrieren können.

Erweiterung: Untermannigfaltigkeiten sind Teilmengen des $\mathbb{R}^n$, die in der Nähe jedes Punkts „aussehen wie der leicht verbogene $\mathbb{R}^k$".

Beispiel:
Die **Einheitssphäre** $S^2 = \{x \in \mathbb{R}^3; \underbrace{x_1^2 + x_2^2 + x_3^2 = 1}_{\|x\|_2^2 = 1}\}$ sieht an jeder Stelle „lokal" aus wie der $\mathbb{R}^2$.

Definition. *(Untermannigfaltigkeit)*
*Eine Teilmenge $M^k \subseteq \mathbb{R}^n$ heißt k-dimensionale, differenzierbare **Untermannigfaltigkeit** des $\mathbb{R}^n$, falls für jeden Punkt $p \in M^k$ eine Umgebung W von p in $\mathbb{R}^n$ und ein Diffeomorphismus $\varphi : W \to V \subseteq \mathbb{R}^n$ existiert mit*

$$\varphi(M^k \cap W) = V \cap \{\mathbb{R}^k \times \underbrace{\{0\}}_{\in \mathbb{R}^{n-k}}\}.$$

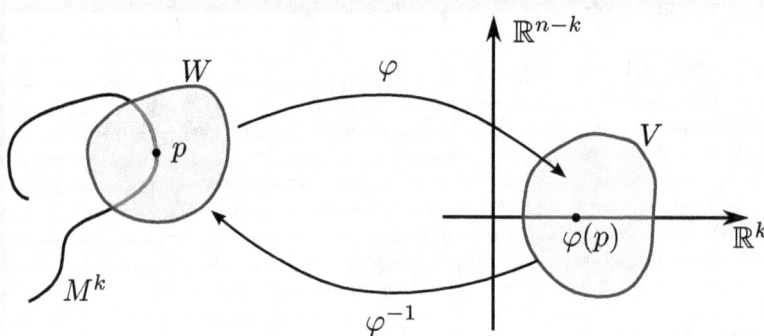

Anschaulich sieht eine k-dimensionale Untermannigfaltigkeit also in der Nähe jeden Punktes so aus wie der (leicht verbogene) $\mathbb{R}^k$ im $\mathbb{R}^n$.

Umgekehrt betrachtet „plättet" die Abbildung φ die Menge M^k, bzw. den Teil von M^k, der in W liegt.

Eine zweidimensionale Untermannigfaltigkeit im $\mathbb{R}^3$ sieht also, wenn man nur „mit der Lupe" ein kleines Stück der Mannigfaltigkeit betrachtet, fast wie eine Ebene aus. Im Großen stimmt das aber nicht mehr: Zweidimensionale Mannigfaltigkeiten sind beispielsweise die Sphäre (Kugeloberfläche) oder der Torus („Schwimmring", „Donut"). Historisch sind diese unterschiedlichen Sichtweisen verwandt mit dem Streit, ob die Erde nun eine Scheibe oder eine Kugel ist: „Im Kleinen" kann man nur die flache Ebene erkennen, erst „im Großen" wird erkennbar, dass es sich um eine Kugel bzw. Kugeloberfläche handelt.

Die Einschränkung $\varphi|_{M^k} : M^k \cap W \to \mathbb{R}^k$ heißt auch **Kartenabbildung**, weil die Untermannigfaltigkeit durch φ „flach gemacht" wird, so wie eine Landkarte aus einem Teil der Erdoberfläche ein flaches Bild produziert. Die Umkehrabbildung $\varphi^{-1}|_{\mathbb{R}^k} : \mathbb{R}^k \to M^k$ heißt **lokale Parametrisierung**.

Die Grundidee dieser Definition besteht darin, dass man durch den (lokalen) Diffeomorphismus φ viele Dinge, die man im $\mathbb{R}^k$ macht, auf die Untermannigfaltigkeit übertragen kann.

Beispiel:
Graphen stetig differenzierbarer Abbildungen sind Untermannigfaltigkeiten des $\mathbb{R}^n$.
Sei dazu $U \subseteq \mathbb{R}^k$ offen und $f : U \to \mathbb{R}^{n-k}$ stetig differenzierbar. Der Graph

$$\text{Graph}(f) = \{(x,y) \in \mathbb{R}^k \times \mathbb{R}^{n-k};\ x \in U, y = f(x)\}$$

ist eine k-dimensionale Untermannigfaltigkeit des $\mathbb{R}^n$, denn $W := U \times \mathbb{R}^{n-k} \subseteq \mathbb{R}^n$ ist eine offene Menge und

$$\varphi : W \to \mathbb{R}^n$$
$$(x,y) \mapsto (x, f(x) - y)$$

ist eine stetig differenzierbare Abbildung. Es gilt

$$\varphi(x,y) = (x,0) \in \mathbb{R}^k \times \{0\} \Leftrightarrow y = f(x) \Leftrightarrow (x,y) \in \text{Graph}(f)$$

Außerdem ist φ ein Diffeomorphismus, da

$$\varphi(\varphi(x,y)) = \varphi(x, f(x) - y) = (x, f(x) - (f(x) - y)) = (x,y)$$

also $\varphi \circ \varphi = \text{id}$ und damit $\varphi^{-1} = \varphi$. Es sind also alle Bedingungen der Definition erfüllt.

Beispiel: Die n-dimensionale Sphäre

$$S^n := \{x \in \mathbb{R}^{n+1};\ \sum_{j=1}^{n+1} x_j^2 = \|x\|_2^2 = 1\}$$

ist eine n-dimensionale Untermannigfaltigkeit des $\mathbb{R}^{n+1}$.
Um eine Abbildung φ wie in der Definition von Untermannigfaltigkeiten explizit anzugeben, ist es praktisch, zwei Punkte auf der Sphäre auszuzeichnen, den Nordpol $N = (0,0,\ldots,0,1)$ und den Südpol $S = (0,0,\ldots,0,-1)$. Die Abbildung $\varphi_N : \mathbb{R}^{n+1} \setminus \{N\} \to \mathbb{R}^{n+1} \setminus \{N\}$ mit

$$\varphi_N(x) = N + \frac{2(x - N)}{\langle x - N, x - N \rangle}$$

ist stetig differenzierbar.

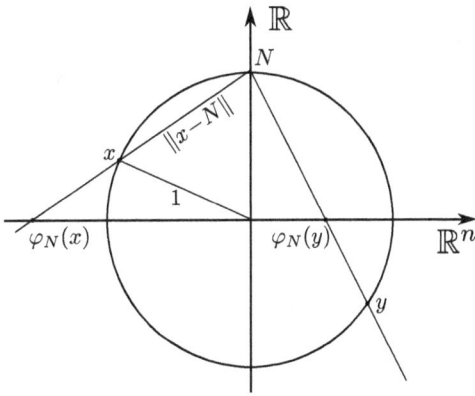

Die Abbildung φ_N ist auch wieder eine Involution, denn

$$\varphi_N(\varphi_N(x)) = N + \frac{2(\varphi_N(x) - N)}{\langle \varphi_N(x) - N, \varphi_N(x) - N \rangle} = N + \frac{4(x-N)}{\|x-N\|^2 \cdot \|\varphi(x) - N\|^2} = N + (x - N) = x.$$

Damit ist insbesondere $\varphi_N^{-1} = \varphi_N$ stetig differenzierbar und $\varphi_N : \mathbb{R}^{n+1} \setminus \{N\} \to \mathbb{R}^{n+1} \setminus \{N\}$ ist ein Diffeomorphismus. Außerdem ist $\varphi_N \in \mathbb{R}^n \times \{0\}$, falls $x \in S^n$. Dazu zeigt man, dass das Skalarprodukt von $\varphi_N(x)$ mit dem Vektor N verschwindet:

$$
\begin{aligned}
\langle \varphi_N(x), N \rangle &= \langle N, N \rangle + \frac{2\langle x, N \rangle - 2\langle N, N \rangle}{\|x - N\|^2} \\
&= 1 + \frac{2\langle x, N \rangle - 2}{\|x\|^2 - 2\langle x, N \rangle + \|N\|^2} = 0
\end{aligned}
$$

Man nennt φ_N **stereographische Projektion.**
Genauso kann man für die Abbildung $\varphi_S : \mathbb{R}^{n+1} \setminus \{S\} \to \mathbb{R}^{n+1} \setminus \{S\}$ mit

$$
\varphi_S(x) = S + \frac{2(x - S)}{\langle x - S, x - S \rangle}
$$

zeigen ,dass sie eine Involution mit $\varphi_S(S^n) = \mathbb{R} \times \{0\}$ ist. Da die Sphäre S^n in der Vereinigung der offenen Mengen $\mathbb{R}^{n+1} \setminus \{N\}$ und $\mathbb{R}^{n+1} \setminus \{S\}$ enthalten ist, ist S^n eine n-dimensionale Untermannigfaltigkeit von $\mathbb{R}^{n+1}$.

So wie im letzten Beispiel werden Untermannigfaltigkeiten in vielen Situationen als Lösungsmenge einer Gleichung oder eines Gleichungssystems angegeben. Aus der linearen Algebra ist bekannt, dass eine Menge V genau dann ein k-dimensionaler Untervektorraum des $\mathbb{R}^n$ ist, wenn es eine lineare Abbildung $f : \mathbb{R}^n \to \mathbb{R}^{n-k}$ gibt mit $V = \text{Kern}(f) = f^{-1}(0)$. Anders ausgedrückt: V besteht aus den Lösungen eines homogenen linearen Gleichungssystems aus k Gleichungen für n Unbekannte.

Die entsprechende Faustregel, dass auch durch k (nichtlineare) Gleichungen in n Unbekannten im allgemeinen eine $n - k$-dimensionale Menge beschrieben wird, präzisiert der folgende Satz.

Satz 16.6.
Sei $U \subseteq \mathbb{R}^n$ offen und $f : U \to \mathbb{R}^k$ stetig differenzierbar. Für ein $c \in \mathbb{R}^k$ sei $M = f^{-1}(c)$ die Niveaufläche von f zum Wert c, d.h. $x \in M \Leftrightarrow f(x) = c$.
Falls die Ableitung $Df(a)$ in allen Punkten $a \in M$ surjektiv ist, dann ist M eine Untermannigfaltigkeit von $\mathbb{R}^n$ der Dimension $\dim M = n - k$.

Beweis: Wir setzen $u = (x, y)$ mit $x \in \mathbb{R}^{n-k}$ und $y \in \mathbb{R}^k$. Für $(x_0, y_0) \in f^{-1}(c)$ hat $Df(x_0, y_0)$ den Rang k. Wir können die Variablen also so umbenennen (bzw. die Spalten von Df so vertauschen), dass das partielle Differential

$$
D_y f(x_0, y_0) = \begin{pmatrix}
\frac{\partial f_1}{\partial y_1} & \frac{\partial f_1}{\partial y_2} & \cdots & \frac{\partial f_1}{\partial y_k} \\
\frac{\partial f_2}{\partial y_1} & \frac{\partial f_2}{\partial y_2} & \cdots & \frac{\partial f_2}{\partial y_k} \\
\vdots & & \ddots & \vdots \\
\frac{\partial f_k}{\partial y_1} & \frac{\partial f_k}{\partial y_2} & \cdots & \frac{\partial f_k}{\partial y_k}
\end{pmatrix} (x_0, y_0)
$$

eine invertierbare $k \times k$-Matrix ist. Nach dem Satz über implizite Funktionen können wir die Gleichung $f(x, y) = 0$ also in einer Umgebung von (x_0, y_0) nach y auflösen, es gibt daher Umgebungen U_1 von x_0 in $\mathbb{R}^{n-k}$ und U_2 von y_0 in $\mathbb{R}^k$ und eine stetig differenzierbare Abbildung $g : U_1 \to U_2$ mit $g(x_0) = y_0$ und

$$
f^{-1}(c) \cap (U_1 \times U_2) = \{(x, g(x); \, x \in U_1\}.
$$

Die Niveaumenge ist also in der Nähe jedes beliebigen Punktes (x_0, y_0), der in $f^{-1}(c)$ liegt, als Graph darstellbar und daher nach dem vorigen Beispiel eine $(n-k)$-dimensionale Untermannigfaltigkeit des $\mathbb{R}^n$.

$\square$

Bemerkung: Dabei muss $n \geq k$ sein, sonst kann $Df(a)$ nicht surjektiv sein.
Die Ableitung $Df(a)$ ist surjektiv, wenn sie den maximal möglichen Rang hat. Dies bedeutet, dass die Jacobimatrix $Df(a)$ aus k linear unabhängigen Zeilenvektoren besteht.

Definition. *(regulärer Wert)*
*Sei $U \subseteq \mathbb{R}^n$ offen und $f: U \to \mathbb{R}^k$ stetig differenzierbar. Ein Punkt $a \in U$, in dem $Df(a)$ den maximal möglichen Rang k hat, heißt **regulärer Punkt** von f.*
*Falls $Df(a)$ nicht surjektiv ist, nennt man a einen **singulären Punkt**.*
*Analog heißt c **regulärer Wert**, falls alle $a \in f^{-1}(c)$ reguläre Punkte sind und ansonsten singulärer Wert.*
Auch im Fall $f^{-1}(c) = \{\}$ wird c als regulärer Wert bezeichnet.

Die Kurzfassung von Satz 16.6 lautet daher:

„Falls c ein regulärer Wert von f ist, ist $f^{-1}(c)$ eine Untermannigfaltigkeit."

Bemerkung: Die allermeisten Werte einer differenzierbaren Funktion sind reguläre Werte. Mathematisch präzise wird das durch das *Lemma von Sard* ausgedrückt: Die Menge der singulären Werte ist eine *Nullmenge*, d.h. eine Teilmenge des $\mathbb{R}^k$, die sich mit Kugeln von beliebig kleinem Gesamtvolumen überdecken lässt, siehe Kapitel 19.
Wenn man also einigermaßen zufällig einen Wert c herausgreift, ist die Wahrscheinlichkeit, einen regulären Wert zu erwischen, sehr, sehr hoch, genauer gesagt 1. Bei einer kontinuierlichen Menge von möglichen Ausgängen eines Zufallsexperiments bedeutet allerdings die Wahrscheinlichkeit 1 *nicht*, dass das Ereignis sicher eintritt!

Beispiel: Nach diesem Satz ist

$$SL(n, \mathbb{R}) = \{A \in M(n, \mathbb{R}); \ \det(A) = 1\},$$

die Menge aller $n \times n$-Matrizen mit Determinante 1, eine Untermannigfaltigkeit der Dimension $n^2 - 1$.
Dazu stellt man sich wieder eine $n \times n$-Matrix A als einen „sehr langen" Vektor mit den Einträgen $a_{11}, a_{12}, \ldots, a_{nn}$ im $\mathbb{R}^{n^2}$ vor. Die Matrizen aus $SL(n, \mathbb{R})$ entsprechen nun den Lösungen der Gleichung $\det(A) = 1$. Setzt man $f(a_{11}, a_{12}, \ldots, a_{nn}) = \det(A)$, dann muss man zeigen, dass 1 ein regulärer Wert dieser Funktion ist. Die Jacobimatrix ist in diesem Fall ein Zeilenvektor, dessen Rang maximal 1 sein kann. Der Rang ist dabei genau dann maximal, wenn nicht alle Einträge der Jacobimatrix verschwinden.
Die partielle Ableitung von $\det(A)$ nach a_{ij} ist gerade $(-1)^{i+j} \det(S_{ij}(A))$ ist mit der Streichungsmatrix $S_{ij}(A)$ aus dem Entwicklungssatz von Laplace. Eine direkte Folgerung aus dem Laplaceschen Entwicklungssatz ist, dass auch $\det(A) = 0$ ist, wenn alle $\det(S_{ij}(A))$ verschwinden. Damit ist umgekehrt nachgewiesen, dass 1 ein regulärer Wert für die Determinantenabbildung ist, und $SL(n, \mathbb{R})$ daher als $(n^2 - 1)$-dimensionale Untermannigfaltigkeit des $\mathbb{R}^{n^2}$ bzw. von $M(n, \mathbb{R})$ aufgefasst werden kann. Man spricht hier auch von einer Untermannigfaltigkeit der Kodimension 1.
Eine anschauliche Vorstellung ist dabei: Wenn M eine Untermannigfaltigkeit der Kodimension 1 im $\mathbb{R}^n$ ist, dann sieht M etwa so aus wie eine zweidimensionale Fläche im $\mathbb{R}^3$, insbesondere gibt es in jedem Punkt eine eindeutige Normalenrichtung. Darauf kommen wir im nächsten Abschnitt zurück. Eine Untermannigfaltigkeit mit Gruppenstruktur (hier die Matrizenmultiplikation) nennt man eine **Lie-Gruppe**. $SL(n, \mathbb{R})$ ist also eine Lie-Gruppe.

16.6 Tangentialraum und Normalraum

Fasst man eine k-dimensionale Untermannigfaltigkeit anschaulich als „k-dimensionale glatte Flä-che" auf, dann liegt die Vorstellung nahe, dass diese Fläche in jedem Punkt eine „k-dimensionale Tangentialebene" besitzen sollte. Die folgende Definition zeigt eine Möglichkeit, wie man diese Tangentialebene formal sauber beschreiben kann.

Definition. *(Tangentialraum)*
Sei M eine k-dimensionale Untermannigfaltigkeit des $\mathbb{R}^n$ und $p_0 \in M$. Dann heißt

$$T_{p_0}M := \{\underbrace{\dot{c}(0)}_{\in \mathbb{R}^n};\ c : (-\varepsilon, \varepsilon) \to M \text{ differenzierbare Kurve mit } c(0) = p_0\}$$

Tangentialraum *an M im Punkt p_0. Die einzelnen Vektoren $\dot{c}(0)$ aus $T_{p_0}M$ heißen* **Tangentialvekto-ren.**

Satz 16.7. *(Basis des Tangentialraums)*
Sei $U \subset \mathbb{R}^k$ offen und $f : U \to \mathbb{R}^n$ eine lokale Parametrisierung der k-dimensionalen Untermannig-faltigkeit M^k mit $f(x_0) = p_0$. Dann ist

$$T_{p_0}M^k = Df(x_0)(\mathbb{R}^k) = \{Df(x_0) \cdot v; v \in \mathbb{R}^k\}$$

und damit ein k-dimensionaler Untervektorraum des $\mathbb{R}^n$.

Ist $\{e_1, e_2, \ldots, e_k\} \subseteq \mathbb{R}^k$ die Standardbasis des $\mathbb{R}^k$, dann ist $Df(x_0) \cdot e_j = \frac{\partial f}{\partial x_j}(x_0)$ mit $j = 1, \ldots, k$ eine Basis des Tangentialraums $T_{f(x_0)}M^k$.

Beweis: Zunächst machen wir uns die Aussagen geometrisch etwas klarer. Dazu betrachten wir das folgende Bild

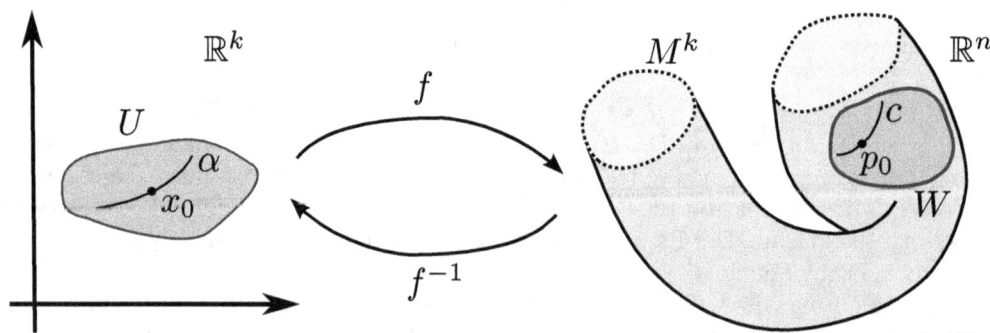

Wenn $c : (-\varepsilon, \varepsilon) \to M$ eine Kurve mit $c(0) = p_0$ in M^k ist, und ε so klein gewählt ist, dass $c(-\varepsilon, \varepsilon) \subset f(U)$ ist. Dann ist die Urbildkurve $\alpha = f^{-1} \circ c : (-\varepsilon, \varepsilon) \to U$ eine Kurve in $\mathbb{R}^k$ mit $\alpha(0) = x_0$. Weil umgekehrt $c = f \circ \alpha$ ist, gilt nach der Kettenregel

$$\dot{c}(0) = Df(\alpha(0))\dot{\alpha}(0) = Df(x_0)\dot{\alpha}(0)$$

wobei $\dot{\alpha}(0)$ in $\mathbb{R}^k$ liegt. Daher ist $T_{p_0}M^k \subseteq Df(x_0)(\mathbb{R}^k)$.
Um die umgekehrte Inklusion $Df(x_0)(\mathbb{R}^k) \subseteq T_{p_0}M^k$ zu zeigen, betrachtet man für einen Vektor $w = Df(x_0)(v) \in Df(x_0)(\mathbb{R}^k)$ die „gerade Kurve" $\alpha : (-\varepsilon, \varepsilon) \to \mathbb{R}^k$ mit $\alpha(t) = x_0 + tv$. Dann gilt

für $c(t) = f(\alpha(t))$ nach der Kettenregel

$$\dot{c}(0) = Df(\alpha(0))\dot{\alpha}(0) = Df(x_0)(v) = w.$$

Da $Df(x_0) : \mathbb{R}^k \to \mathbb{R}^n$ eine injektive, lineare Abbildung ist, ist das Bild $Df(x_0)(\mathbb{R}^k)$ ein k-dimensionaler Untervektorraum des $\mathbb{R}^n$.

$\square$

Aus einem Koordinatensystem im $\mathbb{R}^k$ wird also ein Koordinatensystem im Tangentialraum $T_{f(x_0)}M$. Allerdings muss dieses Koordinatensystem keine Orthonormal-Basis mehr sein.

Beispiel: Mit Hilfe von Kugelkoordinaten mit festem Radius $r = 1$ kann man eine „lokale" Parametrisierung $f : (0, 2\pi) \times (0, \pi) \to \mathbb{R}^3$ mit

$$f(\varphi, \vartheta) = \begin{pmatrix} \cos(\varphi)\sin(\vartheta) \\ \sin(\varphi)\sin(\vartheta) \\ \cos(\vartheta) \end{pmatrix}$$

der Einheitssphäre S^2 angeben, die fast die gesamte Kugeloberfläche erfasst (nur der Nordpol, der Südpol und ein „Längengrad" liegen nicht im Bild von f). Der Tangentialraum an S^2 im Punkt $f(\varphi, \vartheta)$ wird daher von den beiden Vektoren

$$e_\varphi = Df(\varphi, \vartheta)\begin{pmatrix} 1 \\ 0 \end{pmatrix} = \begin{pmatrix} -\sin(\varphi)\sin(\vartheta) & \cos(\varphi)\cos(\vartheta) \\ \cos(\varphi)\sin(\vartheta) & \sin(\varphi)\cos(\vartheta) \\ 0 & -\sin(\vartheta) \end{pmatrix}\begin{pmatrix} 1 \\ 0 \end{pmatrix} = \begin{pmatrix} -\sin(\varphi)\sin(\vartheta) \\ \cos(\varphi)\sin(\vartheta) \\ 0 \end{pmatrix}$$

$$\text{und } e_\theta = Df(\varphi, \vartheta)\begin{pmatrix} 0 \\ 1 \end{pmatrix} = \begin{pmatrix} \cos(\varphi)\cos(\vartheta) \\ \sin(\varphi)\cos(\vartheta) \\ -\sin(\vartheta) \end{pmatrix}$$

aufgespannt. Die Tangentialebene an S^2 im Punkt $f(\varphi, \vartheta)$ erhält man dann, indem man diesen Tangentialraum an den entsprechenden Punkt $f(\varphi, \vartheta)$ anheftet.

Definition. *(Normalraum)*
Sei $M \subseteq \mathbb{R}^n$ eine Untermannigfaltigkeit und $p_0 \in M$. Dann ist

$$N_{p_0}M = (T_{p_0}M)^\perp = \{v \in \mathbb{R}^n; \langle v, w \rangle = 0 \text{ für alle } w \in T_{p_0}M\}$$

*der **Normalraum** auf M im Punkt p_0, wobei $\langle \cdot, \cdot \rangle$ das Standardskalarprodukt auf $\mathbb{R}^n$ ist.*

Es gilt dann nach Satz 13.7

$$\underbrace{N_{p_0}M}_{\dim = n-k} \oplus \underbrace{T_{p_0}M}_{\dim = k} = \mathbb{R}^n.$$

Satz 16.8.
Sei $U \subseteq \mathbb{R}^n$ offen, $f : U \to \mathbb{R}^k$ stetig differenzierbar und $a \in \mathbb{R}^k$ ein regulärer Wert von f, d.h. $Df(x)$ sei surjektiv für alle $x \in f^{-1}(a) = M$.
Dann bilden die k Zeilenvektoren von $Df(x)$, die Vektoren $\operatorname{grad} f_1(x), \operatorname{grad} f_2(x), \dots, \operatorname{grad} f_k(x)$ eine Basis des Normalraums $N_x M$.

Beweis: Da a ein regulärer Wert ist, hat $Df(x)$ für alle $x \in M$ den Rang k und die k Zeilenvektoren von $Df(x)$ müssen linear unabhängig sein.

Betrachte eine Kurve $c : (-\varepsilon, \varepsilon) \to M$ mit $c(0) = x$. Da f auf M konstant ist, gilt für jede Komponente $f_j(c(t)) \equiv a_j$ für alle $t \in (-\varepsilon, \varepsilon)$.
Differenziert man diese Gleichung, erhält man

$$\text{grad } f_j(c(t)) \cdot \dot{c}(t) = 0 \text{ und insbesondere grad } f_j(x) \cdot \dot{c}(0) = 0.$$

Der Vektor $\dot{c}(0)$ steht also senkrecht auf allen Vektoren von grad $f_j(x)$. Da man mit verschiedenen Kurven c als $\dot{c}(0)$ alle Tangentialvektoren aus $T_x M$ darstellen kann, ist grad $f_j(x) \in N_x M$. Da $\dim T_x M = \dim M = n - k$ ist und

$$T_x M \oplus N_x M = \mathbb{R}^n$$

ist $\dim N_x M = n - (n-k) = k$. Die k Zeilenvektoren von $Df(x)$ sind linear unabhängig und liegen alle in $N_x M$, wir haben somit eine Basis von $N_x M$ gefunden.

$\square$

Beispiele:

1. Die Sphäre $S^2 \subseteq \mathbb{R}^3$ war die Niveaumenge der Funktion $f(x_1, x_2, x_3) = x_1^2 + x_2^2 + x_3^2$ zum (regulären) Wert 1. Nun ist

    $$Df(x_1, x_2, x_3) = (2x_1, 2x_2, 2x_3) = n(x) \neq (0, 0, 0) \text{ für alle } (x_1, x_2, x_3) \in S^2.$$

    Der Vektor $n(x)$ ist daher eine Basis des Normalraums an S^2 im Punkt x. Dieser Normalraum ist hier eindimensional und wird vom Normalenvektor $n(x)$ aufgespannt.

2. Eine Kreislinie S^1 können wir als eindimensionale Untermannigfaltigkeit des $\mathbb{R}^3$ auffassen, indem wir sie als Niveaumenge der Funktion $g : \mathbb{R}^3 \to \mathbb{R}$ mit

    $$g(x_1, x_2, x_3) = \begin{pmatrix} x_3 \\ x_1^2 + x_2^2 - 1 \end{pmatrix}$$

    zum (regulären) Wert 0 auffassen. Es ist

    $$Dg(x_1, x_2, x_3) = \begin{pmatrix} 0 & 0 & 1 \\ 2x_1 & 2x_2 & 0 \end{pmatrix}$$

    und da für $(x_1, x_2, x_3) \in S^1$ niemals $x_1 = x_2 = 0$ ist, hat Dg auf S^1 immer den maximalen Rang 2.
    Der Normalraum im Punkt $(x_1, x_2, 0)$ wird dann aufgespannt von den beiden Vektoren $(0, 0, 1)$ und $(2x_1, 2x_2, 0)$.

Bemerkung: Aus Satz 16.8 folgt insbesondere, dass für eine Untermannigfaltigkeit M, die als Niveaumenge einer Funktion f definiert ist, der Tangentialraum $T_{x_0} M$ an M im Punkt x_0 gerade der Kern der linearen Abbildung $Df(x_0)$ ist.

16.7 Extrema mit Nebenbedigungen

In vielen Situationen möchte man eine Funktion f maximieren oder minimieren unter zusätzlichen Bedingungen.

Wenn diese Zusatzbedingungen durch Gleichungen $g(x) = a$ gegeben sind und wenn a ein regulärer Wert von g ist, dann bedeutet das geometrisch, dass man das Maximum von f für x in der Untermannigfaltigkeit $g^{-1}(a)$ sucht.
Ein lokales Extremum ist auf einer Untermannigfaltigkeit ganz analog definiert wie im $\mathbb{R}^n$:

Definition.
Sei $M \subseteq \mathbb{R}^n$ eine Untermannigfaltigkeit und $f : \mathbb{R}^n \to \mathbb{R}$ eine Abbildung. Ein Punkt $x_0 \in M$ heißt lokales Maximum *von f auf M, falls es eine Umgebung U von x_0 im $\mathbb{R}^n$ gibt, so dass*

$$f(x_0) \geq f(x) \text{ für alle } x \in M \cap U.$$

Analog liegt in x_0 ein lokales Minimum *von f auf M vor, wenn $f(x_0) \leq f(x)$ ist für alle $x \in M \cap U$.*

Satz 16.9. *(Lagrange-Multiplikatoren)*
Sei $U \subseteq \mathbb{R}^n$ offen, $f : U \to \mathbb{R}$, $g : U \to \mathbb{R}^k$ stetig differenzierbar und $a \in \mathbb{R}^k$ ein regulärer Wert von g (d.h. $g^{-1}(a) = M$ ist eine $(n-k)$-dimensionale Untermannigfaltigkeit von $\mathbb{R}^n$).
Sei weiter $p \in M$ ein lokales Extremum von f auf M. Dann ist

$$\operatorname{grad} f(p) \in N_p M$$

und es gibt Zahlen $\lambda_1, \lambda_2, \ldots, \lambda_n \in \mathbb{R}$ mit

$$\operatorname{grad} f(p) = \lambda_1 \operatorname{grad} g_1(p) + \lambda_2 \operatorname{grad} g_2(p) + \ldots + \lambda_n \operatorname{grad} g_n(p).$$

Die Zahlen $\lambda_1, \ldots, \lambda_n$ heißen **Lagrange-Multiplikatoren**.

Beweis: Betrachtet man eine Kurve $c : (-\varepsilon, \varepsilon) \to M$ mit $c(0) = p$, dann ist

$$\left. \frac{d}{dt} f(c(t)) \right|_{t=0} = 0$$

da die Funktion f im Punkt p ein lokales Extremum besitzt und damit auch $f(c(t))$ in $t = 0$ ein lokales Extremum hat. Mit der Kettenregel folgt also

$$\operatorname{grad} f(p) \cdot \dot{c}(0) = 0 \Rightarrow \operatorname{grad} f \in N_p M.$$

Nach Satz 16.8 ist $\operatorname{grad} g_1(p)$, $\operatorname{grad} g_2(p), \ldots, \operatorname{grad} g_n(p)$ eine Basis des Normalraums, damit sind die $n + 1$ Vektoren

$$\operatorname{grad} f(p), \operatorname{grad} g_1(p), \operatorname{grad} g_2(p), \ldots, \operatorname{grad} g_n(p)$$

linear abhängig. Der Vektor $\operatorname{grad} f(p)$ muss also in der linearen Hülle der übrigen Vektoren liegen. Das ist genau dann der Fall, wenn es $\lambda_1, \ldots, \lambda_n$ gibt, für die

$$\operatorname{grad} f(p) = \lambda_1 \operatorname{grad} g_1(p) + \lambda_2 \operatorname{grad} g_2(p) + \ldots + \lambda_n \operatorname{grad} g_n(p)$$

ist.

□

Dieser Satz liefert im Normalfall nur *Kandidaten* für mögliche lokale Extrema. Eine Entscheidung darüber, ob es sich tatsächlich um ein Maximum oder Minimum handelt, kann nicht direkt mit der Hessematrix getroffen werden, sondern muss die *geränderte Hessematrix* benutzen. Die folgenden Beispiele zeigen allerdings, dass oft auch mit anderen Mitteln entschieden werden kann, ob ein Maximum, Minimum oder Sattelpunkt vorliegt.
Beispiel: Es sollen die lokalen Extrema von $f(x, y) = x^2 y^2 - \frac{3}{2} x^2 - y^2 + 1$ unter der Nebenbedingung $g(x, y) = x^2 + y^2 = 1$ bestimmt werden.
Da 1 ein regulärer Wert von g ist lässt sich Satz 16.9 anwenden und man erhält mit einem Lagrange-Multiplikator λ die Gleichung

$$\operatorname{grad} f(x_0, y_0) = \lambda \operatorname{grad} g(x_0, y_0),$$

ausgeschrieben

$$\left.\begin{array}{rcl} 2x_0 y_0^2 - 3x_0 &=& 2\lambda x_0 \\ 2x_0^2 y_0 - 2y_0 &=& 2\lambda y_0 \\ x_0^2 + y_0^2 &=& 1 \end{array}\right\}$$

▶ 1. Fall: $x_0 = 0$

Dann muss $y_0 = \pm 1$ sein und mit $\lambda = -1$ ist auch die zweite Gleichung erfüllt.

Kandidaten für lokale Extrema sind also die Punkte $(0, -1)$ und $(0, 1)$.

▶ 2. Fall: $y_0 = 0$

Dann muss $x_0 = \pm 1$ sein und mit $\lambda = -2$ ist auch die erste Gleichung erfüllt.

Kandidaten für lokale Extrema sind also die Punkte $(-1, 0)$ und $(1, 0)$.

▶ 3. Fall: $x_0 \neq 0$ und $y_0 \neq 0$

Dann muss $2y_0^2 - 3 = 2\lambda$ sein, also $y_0^2 = \lambda + \frac{3}{2}$ (1. Gleichung) und $x_0^2 - 1 = \lambda$. Daraus ergibt sich $x_0^2 = \frac{1}{4}$ und $y_0^2 = \frac{3}{4}$. Auf diese Weise erhält man vier weitere Kandidaten für ein lokales Extremum: die Punkte $(\pm\frac{1}{2}, \pm\frac{\sqrt{3}}{2})$.

Berechnet man die Funktionswerte in den acht Punkten, die für lokale Extrema überhaupt nur in Frage kommen, dann sieht man, dass es sich abwechselnd um Maxima und Minima handeln muss.

Beispiel: Die Höldersche Ungleichung
Für nicht-negative Zahlen $x, y \geq 0$ und reelle Exponenten $p, q > 1$ mit $\frac{1}{p} + \frac{1}{q} = 1$ gilt die **Höldersche Ungleichung**

$$xy \leq \frac{1}{p}x^p + \frac{1}{q}y^q.$$

Beweis: Wir suchen zunächst das Maximum der Funktion $f(u, v) = uv$ unter der zusätzlichen Nebenbedingung $g(u, v) = \frac{1}{p}u^p + \frac{1}{q}v^q = 1$. Später werden wir dann beliebige $x, y \geq 0$ so skalieren, dass für die skalierten Variablen u und v die Nebenbedingung erfüllt ist. Die Menge

$$M = \{u, v \geq 0; \ g(u, v) = 1\}$$

ist kompakt und f nimmt in den beiden Randpunkten $(p^{1/p}, 0)$ und $(0, q^{1/q})$ von M den Wert 0 an und ist ansonsten positiv. Daher muss f zwischen den beiden Randpunkten von M (mindestens) ein positives Maximum (u_0, v_0) haben.

Es gibt nach dem vorigen Satz einen Lagrange-Multiplikator λ so dass

$$\operatorname{grad} f(u_0, v_0) = \lambda \operatorname{grad} g(u_0, v_0)$$

ist. Daraus folgt

$$v_0 = \lambda u_0^{p-1} \quad \text{und} \quad u_0 = \lambda v_0^{q-1}$$

also

$$f(u_0, v_0) = \lambda u_0^p = \lambda v_0^q$$

und wegen der Nebenbedingung

$$1 = \frac{1}{p}u_0^p + \frac{1}{q}v_0^q = \frac{u_0 v_0}{\lambda}\left(\frac{1}{p} + \frac{1}{q}\right) = \frac{u_0 v_0}{\lambda}.$$

Also ist $u_0 v_0 = \lambda$ und damit $u_0^p = v_0^q = 1$. Folglich nimmt die Funktion f ihr Maximum im Punkt $(u_0, v_0) = (1, 1)$ an. Anders ausgedrückt: Für alle anderen (u, v), die die Nebenbedingung erfüllen, ist

$$f(u, v) = uv \leq f(u_0, v_0) = 1.$$

Seien nun $x, y \geq 0$. Setzt man

$$u := \frac{x}{\left(\frac{1}{p}x^p + \frac{1}{q}y^q\right)^{1/p}}, \quad v := \frac{y}{\left(\frac{1}{p}x^p + \frac{1}{q}y^q\right)^{1/q}}$$

so ist $g(u, v) = 1$ automatisch erfüllt und es gilt

$$f(u, v) \leq 1 \Leftrightarrow xy \leq \left(\frac{1}{p}x^p + \frac{1}{q}y^q\right)^{1/p} \cdot \left(\frac{1}{p}x^p + \frac{1}{q}y^q\right)^{1/q} = \frac{1}{p}x^p + \frac{1}{q}y^q.$$

$\square$

Nach diesem Kapitel sollten Sie...

... den Banachschen Fixpunktsatz formulieren können

... die Methode der sukzessiven Approximation erläutern können

... wissen, was ein Diffeomorphismus ist

... erklären können, was man unter lokaler Invertierbarkeit einer Funktion $f : \mathbb{R}^n \to \mathbb{R}^n$ versteht

... den Satz über implizite Funktionen an Hand der Funktion $f(x, y) = x^2 + y^2 - 1$ erläutern können

... den Satz über implizite Funktionen anwenden können

... das mehrdimensionale Newton-Verfahren herleiten und durchführen können

... erklären können, was eine Untermannigfaltigkeit des $\mathbb{R}^n$ ist, inklusive einiger Beispiele

... verschiedene Arten kennen, wie man Untermannigfaltigkeiten des $\mathbb{R}^n$ darstellen kann

... den Tangentialraum und den Normalraum einer Mannigfaltigkeit definieren und berechnen können

... die Extrema von Funktionen unter Nebenbedingungen mit der Methode von Lagrange bestimmen können

Aufgaben zu Kapitel 16

1. Sei $M \subseteq X$ eine abgeschlossene Teilmenge eines Banachraums und $F : M \to M$ erfülle für eine feste Zahl $0 < \varrho < 1$ und alle $x, y \in M$ die Kontraktionsbedingung $\|F(x) - F(y)\| \leq \varrho\|x - y\|$.
   Zeigen Sie, dass für den Fixpunkt $x_* \in M$ mit $F(x_*) = x_*$ die beiden folgenden Fehlerabschätzungen gelten:

$$\|x_m - x_*\| \leq \frac{\varrho^m}{1 - \varrho}\|x_1 - x_0\| \quad \text{(a-priori-Fehlerschätzer)}$$

$$\|x_m - x_*\| \leq \frac{\varrho}{1 - \varrho}\|x_m - x_{m-1}\| \quad \text{(a-posteriori-Fehlerschätzer)}$$

Diskutieren Sie Vor- und Nachteile der beiden Fehlerschätzer.

2. Die Folgen $(x_n)_{n \in \mathbb{N}}$ und $(y_n)_{n \in \mathbb{N}}$ seien rekursiv definiert durch $x_0 = y_0 = 1$ und

$$x_{n+1} = 1 - \frac{y_n^2}{3}$$

$$y_{n+1} = \frac{1}{2} + \frac{x_n y_n}{6}$$

Zeigen Sie, dass die Punkte (x_n, y_n) für $n \to \infty$ gegen einen Grenzwert konvergieren, indem Sie den Banachschen Fixpunktsatz auf die Menge $Q = \{(x, y) \in \mathbb{R}^2; \ 0 \le x \le 1\}$ versehen beispielsweise mit der Norm $\|(x, y)\|_1 = |x| + |y|$ anwenden.
Bestimmen Sie (mit Taschenrechner, PC, etc.) den Grenzwert bis auf vier Nachkommastellen. Verwenden Sie zur Begründung dafür einen der Fehlerschätzer aus der vorhergehenden Aufgabe.

3. Sei A eine invertierbare $n \times n$-Matrix und B eine weitere $n \times n$-Matrix, so dass

$$\|A^{-1}\| \cdot \|B\| < 1,$$

wobei

$$\|A\| = \sup_{x \ne 0} \frac{\|Ax\|_2}{\|x\|_2}$$

ist.
Zeigen Sie, dass dann auch die Matrix $A + B$ invertierbar ist.
Hinweis: Betrachten Sie die Abbildung $F(x) = -A^{-1}Bx + h$ für ein beliebiges $h \in \mathbb{R}^n$.

4. Wir betrachten die Funktion $f : \mathbb{R}^2 \to \mathbb{R}^2$ mit

$$f(x, y) = (x^3 - xy^2, x^2y - y^3).$$

Bestimmen Sie die Menge M aller Punkte $(x_0, y_0) \in \mathbb{R}^2$, für die es offene Mengen $U, V \in \mathbb{R}^2$ gibt, so dass $(x_0, y_0) \in U$, $f(x_0, y_0) \in V$ und $f|_U : U \to V$ ein Diffeomorphismus ist.

5. Toruskoordinaten
   Für eine feste Zahl $a > 0$ sei eine Abbildung $\Phi : [0, \infty) \times \mathbb{R} \times \mathbb{R} \to \mathbb{R}^3$ gegeben durch $\Phi(r, \varphi, \theta) = (x, y, z)$ mit

$$x = (a + r \cos \theta) \cos \varphi$$

$$y = (a + r \cos \theta) \sin \varphi$$

$$z = r \sin \theta$$

Wo ist diese Abbildung lokal invertierbar? Wo ist diese Abbildung bijektiv?
Warum spricht man von „Toruskoordinaten"?

6. (a) Gegeben sei die Gleichung

$$xy + xz + y^2 - e^{2y} = 1.$$

   Wo kann diese Gleichung lokal nach y aufgelöst werden, d.h. welche Bedingung müssen Lösungen (x_0, y_0, z_0) erfüllen, so dass die Lösungen lokal in der Form $y = f(x, z)$ geschrieben werden können?

   (b) Berechnen Sie den Gradienten der Funktion f im Punkt $(x_0, z_0) = (1, 2)$.

7. Hat das Gleichungssystem

$$
\begin{aligned}
x - y + \cos(xy) &= 1 + \alpha \\
x^3 - 2x - 2\sin(y) &= 3\alpha
\end{aligned}
$$

für alle α mit hinreichend kleinem Betrag eine Lösung?
Ist diese Lösung ggf. eindeutig, das heißt, kann es in der Nähe der gefundenen Lösungen weitere Lösungen geben?

8. Vereinfachtes Newton-Verfahren
Sei $U \subset \mathbb{R}^n$ offen und konvex, $f : U \to \mathbb{R}^n$ stetig differenzierbar und A eine invertierbare $n \times n$-Matrix. Zeigen Sie: Falls es ein $a \in U$ und Zahlen $r > 0$ und $0 < c < 1$ gibt, so dass

(i) $\overline{B_r(a)} = \{x \in \mathbb{R}^n; \|x - a\| \leq r\} \subset U$,

(ii) $\|f(a)\| \leq \frac{r(1-c)}{\|A\|}$ und

(iii) $\|E_n - A\,Df(x)\| \leq c$ für alle x mit $\|x - a\| \leq r$,

dann besitzt f im Ball $\overline{B_r(a)}$ genau eine Nullstelle x_* und die rekursiv definierte Folge

$$
x_{k+1} = x_k - Af(x_k)
$$

konvergiert für jeden Startwert x_0 mit $\|x_0 - a\| \leq r$ gegen x_*.
Was sagt dieses Ergebnis über die Konvergenz des *vereinfachten Newton-Verfahrens*

$$
x_{k+1} = x_k - (Df(x_0))^{-1} f(x_k) \quad \text{aus?}
$$

9. Sind die folgenden Mengen Untermannigfaltigkeiten des $\mathbb{R}^3$?

$$
\begin{aligned}
M_1 &= \{(x,y,z); 4x^2 + 9y^2 + 36z^2 = 49\} \\
M_2 &= \{(x,y,z) \in \mathbb{R}^3; \ e^x - xy^2 + yz = 2\} \\
M_3 &= \{(x,y,z) \in \mathbb{R}^3; \ xy = xz = 1\}
\end{aligned}
$$

10. Freiheitsgrade eines starren Körpers
Die Lage eines starren Körpers K im $\mathbb{R}^3$ wird eindeutig festgelegt durch die Positionen dreier verschiedener Punkte $x = (x_1, x_2, x_3)$, $y = (y_1, y_2, y_3)$ und $z = (z_1, z_2, z_3)$ von K, die nicht auf einer Gerade liegen.
Zeigen Sie, dass die Menge der Vektoren $(x, y, z) \subset \mathbb{R}^9$, die den möglichen Positionen von x, y und z entsprechen, eine 6-dimensionale Untermannigfaltigkeit des $\mathbb{R}^9$ bilden.
Bemerkung: Diese Mannigfaltigkeit ist eine Lie-Gruppe, die *spezielle euklidische Gruppe SE*(3) aller Translationen und Rotationen im $\mathbb{R}^3$.

11. Orthogonale Gruppe als Mannigfaltigkeit
Zeigen Sie, dass die orthogonale Gruppe $O(n) = \{A \in M(n, \mathbb{R}); A^T A = E_n\}$ eine Untermannigfaltigkeit des Raums $M(n, \mathbb{R})$, den wir wieder mit dem $\mathbb{R}^{n^2}$ identifizieren. Betrachten Sie dazu die Abbildung $f : M(n, \mathbb{R}) \to \mathrm{Sym}(n, \mathbb{R})$ mit $f(A) = A^T A$, wobei $\mathrm{Sym}(n, \mathbb{R})$ der Raum der symmetrischen $n \times n$-Matrizen ist. Zeigen Sie

(a) $\dim \mathrm{Sym}(n, \mathbb{R}) = \binom{n+1}{2} = \frac{1}{2}n(n+1)$,

(b) die Ableitung $Df(A) : M(n, \mathbb{R}) \to M(n, \mathbb{R})$ ist durch $Df(A) \cdot H = A^T H + H^T A$ gegeben

(c) $Df(E_n) : M(n, \mathbb{R}) \to \mathrm{Sym}(n, \mathbb{R})$ ist surjektiv

(d) E_n ist ein regulärer Wert der Abbildung f.

Welche Dimension hat dann die Mannigfaltigkeit $O(n)$?

12. Bestimmen Sie jeweils den Tangentialraum und den Normalraum an die Untermannigfaltigkeiten

$$
\begin{aligned}
M_1 &= \{(x, y, z); 4x^2 + 9y^2 + 36z^2 = 49\} \text{ und} \\
M_2 &= \{(x, y, z) \in \mathbb{R}^3; \ xy = xz = 1\}
\end{aligned}
$$

des $\mathbb{R}^3$ im Punkt $(x_0, y_0, z_0) = (-1, -1, -1)$.

13. Sei $SL(n, \mathbb{R})$ die Gruppe der reellen $n \times n$-Matrizen mit Determinante $+1$. Bestimmen Sie den Tangentialraum $T_{E_n} SL(n, \mathbb{R})$ der Mannigfaltigkeit $SL(n, \mathbb{R})$ im Punkt E_n.

14. Aus einem Ellipsoid mit den Halbachsen a, b und c soll ein achsenparalleler Quader möglichst großen Volumens herausgesägt werden, d.h. wir wollen $V(x, y, z) = 8xyz$ unter der Nebenbedingung $\frac{x^2}{a^2} + \frac{y^2}{b^2} + \frac{z^2}{c^2} = 1$ maximieren.

Bestimmen Sie die Lösung

▶ mit Lagrange-Multiplikatoren,

▶ durch Auflösen der Nebenbedingung nach z und

▶ durch Parametrisierung der Nebenbedingung mit modifizierten Kugelkoordinaten $x = a \cos\varphi \cos\theta$, $y = b \sin\varphi \cos\theta$, $z = c \sin\theta$.

15. Seien $x_1, x_2, \ldots, x_n > 0$ und $\alpha_1, \alpha_2, \ldots, \alpha_n > 0$ positive reelle Zahlen mit $\alpha_1 + \alpha_2 + \ldots + \alpha_n = 1$.
Beweisen Sie, dass dann gilt:

$$
x_1^{\alpha_1} \cdot x_2^{\alpha_2} \cdot \ldots \cdot x_n^{\alpha_n} \le \alpha_1 x_1 + \alpha_2 x_2 + \ldots + \alpha_n x_n
$$

Wann gilt Gleichheit?

16. Rayleigh-Quotient
Sei A eine reelle symmetrische $n \times n$-Matrix und die Abbildung $f : \mathbb{R}^n \to \mathbb{R}$ definiert durch $f(x) = x^T A x$.
Sei $S^{n-1} = \{x \in \mathbb{R}^n; \ \|x\|_2^2 = x_1^2 + x_2^2 + \ldots + x_n^2 = 1\}$ die $(n-1)$-dimensionale Sphäre und

$$
\mu_1 := \max\{f(x); \ x \in S^{n-1}\}.
$$

Zeigen Sie, dass es einen Vektor $v_1 \in S^{n-1}$ gibt mit $f(v_1) = \mu_1$, dass μ_1 der größte Eigenwert von A und dass v_1 ein zugehöriger Eigenvektor ist.

17 Kurvenintegrale

17.1 Parametrisierte Kurven

Definition.
*Eine **parametrisierte Kurve**ntndexparametrisierte Kurve in $\mathbb{R}^n$ ist eine stetige Abbildung $\gamma : [a, b] \to \mathbb{R}^n$ mit*

$$\gamma(t) = \begin{pmatrix} \gamma_1(t) \\ \gamma_2(t) \\ \vdots \\ \gamma_n(t) \end{pmatrix}.$$

Die Kurve heißt differenzierbar (stetig differenzierbar), wenn die Abbildung γ differenzierbar (stetig differenzierbar) ist.
*Die Punktmenge $\gamma([a, b]) = \{\gamma(t);\ a \leq t \leq b\} \subseteq \mathbb{R}^n$ heißt **Spur** von γ. Die Kurve heißt **geschlossen**, falls Anfangs- und Endpunkt übereinstimmen, d.h. falls $\gamma(b) = \gamma(a)$ ist.*

Bemerkung:

1. Meistens werden wir nicht zwischen der Kurve γ und ihrer Spur unterscheiden. Trotzdem ist γ eigentlich nicht nur eine Punktmenge, sondern auch ein „Zeitplan", der angibt, in welcher Richtung und wie schnell diese Menge durchlaufen wird.

2. Achtung: Wie wir gleich in Beispielen sehen werden, kann es vorkommen, dass eine Kurve nicht „glatt" aussieht, auch wenn die Funktion γ unendlich oft differenzierbar ist.

Beispiel: Die Kurven

$$\gamma_1(t) = \begin{pmatrix} \cos t \\ \sin t \end{pmatrix} \quad \text{und} \quad \gamma_2(t) = \begin{pmatrix} \cos t \\ -\sin t \end{pmatrix}, \quad \text{jeweils mit } t \in [0, 2\pi]$$

sind beides Parametrisierungen des Einheitskreises, haben also dieselbe Spur, jedoch wird die Kreislinie bei γ_1 im mathematisch positiven Sinn durchlaufen, bei γ_2 dagegen im mathematisch negativen Sinn. Als Kurven sind γ_1 und γ_2 nicht gleich.

Beispiele:

1. **Ellipse**
   Die Kurve

   $$\gamma(t) = \begin{pmatrix} a\cos(t) \\ b\sin(t) \end{pmatrix}, \quad t \in [0, 2\pi]$$

   beschreibt eine Ellipse mit den Halbachsen a und b. Man kann nachrechnen, dass jeder Punkt (x, y) mit $x = a\cos(t)$ und $y = b\sin(t)$) tatsächlich eine Lösung der Ellipsengleichung

   $$\frac{x^2}{a^2} + \frac{y^2}{b^2} = 1$$

   ist.

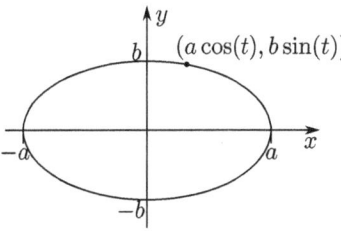

2. Hyperbel

Die Kurven

$$\gamma_\pm(t) = \begin{pmatrix} \pm a \cosh t \\ b \sinh t \end{pmatrix}, \quad t \in \mathbb{R}$$

beschreiben die beiden Äste einer Hyperbel. Es gilt

$$\frac{x^2}{a^2} - \frac{y^2}{b^2} = 1$$

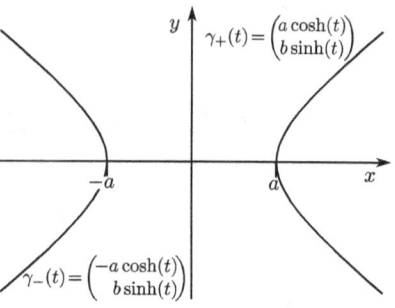

3. Neilsche Parabel

Die Kurve

$$\gamma(t) = \begin{pmatrix} t^2 \\ t^3 \end{pmatrix}, \quad t \in \mathbb{R}$$

hat den Namen **Neilsche Parabel**. Obwohl beide Komponenten unendlich oft differenzierbar sind, hat die Kurve doch eine „nicht glatte" Stelle, in diesem Fall eine Spitze. Es zeigt sich, dass dies nur dann passieren kann, wenn die Geschwindigkeit, mit der diese Spitze durchlaufen wird, Null ist.

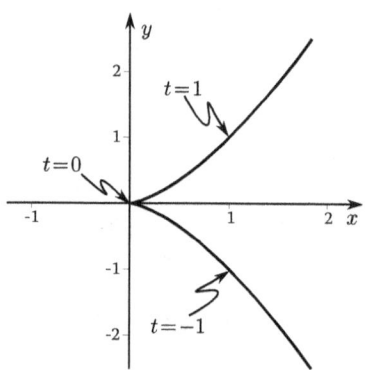

4. Die Kurve

$$\gamma(t) = \begin{pmatrix} t - \sin t \\ 1 - \cos t \end{pmatrix}, \quad t \in \mathbb{R}$$

beschreibt die Bahnkurve eines Punktes, der am Rand eines rollenden Rades markiert ist und heißt **Zykloide**. Wie im vorigen Beispiel gibt es auch hier „Spitzen", nämlich genau dann, wenn t die Werte $t = 0, \pm 2\pi, \pm 4\pi, \dots$ annimmt.

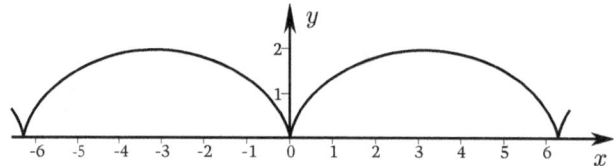

Zykloidenbögen treten historisch in der Physik öfter auf, zum Beispiel als Brachystochrone, d.h. *schnellster* Verbindungsweg zweier Punkte oder bei *Zykloidenpendel*, dessen Periodendauer nicht von der Auslenkung abhängt.

5. Schraubenlinie

Ein Beispiel für eine Kurve im $\mathbb{R}^3$ ist die Schraubenlinie. Diese Kurve windet sich mit konstanter Steigung um den Mantel eines Zylinders mit Radius r und lässt sich durch die Parametrisierung Gleichung

$$\gamma(t) = \begin{pmatrix} r \cos(t) \\ r \sin(t) \\ ht \end{pmatrix}, \quad t \in \mathbb{R}$$

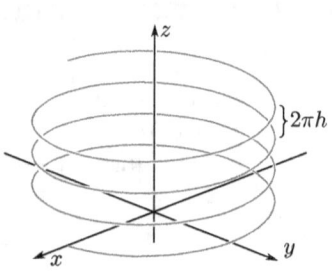

beschreiben. Die Änderung $2\pi h$ der z-Komponente bei einem Umlauf bezeichnet man als *Ganghöhe*.

17.2 Die Länge von Kurven

In den Aufgabe zu Kapitel 14 wurde der Begriff der *gleichmäßigen Stetigkeit* eingeführt. Dort war ein Satz über gleichmäßig stetige Funktionen zu zeigen, den wir jetzt brauchen. Hier also noch einmal die Definition und die Folgerung.

Definition. *(Gleichmäßige Stetigkeit)*
Seien M und N Teilmengen normierter Vektorräume. Eine Funktion $f : M \to N$ heißt gleichmäßig stetig, wenn es zu jedem $\varepsilon > 0$ ein $\delta > 0$ gibt mit

$$\|x - y\| < \delta \Rightarrow \|f(x) - f(y)\| < \varepsilon.$$

In der Stetigkeitsdefinition kann also δ unabhängig von x gewählt werden.
Speziell für $f : \mathbb{R} \to \mathbb{R}^n$ gilt: f ist gleichmäßig stetig, wenn für jedes $\varepsilon > 0$ ein $\delta > 0$ existiert mit

$$|s - t| < \delta \Rightarrow \|f(s) - f(t)\|_{\mathbb{R}^n} < \varepsilon.$$

Satz 17.1.
Sei $f : M \to N$ stetig und M kompakt $\Rightarrow$ f ist gleichmäßig stetig.
Insbesondere ist jede stetige Funktion $f : [a, b] \to \mathbb{R}^n$ gleichmäßig stetig.

Dies können wir nun benutzen, da wir Kurven betrachten, bei denen $M = [a, b]$ ein kompaktes Intervall und $N = \mathbb{R}^n$ ist. Die Länge einer Kurve lässt sich bestimmen, wenn man sie durch einen Sehnenzug beliebig genau annähern kann.

Definition. *(rektifizierbar)*
Sei $\gamma : [a, b] \to \mathbb{R}^n$ eine stetige Kurve und $\mathcal{P} = (t_0, t_1, \ldots, t_k)$ eine Partition von $[a, b]$, d.h.

$$a = t_0 < t_1 < \ldots < t_k = b.$$

Dann ist

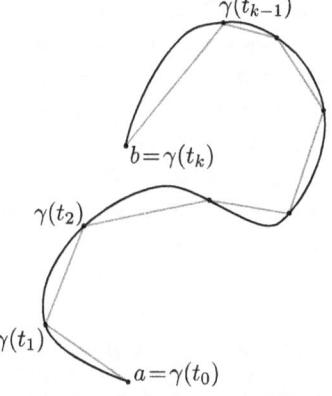

$$L_{\mathcal{P}}(\gamma) = \sum_{j=1}^{k} \|\gamma(t_j) - \gamma(t_{j-1})\|_2$$

die Länge des Sehnenpolygons von γ bezüglich der Partition $\mathcal{P}$.
*Die Kurve γ heißt **rektifizierbar**, falls*

$$L(\gamma, [a, b]) = \sup_{\mathcal{P}} L_{\mathcal{P}}(\gamma) < \infty$$

ist, wobei das Supremum über alle Partitionen des Intervalls $[a, b]$ gebildet wird.
*Falls γ rektifizierbar ist, so heißt $L(\gamma, [a, b])$ **Länge der Kurve γ**.*

Für stetig differenzierbare Kurven, kann man die Länge (zumindest im Prinzip) durch Integration bestimmen.

Satz 17.2.
Sei $\gamma : [a,b] \to \mathbb{R}^n$ stetig differenzierbar. Dann ist γ rektifizierbar mit Länge

$$L(\gamma, [a,b]) = \int_a^b \|\dot{\gamma}(t)\|_2 \, \mathrm{d}t.$$

Beweis:
Wir zeigen als erstes die Rektifizierbarkeit, indem wir nachweisen, dass für *alle* Partitionen $\mathcal{P}$ des Intervalls $[a,b]$ gilt:

$$L_{\mathcal{P}}(\gamma) \leq \int_a^b \|\dot{\gamma}(t)\|_2 \, \mathrm{d}t.$$

Sei dazu $\mathcal{P} = (t_0, t_1, \ldots, t_k)$ eine beliebige Partition von $[a,b]$. Dann ist

$$L_{\mathcal{P}}(\gamma) = \sum_{j=1}^k \|\gamma(t_j) - \gamma(t_{j-1})\|_2 = \sum_{j=1}^k \left\| \int_{t_{j-1}}^{t_j} \dot{\gamma}(t) \, \mathrm{d}t \right\|_2 \leq \sum_{j=1}^k \int_{t_{j-1}}^{t_j} \|\dot{\gamma}(t)\|_2 \, \mathrm{d}t = \int_a^b \|\dot{\gamma}(t)\|_2 \, \mathrm{d}t.$$

Da diese Ungleichung für alle Partitionen $\mathcal{P}$ gilt, überträgt sie sich auch auf das Supremum über alle Partitionen und es gilt:

$$L(\gamma, [a,b]) = \sup_{\mathcal{P}} L_{\mathcal{P}}(\gamma) \leq \int_a^b \|\dot{\gamma}(t)\|_2 \, \mathrm{d}t.$$

Um zu zeigen, dass das Supremum über alle Partitionen tatsächlich *gleich* dem Integral auf der rechten Seite ist, müssen wir noch zu jedem beliebigen vorgegebenen $\varepsilon > 0$ eine Partition $\mathcal{P}_\varepsilon$ finden, so dass

$$L_{\mathcal{P}_\varepsilon}(\gamma) \geq \int_a^b \|\dot{\gamma}(t)\|_2 \, \mathrm{d}t - \varepsilon.$$

Die Idee dazu ist recht einfach und anschaulich, die Durchführung allerdings etwas technisch: Die einzige Bedingung, die wir am Ende an die Partition stellen werden, lautet, dass der Abstand der einzelnen Punkte klein ist, d.h. $|t_{j+1} - t_j|$ muss kleiner als eine bestimmte Zahl δ sein. Das entspricht genau der Vorstellung, dass die Länge der Kurve durch die Länge eines Sehnenzugs gut approximiert wird, wenn die Punkte hinreichend dicht auf der Kurve liegen. Dazu zeigt man zunächst, dass die Tangentenvektoren an die Kurve γ „sehr nahe" an passend skalierten Sehnenvektoren liegen, präziser gesagt, es gilt die folgende
Behauptung: Man kann ein $\delta > 0$ so klein wählen, dass für alle $s, t \in [a,b]$ mit $|s - t| < \delta$ und alle $\tau \in [s,t]$ gilt

$$\left\| \frac{1}{s-t} (\gamma(s) - \gamma(t)) - \dot{\gamma}(\tau) \right\|_2 < \frac{\varepsilon}{(b-a)},$$

denn: Mit Hilfe des Mittelwertsatzes in den einzelnen Komponenten ist zunächst noch für beliebige $s, t \in [a,b]$

$$\left\| \frac{1}{s-t} (\gamma(s) - \gamma(t)) - \dot{\gamma}(\tau) \right\|_2 = \sqrt{\sum_{i=1}^n \left(\frac{\gamma_i(s) - \gamma_i(t)}{s-t} - \dot{\gamma}_i(\tau) \right)^2} = \sqrt{\sum_{i=1}^n (\dot{\gamma}_i(\sigma_i) - \dot{\gamma}_i(\tau))^2},$$

wobei σ_i zwischen s und t liegt.

Die Funktion $\gamma(t)$ ist stetig differenzierbar, also ist jede Komponente γ_i ebenfalls stetig differenzierbar. Die Ableitung $\dot\gamma_i : [a, b] \to \mathbb{R}$ ist damit für jedes i stetig auf der kompakten Menge $[a, b]$ und damit auch gleichmäßig stetig.

Für jedes $i \in \{1, 2, \ldots, n\}$ gibt es daher ein δ_i mit

$$|s - t| < \delta_i \;\Rightarrow\; |\dot\gamma_i(s) - \dot\gamma_i(t)| < \frac{\varepsilon}{\sqrt{n}(b - a)}.$$

Wählt man nun $\delta = \min(\delta_1, \delta_2, \ldots, \delta_n)$, dann gilt für $|s - t| < \delta$

$$\left\| \frac{1}{s - t} (\gamma(s) - \gamma(t)) - \dot\gamma(\tau) \right\|_2 = \sqrt{\sum_{i=1}^{n} \underbrace{(\dot\gamma_i(\sigma_i) - \dot\gamma_i(\tau))^2}_{< \frac{\varepsilon^2}{n(b-a)^2}}} < \frac{\varepsilon}{b - a}.$$

Für jede Partition $P_\varepsilon : a = t_0 < t_1 < t_2 < \cdots < t_k = b$ mit $|t_j - t_{j-1}| < \delta$ ist dann

$$
\begin{aligned}
\left| L_{P_\varepsilon}(\gamma) - \int_a^b \|\dot\gamma(t)\|_2 \, \mathrm{d}t \right| &= \left| \sum_{j=1}^{k} \|\gamma(t_j) - \gamma(t_{j-1})\|_2 - \int_a^b \|\dot\gamma(t)\|_2 \, \mathrm{d}t \right| \\
&= \left| \sum_{j=1}^{k} \int_{t_{j-1}}^{t_j} \frac{\|\gamma(t_j) - \gamma(t_{j-1})\|_2}{t_j - t_{j-1}} \, \mathrm{d}t - \sum_{j=1}^{k} \int_{t_{j-1}}^{t_j} \|\dot\gamma(t)\|_2 \, \mathrm{d}t \right| \\
&= \left| \sum_{j=1}^{k} \int_{t_{j-1}}^{t_j} \frac{\|\gamma(t_j) - \gamma(t_{j-1})\|_2}{t_j - t_{j-1}} - \|\dot\gamma(t)\|_2 \, \mathrm{d}t \right| \\
&\leq \sum_{j=1}^{k} \int_{t_{j-1}}^{t_j} \left| \frac{\|\gamma(t_j) - \gamma(t_{j-1})\|_2}{t_j - t_{j-1}} - \|\dot\gamma(t)\|_2 \right| \mathrm{d}t \\
&\leq \sum_{j=1}^{k} \int_{t_{j-1}}^{t_j} \underbrace{\left\| \frac{\gamma(t_j) - \gamma(t_{j-1})}{t_j - t_{j-1}} - \dot\gamma(t) \right\|_2}_{< \frac{\varepsilon}{2(b-a)}} \mathrm{d}t \\
&< \sum_{j=1}^{k} \int_{t_{j-1}}^{t_j} \frac{\varepsilon}{b - a} \, \mathrm{d}t = \varepsilon,
\end{aligned}
$$

wobei im vorletzten Schritt die umgekehrte Dreiecksungleichung $\|u - v\| \geq |\,\|u\| - \|v\|\,|$ zum Einsatz kommt. Da also zu jedem beliebig kleinen $\varepsilon > 0$ eine entsprechende Partition gefunden werden kann, ist

$$\sup L_{\mathcal{P}}(\gamma) \geq \int_a^b \|\dot\gamma(t)\|_2 \, \mathrm{d}t.$$

$\square$

Bemerkung: Für eine rektifizierbare Kurve $\gamma : [a, b] \to \mathbb{R}^n$ und $c \in (a, b)$ ist nach den Regeln zum Rechnen mit Integralen

$$L(\gamma, [a, b]) = L(\gamma, [a, c]) + L(\gamma, [c, b]).$$

Beispiele:

1. Kreisbogen
   Für einen Kreisbogen mit Radius r und Öffnungswinkel φ betrachten wir

   $$\gamma(t) = \begin{pmatrix} r\cos t \\ r\sin t \end{pmatrix}, \qquad t \in [0, \varphi].$$

   Es ist

   $$\|\dot{\gamma}(t)\|_2^2 = r^2\cos^2 t + r^2\sin^2 t = r^2\,.$$

   Also ist die Länge

   $$\int_0^{\varphi} r\,\mathrm{d}t = r\varphi$$

   Insbesondere erklärt sich so die Bezeichnung *Bogenmaß*, denn für $r = 1$ entspricht der im Bogenmaß gemessene Winkel φ gerade der Länge des entsprechenden Kreisbogens.

2. Umfang der Ellipse

   $$\gamma(t) = \begin{pmatrix} a\cos t \\ b\sin t \end{pmatrix}, \qquad t \in [0, 2\pi]$$

   ist

   $$\|\dot{\gamma}(t)\|_2^2 = a^2\sin^2 t + b^2\cos^2 t\,.$$

   Setzt man ohne Einschränkung $a \geq b$ voraus und bezeichnet mit $\varepsilon^2 := 1 - \frac{b^2}{a^2} \in [0,1)$ die **numerische Exzentrizität**, die angibt, wie stark die Form von der Kreisform abweicht (Erdbahn: etwa 1.6%), dann ist der Umfang der Ellipse

   $$U = a\int_0^{2\pi} \sqrt{1 - \varepsilon^2\cos^2 t}\,\mathrm{d}t.$$

   Hierbei handelt es sich um ein *elliptisches Integral 2. Gattung*, das sich nicht durch elementare Funktionen ausdrücken lässt.

3. Länge des Zykloidenbogens
   Für

   $$\gamma(t) = \begin{pmatrix} t - \sin t \\ 1 - \cos t \end{pmatrix}, \qquad t \in \mathbb{R}$$

   ist

   $$\|\dot{\gamma}(t)\|_2^2 = (1-\cos t)^2 + \sin^2 t = 2 - 2\cos t = 4\sin^2\frac{t}{2} \Rightarrow \|\dot{\gamma}(t)\|_2 = 2\left|\sin\frac{t}{2}\right|\,.$$

   Die Länge beträgt daher

   $$2\int_0^{2\pi} \left|\sin\frac{t}{2}\right|\,\mathrm{d}t = 4\int_0^{\pi} \sin t\,\mathrm{d}t = 8\,.$$

17.3 Parametertransformation

Da es in vielen Fällen doch hauptsächlich um die Spur einer Kurve und nicht um die konkrete Parametrisierung geht, ist es nützlich, wenn man Kurven mit derselben Spur, aber anderer Parametrisierung als „äquivalent" zusammenfassen kann.

Definition. *(Parametertransformationen)*
*Sei $\gamma : [a, b] \to \mathbb{R}^n$ eine Kurve und $\varphi : [c, d] \to [a, b]$ stetig differenzierbar und bijektiv. Dann heißt die Kurve $\chi : [c, d] \to \mathbb{R}^n$ mit $\chi = \gamma \circ \varphi$, bzw. $\chi(t) = \gamma(\varphi(t))$ **Reparametrisierung** von γ. Die Abbildung φ heißt **Parametertransformation.***

*Wenn $\dot{\varphi} > 0$ ist, d.h. wenn $\varphi(c) = a$ und $\varphi(d) = b$, dann heißt φ **orientierungserhaltend**. Die Kurven γ und χ werden in derselben Richtung durchlaufen.*

*Wenn $\dot{\varphi} \leq 0$ ist, d.h. wenn $\varphi(c) = b$ und $\varphi(d) = a$, dann heißt φ **orientierungsumkehrend**. Die Kurven γ und χ werden in unterschiedlichen Richtungen durchlaufen.*

*Zwei Kurven γ und χ heißen **äquivalent**, wenn χ eine Reparametrisierung von γ mit einer regulären Parametertransformation φ ist, d.h. $\dot{\varphi}(t) \neq 0$ für alle t.*

Satz 17.3. *(Reparametrisieren ändert die Länge nicht)*
Falls $\gamma : [a, b] \to \mathbb{R}^n$ und $\chi : [c, d] \to \mathbb{R}^n$ äquivalente Kurven sind, ist

$$L(\gamma, [a, b]) = L(\chi, [c, d]).$$

Beweis: Diese Aussage ist eine Folgerung aus der Kettenregel bzw. deren Umkehrung, der Integration durch Substitution.
Sei $\chi(t) = \gamma(\varphi(t))$ für eine orientierungserhaltende Reparametrisierung φ. Dann ist

$$\dot{\chi}(t) = \dot{\gamma}(\varphi(t))\dot{\varphi}(t)$$

und

$$\|\dot{\chi}(t)\|_2 = \|\dot{\gamma}(\varphi(t))\|_2 \cdot |\dot{\varphi}(t)| = \|\dot{\gamma}(\varphi(t))\|_2 \cdot \dot{\varphi}(t)$$

und mit der Substitution $\varphi(t) = s$ ist

$$L(\chi, [c, d]) = \int_c^d \|\dot{\chi}(t)\|_2 \, dt = \int_c^d \|\dot{\gamma}(\varphi(t))\|_2 \cdot \dot{\varphi}(t) \, dt = \int_a^b \|\dot{\gamma}(s)\|_2 \, ds = L(\gamma, [a, b]).$$

Im anderen Fall $\chi(t) = \gamma(\varphi(t))$ mit einer orientierungsumkehrenden Reparametrisierung φ ist ganz analog

$$\|\dot{\chi}(t)\|_2 = \|\dot{\gamma}(\varphi(t))\|_2 \cdot |\dot{\varphi}(t)| = -\|\dot{\gamma}(\varphi(t))\|_2 \cdot \dot{\varphi}(t)$$

und ebenfalls mit der Substitution $\varphi(t) = s$

$$L(\chi, [c, d]) = \int_c^d \|\dot{\chi}(t)\|_2 \, dt = -\int_c^d \|\dot{\gamma}(\varphi(t))\|_2 \cdot \dot{\varphi}(t) \, dt$$

$$= -\int_b^a \|\dot{\gamma}(s)\|_2 \, ds = \int_a^b \|\dot{\gamma}(s)\|_2 \, ds = L(\gamma, [a, b]). \qquad \square$$

Eine spezielle Parametrisierung einer Kurve erhält man, wenn man diese mit konstanter Geschwindigkeit 1 durchläuft. In diesem Fall wird als Kurvenparameter gerade die Länge $L(\gamma, [0, s])$ verwendet. In der relativistischen Physik entspricht diese Parametrisierung der *Eigenzeit*.

Satz 17.4. *(Parametrisierung nach der Bogenlänge)*
Zu jeder regulären Kurve $\gamma : [a, b] \to \mathbb{R}^n$, d.h. zu jeder stetig differenzierbaren Kurve mit $\dot{\gamma} \neq 0$ gibt es eine äquivalente Kurve $\chi : [0, L(\gamma, [a, b])] \to \mathbb{R}^n$, deren Parameter die Bogenlänge ist, d.h. $L(\chi, [0, s]) = s$.

Beweis: Für die Abbildung $\psi : [a, b] \to [0, L(\gamma, [a, b])]$ mit

$$\psi(s) = \int_a^s \|\dot{\gamma}(t)\|_2 \, dt$$

ist nach dem Hauptsatz der Differential- und Integralrechnung $\dot{\psi}(s) = \|\dot{\gamma}(s)\|_2 > 0$. Außerdem rechnet man sofort nach, dass

$$\psi(a) = \int_a^a \|\dot{\gamma}(t)\|_2 \, dt = 0 \quad \text{und} \quad \psi(b) = \int_a^b \|\dot{\gamma}(t)\|_2 \, dt = L(\gamma, [a, b]).$$

Damit ist ψ auf jeden Fall stetig differenzierbar und monoton, d.h. bijektiv mit einer stetig differenzierbarer Umkehrfunktion $\varphi : [0, L(\gamma, [a, b])] \to [a, b]$. Insbesondere sind ψ und φ Parametertransformationen.

Wir wollen als neue Parametrisierung der Kurve nun $s = \psi(t)$ bzw. $t = \varphi(s)$ verwenden. Die Ableitung von φ ergibt sich mit Hilfe der Kettenregel durch Differenzieren von $\varphi(\psi(t)) = t$ als

$$\dot{\varphi}(\psi(t)) \cdot \dot{\psi}(t) = 1 \Rightarrow \dot{\varphi}(s) \cdot \|\dot{\gamma}(t)\|_2 = 1 \Rightarrow \dot{\varphi}(s) = \frac{1}{\|\dot{\gamma}(t)\|_2} = \frac{1}{\|\dot{\gamma}(\varphi(s))\|_2}.$$

Setzt man dann $\chi(s) = \gamma(\varphi(s))$, dann ist

$$\dot{\chi}(s) = \dot{\gamma}(\varphi(s))\dot{\varphi}(s) = \frac{\dot{\gamma}(\varphi(s))}{\|\dot{\gamma}(\varphi(s))\|_2}.$$

Insbesondere ist also $\|\dot{\chi}(s)\|_2 = 1$ und somit

$$L(\chi, [0, s]) = \int_0^s \|\dot{\chi}(\sigma)\|_2 \, d\sigma = \int_0^s 1 \, d\sigma = s.$$

$\square$

Bemerkung: Ist eine Kurve nach der Bogenlänge parametrisiert, nehmen viele geometrische Ausdrücke eine einfache Form an. Der **Tangentenvektor** $\dot{\gamma}(t)$ im Punkt $\gamma(t)$ ist bei der Parametrisierung nach der Bogenlänge immer ein Einheitsvektor und die **Krümmung** der Kurve ist dann definiert als $\kappa = \|\ddot{\gamma}(t)\|_2$. Bei einer nicht nach der Bogenlänge parametrisierten Kurve ist dagegen

$$\kappa = \frac{\|\dot{\gamma} \times \ddot{\gamma}\|}{\|\dot{\gamma}\|^3}.$$

Zwei Kurven γ und χ kann man „aneinanderhängen", wenn der Endpunkt von γ gerade der Anfangspunkt von χ ist. Die so erhaltene neue Kurve wird mit $\gamma + \chi$ bezeichnet.

Definition. *(Summe von Kurven)*
Seien $\gamma : [0, 1] \to \mathbb{R}^n$ und $\chi : [0, 1] \to \mathbb{R}^n$ mit $\gamma(1) = \chi(0)$ zwei Kurven, für die der Endpunkt einer der Kurven gerade der Anfangspunkt der anderen Kurve ist.
Dann definiert man die Kurve $\gamma + \chi : [0, 1] \to \mathbb{R}^n$ durch

$$(\gamma + \chi)(t) = \begin{cases} \gamma(2t), & t \in \left[0, \frac{1}{2}\right] \\ \chi(2t - 1), & t \in \left(\frac{1}{2}, 1\right] \end{cases}$$

Außerdem definiert man $-\gamma : [0, 1] \to \mathbb{R}^n$ durch

$$(-\gamma)(t) = \gamma(1 - t).$$

Die Kurve $-\gamma$ wird also in entgegengesetzter Richtung durchlaufen wie γ.

Für uns ist besonders der Fall interessant, dass γ und χ stetig differenzierbare Kurven sind. Die Summe ist dann (an der „Klebestelle", an der die Spur typischerweise einen Knick hat) zwar nicht differenzierbar, die Kurve heißt aber *stückweise stetig differenzierbar* und wir können fast alles, was man mit stetig differenzierbaren Kurven machen kann (Bogenlänge, Kurvenintegrale,...) auch mit stückweise stetig differenzierbaren Kurven machen.

Falls $\gamma(1) = \chi(1)$ zwei Kurven mit demselben Endpunkt sind, dann ist $(\gamma - \chi) = \gamma + (-\chi)$ definiert. Falls sogar $\gamma(0) = \chi(0)$ und $\gamma(1) = \chi(1)$ sind, dann ist $\gamma - \chi$ eine geschlossene Kurve.

17.4 Vektorfelder & Kurvenintegrale

Definition. *(Potential)*
*Sei $U \subseteq \mathbb{R}^n$ und $f : U \to \mathbb{R}^n$ ein stetiges Vektorfeld. Ein **Potential** (Stammfunktion) von f ist eine stetig differenzierbare Funktion $V : U \to \mathbb{R}$ mit grad $V(x)^T = f(x)$ bzw. $\frac{\partial V}{\partial x_j}(x) = f_j(x)$.*

Aus dem Satz von Schwarz aus Kapitel 15 über die Vertauschbarkeit der Reihenfolge beim partiellen Differenzieren folgt nun im Kontext von Vektorfeldern

Satz 17.5.
Wenn ein stetig differenzierbares Vektorfeld f ein Potential V besitzt, dann ist

$$\frac{\partial f_j}{\partial x_k}(x) = \frac{\partial f_k}{\partial x_j}(x) \quad \text{für alle } j, k \in \{1, 2, \dots, n\}.$$

Den Satz von Schwarz wendet man dabei natürlich auf die (zweimal differenzierbare) Funktion V an, denn es ist

$$\frac{\partial f_j}{\partial x_k}(x) = \frac{\partial^2 V}{\partial x_j \partial x_k}(x) = \frac{\partial^2 V}{\partial x_k \partial x_j}(x) = \frac{\partial f_k}{\partial x_j}(x).$$

Definition. *(Kurvenintegral)*
Sei $f : U \subseteq \mathbb{R}^n \to \mathbb{R}^n$ ein C^1-Vektorfeld und $\gamma : [a, b] \to U$ ein stetig differenzierbarer Weg. Dann ist

$$\int_\gamma f \, \mathrm{d}s = \int_a^b f(\gamma(t))^T \cdot \dot{\gamma}(t) \, \mathrm{d}t = \int_a^b \sum_{j=1}^n f_j(\gamma(t)) \cdot \dot{\gamma}_j(t) \, \mathrm{d}t$$

*das **Kurvenintegral** von f entlang γ.*

Diese Definition kann man ohne Problem auf stückweise stetig differenzierbare Wege ausdehnen. Man setzt in diesem Fall

$$\int_{\gamma + \chi} f \, \mathrm{d}s = \int_\gamma f \, \mathrm{d}s + \int_\chi f \, \mathrm{d}s.$$

Für in umgekehrter Richtung durchlaufene Wege ergibt sich dann

$$\int_{-\gamma} f \, ds = - \int_\gamma f \, ds.$$

Beispiel:
Wir betrachten auf $U = \mathbb{R}^2 \setminus \{(0,0)\}$ das **Windungsfeld**

$$f(x,y) = \begin{pmatrix} -\dfrac{y}{x^2+y^2} \\ \dfrac{x}{x^2+y^2} \end{pmatrix}$$

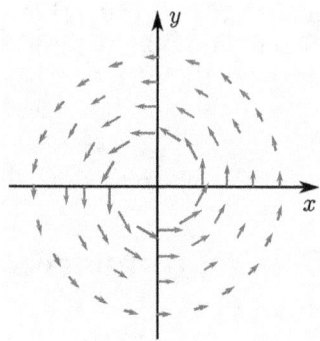

und die Kurve $\gamma : [0, 2\pi] \to U$ mit $\gamma(t) = \begin{pmatrix} r\cos t \\ r\sin t \end{pmatrix}$,

d.h. γ ist ein geschlossener Kreis mit Radius $r > 0$, der im mathematisch positiven Sinn einmal durchlaufen wird.

Dann ist nach der obigen Definition

$$\int_\gamma f \, \mathrm{d}s = \int_0^{2\pi} f(\gamma(t))^T \cdot \dot\gamma(t) \, \mathrm{d}t = \int_0^{2\pi} \left(-\frac{r\sin t}{r^2}, \frac{r\cos t}{r^2} \right) \begin{pmatrix} -r\sin t \\ r\cos t \end{pmatrix} \mathrm{d}t = \int_0^{2\pi} 1 \, \mathrm{d}t = 2\pi$$

unabhängig vom Radius r.

Im kommenden Semester werden wir noch sehen, dass der Wert dieses Integrals nur wenig mit der konkreten Kurve γ zu tun hat, sondern dass es darauf ankommt, dass die „Singularität" bei $(0,0)$ genau einmal umlaufen wird.

Satz 17.6.
Wenn ein Vektorfeld f ein Potential V besitzt, dann gilt für jede stückweise stetig differenzierbare Kurve $\gamma : [a,b] \to \mathbb{R}^n$

$$\int_\gamma f \, \mathrm{d}s = V(\gamma(b)) - V(\gamma(a)),$$

das heißt das Kurvenintegral hängt nicht vom genauen Verlauf der Kurve, sondern nur von deren Anfangs- und Endpunkt ab.

Falls γ eine geschlossene Kurve ist, dann ist $\int_\gamma f \, \mathrm{d}s = 0.$

Beweis: Für die Funktion $V \circ \gamma : [a,b] \to \mathbb{R}$ ist

$$\frac{\mathrm{d}}{\mathrm{d}t} V(\gamma(t)) = \sum_{j=1}^n \frac{\partial V}{\partial x_j}(\gamma(t)) \cdot \dot\gamma_j(t) = \sum_{j=1}^n f_j(\gamma(t)) \cdot \dot\gamma_j(t).$$

Nach der Definition des Kurvenintegrals ist daher

$$\int_\gamma f \, \mathrm{d}s = \int_a^b \sum_{j=1}^n f_j(\gamma(t)) \cdot \dot\gamma_j(t) \, \mathrm{d}t = \int_a^b \frac{d}{dt} V(\gamma(t)) \, \mathrm{d}t = V(\gamma(b)) - V(\gamma(a)).$$

Falls γ eine geschlossene Kurve ist, dann ist $\gamma(a) = \gamma(b)$ und damit $V(\gamma(b)) - V(\gamma(a)) = 0$.

$\square$

Wir betrachten nun unser Beispiel von eben noch einmal mit Blick auf diesen Satz. Für das Vektorfeld $f : \mathbb{R}^2 \setminus \{(0,0)\} \to \mathbb{R}^2$ mit

$$f(x,y) = \begin{pmatrix} -\dfrac{y}{x^2 + y^2} \\ \dfrac{x}{x^2 + y^2} \end{pmatrix}$$

und die geschlossene Kurve $\gamma : [0, 2\pi] \to U$ mit $\gamma(t) = \begin{pmatrix} r\cos t \\ r\sin t \end{pmatrix}$ war $\int_{\gamma} f \, ds = 2\pi \neq 0$. Daher kann das Vektorfeld f nach Satz 17.6 *kein* Potential besitzen. Andererseits rechnet man nach, dass

$$\frac{\partial f_1}{\partial y} = -\frac{x^2 - y^2}{(x^2 + y^2)^2} = \frac{\partial f_2}{\partial x}$$

ist. Die Bedingung aus Satz 17.5 ist also zwar notwendig, aber nicht hinreichend dafür, dass f ein Potential besitzt.

Diese Beobachtung hängt damit zusammen, dass das betrachtete Gebiet $\mathbb{R}^2 \setminus \{(0,0)\}$ ein „Loch" hat, auf das sich das Vektorfeld auch nicht stetig fortsetzen lässt. Im folgenden wollen wir zeigen, dass für Gebiete ohne „Löcher" die Bedingung $\frac{\partial f_1}{\partial y} = \frac{\partial f_2}{\partial x}$ auch hinreichend für die Existenz eines Potentials ist. Später untersuchen wir dann etwas genauer, welche „Löcher" die Existenz eines Potentials verhindern können und welche nicht.

Wir hatten in Kapitel 15 im Zusammenhang mit Mittelwertsätzen den Begriff der konvexen Menge kennengelernt, der dadurch definiert war, dass für zwei beliebige Punkte der Menge immer auch deren Verbindungsstrecke in der Menge enthalten ist. Für manche Zwecke genügt es jedoch, wenn nicht beliebige Verbindungsstrecken in der Menge enthalten sind, sondern nur die Verbindungsstrecken zu einem festen Punkt.

Definition. *(sternförmig)*
Eine Menge $U \subseteq \mathbb{R}^n$ heißt **sternförmig**, *falls es ein $p \in U$ gibt, so dass für jedes $x \in U$ die Verbindungsstrecke $c(t) = p + t \cdot (x - p)$, $t \in [0, 1]$ in U enthalten ist.*

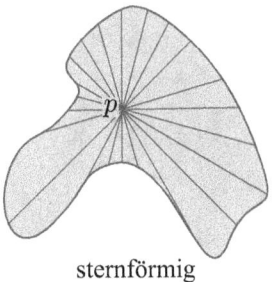 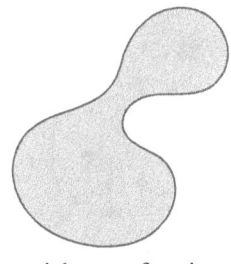

sternförmig   nicht sternförmig

Beispiele:
1. Falls U eine konvexe Menge ist, dann ist U auch sternförmig

2. Kugeln und Quader sind konvex und damit auch sternförmig

3. Ein Gebiet, das sich in zwei konvexe Mengen zerlegen lässt, die einen gemeinsamen Punkt p haben, ist sternförmig bezüglich p

4. nicht jedes Viereck in der Ebene ist konvex („einspringende Ecke"), aber alle Vierecke in der Ebene sind sternförmig. Auch alle Fünfecke sind sternförmig, aber es gibt nicht sternförmige Sechsecke (Versuchen Sie, eines zu zeichnen!)

Sei U sternförmig bezüglich eines Punkts p. Betrachte die geradlinige Verbindung von p zu einem Punkt $q \in U$:

$$\gamma : [0,1] \to U \text{ mit } \gamma(t) = p + t\,(q-p).$$

Falls ein Vektorfeld $f : U \to \mathbb{R}^n$ ein Potential besitzt, dann ist

$$\int_\gamma f\,\mathrm{d}s \;=\; \int_0^1 f(\gamma(t))^T\,(q-p)\,\mathrm{d}t = V(q) - V(p)$$

$$\Rightarrow\; V(q) \;=\; V(p) + \int_0^1 \sum_{j=1}^n f_j(p + t\,(q-p)) \cdot (q_j - p_j)\,\mathrm{d}t$$

Durch Verschieben des Koordinatensystems kann man noch erreichen, dass $p = 0$ ist. Außerdem kann man V durch $V - V(0)$ ersetzen. In diesem Fall ist dann

$$V(q) = \int_0^1 \sum_{j=1}^n f_j(tq) \cdot q_j\,\mathrm{d}t.$$

Satz 17.7.
Sei U ein bezüglich des Ursprungs sternförmiges Gebiet. Dann gilt: Falls das Vektorfeld $f : U \to \mathbb{R}^n$ für alle Indizes $1 \le j < k \le n$ die Identität $\dfrac{\partial f_j}{\partial x_k} = \dfrac{\partial f_k}{\partial x_j}$ erfüllt, dann besitzt f das Potential

$$V(x) = \int_0^1 \sum_{j=1}^n f_j(tx)\,x_j\,\mathrm{d}t.$$

Beweis: Zunächst erhält man mit Hilfe der Kettenregel und der Produktregel

$$\frac{\partial}{\partial x_k}\left(\sum_{j=1}^n f_j(tx)\,x_j \right) \;=\; f_k(tx) + t\left(\sum_{j=1}^n \frac{\partial f_j}{\partial x_k}(tx)\,x_j \right) \text{ und}$$

$$\frac{\partial}{\partial t}\left(t \cdot f_k(tx) \right) \;=\; f_k(tx) + t\left(\sum_{j=1}^n \frac{\partial f_k}{\partial x_j}(tx)\,x_j \right)$$

Insbesondere gilt also wegen $\dfrac{\partial f_j}{\partial x_k}(tx) = \dfrac{\partial f_k}{\partial x_j}(tx)$ die Identität

$$\frac{\partial}{\partial x_k}\left(\sum_{j=1}^n f_j(tx)\,x_j \right) = \frac{\partial}{\partial t}\left(t \cdot f_k(tx) \right)$$

Definiert man nun $V : U \to \mathbb{R}$ durch $V(x) = \int_0^1 \sum_{j=1}^n x_j f_j(tx)\,\mathrm{d}t$, dann ergibt sich durch Differentiation

$$\frac{\partial V}{\partial x_k}(x) = \frac{\partial}{\partial x_k} \int_0^1 \sum_{j=1}^n x_j f_j(tx)\, \mathrm{d}t = \int_0^1 \sum_{j=1}^n x_j \frac{\partial f_j}{\partial x_k}(tx)\, \mathrm{d}t$$

$$= \int_0^1 \frac{\partial}{\partial t}\left(t \cdot f_k(tx)\right)\, \mathrm{d}t = t \cdot f_k(tx)|_{t=0}^1 = f_k(x)$$

$\square$

Dabei haben wir unauffällig die Integration und die partielle Differentiation vertauscht, als wir $\frac{\partial}{\partial x_k}$ unter das Integralzeichen gezogen haben. Dass das erlaubt ist, folgt im wesentlichen aus Satz 15.9, wobei die Situation hier sogar etwas einfacher ist, da die Integrationsgrenzen konstant sind.

Wie kann man nun für ein konkretes Vektorfeld f auf einer sternförmigen Menge U das Potential berechnen, wenn die Bedingung $\frac{\partial f_j}{\partial x_k} = \frac{\partial f_k}{\partial x_j}$ tatsächlich erfüllt ist?
Es gibt dafür verschiedene Methoden:

1. durch scharfes Hinsehen, falls das Vektorfeld relativ einfach ist,

2. über das Kurvenintegral aus Satz 17.7 oder

3. durch sukzessive Integration

   Ist $V(x,y)$ ein Potential für das Vektorfeld $\begin{pmatrix} f(x,y) \\ g(x,y) \end{pmatrix}$, dann ist

   $$\frac{\partial V}{\partial x}(x,y) = f(x,y) \;\Rightarrow\; V(x,y) = \int f(x,y)\, \mathrm{d}x + \tilde{V}(y)$$

da eine beliebige, nur von y abhängige Funktion $\tilde{V}(y)$ bei der partiellen Differentiation nach x wegfällt. Aus der Gleichung

$$\frac{\partial V}{\partial y}(x,y) = g(x,y) \Rightarrow \frac{\partial}{\partial y} \int f(x,y)\, \mathrm{d}x + \tilde{V}'(y) = g(x,y)$$

lässt sich dann diese Funktion $\tilde{V}(y)$ bestimmen.

Beispiel: Falls das Vektorfeld

$$f(x,y) = \begin{pmatrix} 2(x-y)y + 2ye^{2xy+y^2} \\ x(x-4y) + 2(x+y)e^{2xy+y^2} - y \end{pmatrix}$$

ein Potential V besitzt, dann muss

$$\frac{\partial V}{\partial x}(x,y) = 2(x-y)y + 2ye^{2xy+y^2}$$

sein. Durch Integration bezüglich x, ergibt sich daraus

$$V(x,y) = \int 2(x-y)y + 2ye^{2xy+y^2}\, \mathrm{d}x + \tilde{V}(y) = x^2y - 2xy^2 + e^{2xy+y^2} + \tilde{V}(y).$$

Differenziert man diesen Ausdruch nach y, ergibt sich mit Hilfe der zweiten Komponente des Vektorfelds die Gleichung

$$\frac{\partial V}{\partial y}(x,y) = x^2 - 4xy + (2x + 2y)e^{2xy+y^2} + \tilde{V}'(y) = x(x - 4y) + 2(x + y)e^{2xy+y^2} - y.$$

Diese Gleichung führt direkt auf die Identität $\tilde{V}'(y) = -y$, die man integrieren und beispielsweise durch $\tilde{V}(y) = -\frac{1}{2}y^2$ erfüllen kann. Es gelingt also tatsächlich, ein Potential zu finden. Dieses lautet

$$V(x,y) = x^2 y - 2xy^2 + e^{2xy+y^2} - \frac{1}{2}y^2.$$

Auch wenn ein Vektorfeld auf einem nicht sternförmigen Gebiet U definiert ist, kann es sein, dass ein Kurvenintegral nur vom Anfangs- und Endpunkt abhängt. Dazu muss man allerdings die Kurven „innerhalb von U stetig ineinander verformen" können. Dieses Verformen wird formal folgendermaßen beschrieben:

Definition. *(homotop)*
*Seien $\gamma_0, \gamma_1 : [a,b] \to U \subseteq \mathbb{R}^n$ zwei Wege mit dem gemeinsamen Anfangspunkt $\gamma_0(a) = \gamma_1(a) = p$ und dem gemeinsamen Endpunkt $\gamma_0(b) = \gamma_1(b) = q$. Die Kurven γ_0, γ_1 heißen **homotop** in U, falls es eine stetige Abbildung $H : [0,1] \times [a,b] \to U$ gibt mit folgenden Eigenschaften:*

(i) Mit $H_s(t) := H(s,t)$ ist $H_0(t) = \gamma_0(t)$ und $H_1(t) = \gamma_1(t)$ für alle t

(ii) $H_s(a) = p$ und $H_s(b) = q$ für alle $s \in [0,1]$

Beispiel: („Standard-Homotopie")
Seien $\gamma_0, \gamma_1 : [a,b] \to U \subseteq \mathbb{R}^n$ zwei Kurven und $\gamma_0(a) = \gamma_1(a)$, $\gamma_0(b) = \gamma_1(b)$. Für jedes $t \in [a,b]$ sei die Strecke zwischen $\gamma_0(t)$ und $\gamma_1(t)$ in U enthalten. Dann ist $H(s,t) = (1-s)\,\gamma_0(t) + s\,\gamma_1(t)$ eine Homotopie zwischen γ_0 und γ_1.
H ist aus stetigen Funktionen zusammengesetzt und daher auch stetig.

(i)
$$H_0(t) = H(0,t) = 1 \cdot \gamma_0(t) + 0 \cdot \gamma_1(t) = \gamma_0(t)$$
$$H_1(t) = H(1,t) = 0 \cdot \gamma_0(t) + 1 \cdot \gamma_1(t) = \gamma_1(t)$$

(ii)
$$H(s,a) = (1-s)\,\gamma_0(a) + s\,\gamma_1(a) = \gamma_0(a) = \gamma_1(a)$$
$$H(s,b) = (1-s)\,\gamma_0(b) + s\,\gamma_1(b) = \gamma_0(b) = \gamma_1(b)$$

Satz 17.8.
Sei $U \subseteq \mathbb{R}^n$ offen, $f : U \to \mathbb{R}^n$ ein C^1-Vektorfeld mit

$$\frac{\partial f_j}{\partial x_k}(x) = \frac{\partial f_k}{\partial x_j}(x) \text{ für } x \in U \text{ und alle } 1 \leq j, k \leq n.$$

Weiter seien $\gamma_0, \gamma_1 : [a,b] \to U$ zwei stetig differenzierbare, in U homotope Kurven mit gemeinsamen Anfangs- und Endwerten $\gamma_0(a) = \gamma_1(a) = p$, $\gamma_0(b) = \gamma_1(b) = q$. Dann gilt

$$\int_{\gamma_0} f \, ds = \int_{\gamma_1} f \, ds.$$

Beweis: Sei $H : [0,1] \times [a,b] \to U$ eine Homotopie zwischen γ_0 und γ_1.

Das mathematische Problem besteht nun darin, dass H nur stetig ist, insbesondere ist für festes $s \in (0,1)$ die Kurve $t \mapsto H(s,t)$ auch nur stetig und wir können das Kurvenintegral von f längs dieser Kurve möglicherweise nicht berechnen.

Der Ausweg aus dieser Situation besteht darin, diese stetigen Kurven durch einen Polygonzug zu approximieren, der dann wieder stückweise stetig differenzierbar ist. Zunächst sucht man sich dafür Zerlegungen

$$0 = s_0 < s_1 < s_2 \ldots < s_\ell = 1 \text{ und}$$
$$a = t_0 < t_1 < t_2 \ldots < t_k = b$$

so dass für jedes Paar $(i,j) \in \{0,1,\ldots,\ell-1\} \times \{0,1,\ldots,k-1\}$ die Bildmenge $H([s_i,s_{i+1}] \times [t_j,t_{j+1}])$ in einer Kugel liegt, die ganz in U enthalten ist. Dass man das immer hinbekommt, ist nicht ganz einfach zu zeigen. Wir lagern die Begründung dafür, die streng genommen ein Teil des Beweises ist, in eine Bemerkung im Anschluss aus.

Setze nun als Abkürzung $p_{ij} = H(s_i, t_j)$. Wir bezeichnen mit $\alpha_{ij} = \overline{p_{ij} p_{i,j+1}}$ die Verbindungsstrecke von p_{ij} nach $p_{i,j+1}$ und mit σ_{ij} die Verbindungsstrecke von p_{ij} nach $p_{i+1,j}$.

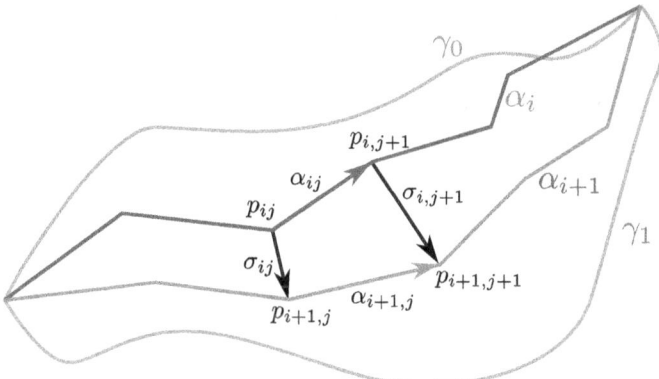

Da das Viereck $p_{ij} p_{i,j+1} p_{i+1,j+1} p_{i+1,j}$ in einer Kugel, also einer konvexen Menge enthalten ist, gilt nach Satz 17.7 für die stückweise stetig differenzierbare Randkurve

$$\int_{\alpha_{ij}} f \, ds + \int_{\sigma_{i,j+1}} f \, ds - \int_{\alpha_{i+1,j}} f \, ds - \int_{\sigma_{ij}} f \, ds = 0.$$

Sei nun α_i die Kurve, die aus den Stücken $\alpha_{i,0}, \alpha_{i,1}, \ldots, \alpha_{i,k-1}$ besteht. Dann ist

$$
\begin{aligned}
\int_{\alpha_i} f \, ds &= \sum_{j=0}^{k-1} \int_{\alpha_{ij}} f \, ds \\
&= \sum_{j=0}^{k-1} \int_{\alpha_{i+1,j}} f \, ds + \sum_{j=0}^{k-1} \int_{\sigma_{ij}} f \, ds - \sum_{j=0}^{k-1} \int_{\sigma_{i,j+1}} f \, ds \\
&= \int_{\alpha_{i+1}} f \, ds + \int_{\sigma_{i,0}} f \, ds - \int_{\sigma_{i,k}} f \, ds \text{ (Teleskopsumme!)} \\
&= \int_{\alpha_{i+1}} f \, ds
\end{aligned}
$$

da sowohl $\sigma_{i,0}$ als auch $\sigma_{i,k}$ konstante Wege sind.

Weiter gilt für den „ersten" und den „letzten" Streckenzug α_0 bzw. α_ℓ:

$$\int_{\alpha_{0,j}} f \, \mathrm{d}s = \int_{\gamma_0|_{[t_j, t_{j+1}]}} f \, \mathrm{d}s \text{ und } \int_{\alpha_{\ell,j}} f \, \mathrm{d}s = \int_{\gamma_1|_{[t_j, t_{j+1}]}} f \, \mathrm{d}s$$

da die entsprechenden Kurven denselben Anfangs- und Endpunkt haben und jeweils in einer Kugel enthalten sind. Insgesamt ergibt sich damit

$$\int_{\gamma_0} f \, \mathrm{d}s = \int_{\alpha_0} f \, \mathrm{d}s = \int_{\alpha_1} f \, \mathrm{d}s = \ldots = \int_{\alpha_\ell} f \, \mathrm{d}s = \int_{\gamma_1} f \, \mathrm{d}s.$$

$\square$

Bemerkung: Wir zeigen noch, dass man eine Zerlegung wie im Beweis gefordert, tatsächlich immer finden kann. Dies liegt daran, dass das Bild der kompakten Menge $[0,1] \times [a,b]$ unter der stetigen Funktion H ebenfalls kompakt ist und einen positiven Abstand vom Rand von U hat. Damit ist gemeint, dass es eine feste Zahl $d > 0$ gibt, so dass $B_d(x) \subset U$ liegt für jedes x aus der Menge $A := H([s_i, s_{i+1}] \times [t_j, t_{j+1}])$. Sonst gäbe es nämlich eine Folge $(x_n)_{n \in \mathbb{N}}$ in A und eine Folge $(y_n)_{n \in \mathbb{N}}$ in $\mathbb{R}^n \setminus U$, so dass $\|x_n - y_n\| \to 0$. Die Folge $(x_n)_{n \in \mathbb{N}}$ besteht also aus Punkten, die immer näher am Rand von U liegen.

Da A kompakt ist, kann man eine konvergente Teilfolge $(x_{n_m})_{m \in \mathbb{N}}$ auswählen, die gegen einen Punkt $x_\infty \in A$ konvergiert. Andererseits konvergiert dann auch die entsprechende Teilfolge $(y_{n_m})_{m \in \mathbb{N}}$ gegen x_∞. Da das Komplement der offenen Menge U abgeschlossen ist, liegt x_∞ in diesem Komplement und damit nicht in U. Das ist aber ein Widerspruch zur oben gezeigten Eigenschaft $x_\infty \in A \subseteq U$.

Außerdem wissen wir bereits, dass eine stetige Funktion auf einer kompakten Menge sogar gleichmäßig stetig ist. Zu der eben benutzten Zahl $d > 0$ gibt es also ein $\delta > 0$ so dass gilt: Wenn $(s,t), (s',t') \in [0,1] \times [a,b]$ und $|s - s'| < \delta, |t - t'| < \delta$, dann ist

$$|H(s,t) - H(s',t')| < d.$$

Wenn man die Unterteilung der Zerlegungen nun so fein macht, dass die benachbarten Zerlegungspunkte einen Abstand kleiner als δ haben, dann liegt $H([s_i, s_{i+1}] \times [t_j, t_{j+1}])$ in einer Kugel mit Radius δ um $H(s_i, t_j)$. Diese Kugel wiederum ist nach der Definition von d vollständig in U enthalten.

Betrachten wir nun noch ein letztes Mal das Windungsfeld $f : \mathbb{R}^2 \setminus \{(0,0)\} \to \mathbb{R}^2$ mit

$$f(x,y) = \begin{pmatrix} -\dfrac{y}{x^2 + y^2} \\ \dfrac{x}{x^2 + y^2} \end{pmatrix}$$

Integriert man über die Wege $\gamma_+, \gamma_- : [0, \pi] \to \mathbb{R}^2$ mit $\gamma_\pm(t) = \begin{pmatrix} \cos t \\ \pm \sin t \end{pmatrix}$, die beide den Anfangspunkt $\gamma_\pm(0) = (1,0)$ und denselben Endpunkt $\gamma \pm (\pi) = (-1, 0)$ haben, dann ergeben sich die verschiedenen Werte $\int_{\gamma_\pm} f \, \mathrm{d}s = \pm \pi$. Nun können wir das etwas besser verstehen: Die beiden Wege sind nicht homotop zueinander, denn man kann γ_+ nicht stetig in γ_- verformen und dabei immer in $\mathbb{R}^2 \setminus \{(0,0)\}$ bleiben. Der Punkt $(0,0)$, an dem das Vektorfeld singulär ist, stellt für die Homotopie dieser Kurven eine unüberwindliche „Barriere" dar.

Nach diesem Kapitel sollten Sie...

... wissen, was eine parametrisierte Kurve ist

... den Unterschied zwischen einer Kurve und ihrer Spur erklären können

... einfache ebene Kurven wie Kreis oder Ellipse parametrisieren können

... wissen, wie man die Länge einer Kurve definiert und wie man sie für differenzierbare Kurven berechnen kann

... wissen, was eine Reparametrisierung ist und wofür man sie verwenden kann

... Kurvenintegral über Vektorfelder definieren und berechnen können

... wissen, was ein Potential eines Vektorfelds ist und welche Konsequenzen die Existenz eines Potential hat

... herausfinden können, ob ein gegebenes Vektorfeld ein Potential besitzt und dieses Potential gegebenenfalls bestimmen können

... anschaulich erklären können, wann zwei Kurven homotop zueinander sind und wissen, was das mit Kurvenintegralen zu tun hat

Aufgaben zu Kapitel 17

1. Vergleichen Sie die Länge der Parabel $y = x^2 + 1$ und der Kettenlinie $y = \cosh x$ zwischen $x = -1$ und $x = 1$.

2. (a) Zeigen Sie: Die Länge einer ebenen Kurve, die in Polardarstellung

$$\gamma(\varphi) = r(\varphi) \begin{pmatrix} \cos \varphi \\ \sin \varphi \end{pmatrix}, \qquad \alpha \leq \varphi \leq \beta$$

gegeben ist, beträgt

$$L(\gamma, [\alpha, \beta]) = \int_\alpha^\beta \sqrt{r(\varphi)^2 + (r'(\varphi))^2} \, \mathrm{d}\varphi.$$

(b) Skizzieren Sie die *Kardioide* (Herzkurve), die in Polarkoordinaten durch die Gleichung $r = a(1 + \cos \varphi)$ mit $0 \leq \varphi \leq 2\pi$ beschrieben wird und berechnen Sie ihre Länge.

(c) Zeigen Sie, dass die Kardiodide entsteht, wenn man die Bahn eines Punkt auf dem Rand eines Einheitskreises verfolgt, der auf einem anderen Einheitskreis abrollt.

3. Sei $\gamma : [0, 1] \to \mathbb{R}^3$ ein stetig differenzierbarer Weg, $A \in O(3)$ eine orthogonale 3×3-Matrix und $b \in \mathbb{R}^3$. Der Weg $\chi : [0, 1] \to \mathbb{R}^n$ sei definiert durch

$$\chi(t) = A\gamma(t) + b \,.$$

Zeigen Sie, dass

$$L(\gamma, [0, 1]) = L(\chi, [0, 1]).$$

ist. Was bedeutet das anschaulich?

4. Berechnen Sie die Kurvenintegrale $\int_{\gamma} f \, \mathrm{d}s$

   (a) für $\gamma(t) = \begin{pmatrix} \cos t \\ \sin t \end{pmatrix}$ mit $-\frac{\pi}{2} \leq t \leq \frac{\pi}{2}$ und $f(x, y) = \begin{pmatrix} y \\ -x \end{pmatrix}$ sowie

   (b) für $\gamma(t) = \begin{pmatrix} t \\ t^2 \\ 3 \end{pmatrix}$ mit $0 \leq t \leq 1$ und $f(x, y, z) = \begin{pmatrix} yz \\ xz \\ xy \end{pmatrix}$.

5. Sei $f : [-2, 2] \to \mathbb{R}$ eine stetig differenzierbare Funktion mit $f(-2) = f(2) = 0$ und $f(x) > 0$ für $x \in (-2, 2)$. Berechnen Sie das Kurvenintegral

   $$\int_{G_f} v(x, y) \, \mathrm{d}s \ \text{ mit } \ v(x, y) = \begin{pmatrix} \frac{-y}{x^2+y^2} - 4xy \\ \frac{x}{x^2+y^2} - 2x^2 \end{pmatrix},$$

   wobei das Schaubild G_f von f in der halben Kreisscheibe $\{(x, y); \ 0 < x^2 + y^2 \leq 4, y \geq 0\}$ enthalten ist und so orientiert ist, dass es von $(-2, 0)$ zum Punkt $(2, 0)$ führt.

6. Entscheiden Sie, ob die folgenden Vektorfelder ein Potential besitzen und berechnen Sie dieses gegebenenfalls.

   (a) $f(x, y, z) = (2xy + z^3, x^2 + 3z, 3z^2x + 3y)^T$

   (b) $g(x, y) = (-2x \sin y, x^2 \cos y)^T$

   (c) $h(x, y) = (-\frac{\tan y}{x^2} + 2xy + x^2, \frac{1}{x \cos^2 y} + x^2 + y^2)^T$

   (d) $k(x, y, z) = (e^{-x} \cos y + z, e^{-x} \sin y, 5z^2 + x - 1)^T$

7. Bestimmen Sie eine Zahl α so, dass das Kurvenintegral

   $$\int_C (\alpha x^2 z^2 \, \mathrm{d}x + 3y\sqrt{y^2 + z^2} \, \mathrm{d}y + (\alpha z\sqrt{y^2 + z^2} + (\alpha - 1)z(x^3 + 1)) \, \mathrm{d}z)$$

   wegunabhängig ist, und berechnen Sie den Wert des Integrals für einen Weg vom Ursprung zum Punkt $(1, 2, 2)$.

8. Integrieren Sie das Vektorfeld $w(x, y, z) = \begin{pmatrix} y^2 - z^2 \\ z^2 - x^2 \\ x^2 - y^2 \end{pmatrix}$ entlang der geschlossenen Kurve γ,

   die den Rand der Fläche

   $$K = \{(x, y, z); \ x^2 + y^2 + z^2 = 1, x, y, z \geq 0\}$$

   bildet und mit dem Abschnitt von $(1, 0, 0)$ nach $(0, 1, 0)$ beginnt.

9. Welche der folgenden Teilmengen des $\mathbb{R}^2$ sind sternförmig?

   $$\begin{aligned} A_1 &= \{(x, y); \ x > 1 \text{ oder } y < 1\} \\ A_2 &= \{(x, y); \ x^2 \leq y^4 \leq 16\} \end{aligned}$$

   Skizzieren Sie die Mengen und begründen Sie Ihre Antworten (kurz!).

10. Wieviel Arbeit wird verrichtet, wenn ein mathematischer Massenpunkt ($m = 1$) längs einer geschlossenen Kurve $\gamma : [0, 2\pi] \to \mathbb{R}^3 \setminus \{0\}$ durch das radialsymmetrische Graviationskraftfeld im Raum $g(x) = x/\|x\|_2^3$, $x \in \mathbb{R}^3$ bewegt wird?

18 Gewöhnliche Differentialgleichungen

18.1 Existenz und Eindeutigkeit

Nachdem wir uns im letzten Semester schon mit *linearen* Differentialgleichungen befasst haben, soll es nun um allgemeine Systeme auch nichtlinearer Differentialgleichungen gehen. Wir befassen uns dabei mit Systemen von Differentialgleichungen 1. Ordnung der Form

$$\dot{x} = f(t, x)$$

mit $x \in \mathbb{R}^n$ und einer Funktion $f : \mathbb{R} \times \mathbb{R}^n \to \mathbb{R}^n$. Insbesondere interessiert uns, welche Bedingungen wir an f stellen müssen, damit die Differentialgleichung zu einer vorgegebenen Anfangsbedingung $x(t_0) = x_0$ eine eindeutige Lösung besitzt, zumindest für t in der Nähe von t_0.

Darüber hinaus werden wir uns noch etwas mit speziellen Lösungen befassen, nämlich mit Ruhelagen und deren Stabilität. Ein Punkt $x_0 \in \mathbb{R}^n$ heißt dabei *Ruhelage*, wenn $f(x_0) = 0$ ist, d.h. wenn die konstante Funktion $x(t) = x_0$ für alle $t \in \mathbb{R}$ eine Lösung der Differentialgleichung ist.

Bei den allermeisten Systemen von nichtlinearen Differentialgleichungen ist es nicht möglich, die Lösungen in „geschlossener Form" anzugeben, das heißt durch einen Ausdruck, der nur Potenzen, Wurzeln, Exponentialfunktionen, trigonometrische Funktionen etc. enthält. In der Physik treten daher auch „spezielle Funktionen" wie die Bessel-Funktionen oder die Airy-Funktion auf, die gerade als Lösungen gewisser Differentialgleichungen definiert sind.

Wir beginnen jedoch mit einem Typ von Differentialgleichungen, bei dem man die Lösung durch Integrieren explizit herleiten kann. Für Differentialgleichungen der Form

$$\dot{x} = f(t)g(x), \quad x \in \mathbb{R}$$

mit $f, g \in C^0(\mathbb{R}, \mathbb{R})$ lässt sich die Lösung mit der Methode der *Trennung der Variablen* ermitteln:

Wir betrachten dabei das Anfangswertproblem, das heißt die Differentialgleichung zusammen mit einer Anfangsbedingung $x(t_0) = x_0$ und nehmen an, wir hätten schon eine Lösung $x : [t_0, T] \to \mathbb{R}$ auf einem Intervall $[t_0, T]$ gefunden, für die gilt

$$g(x(t)) \neq 0 \quad \forall t \in [t_0, T].$$

In diesem Fall darf man die Differentialgleichung durch $g(x(t))$ teilen und kann anschließend auf beiden Seiten von t_0 bis t integrieren. Das führt auf die Identität

$$\int_{t_0}^t \frac{\dot{x}(\tau)\,\mathrm{d}\tau}{g(x(\tau))} = \int_{t_0}^t f(\tau)\,\mathrm{d}\tau,$$

und nach der Substitution $\xi = x(\tau), d\xi = \dot{x}(\tau)\,\mathrm{d}\tau$ auf

$$\int_{x_0}^{x(t)} \frac{\mathrm{d}\xi}{g(\xi)} = \int_{t_0}^t f(\tau)\,\mathrm{d}\tau.$$

Ob man diese Gleichung weiter vereinfachen kann, hängt im konkreten Fall von den Funktionen f und g ab. Die obige Rechnung funktioniert, so lange $g(x(t)) \neq 0$ ist, und auch für $t < t_0$, daher gilt:

Satz 18.1. *(Trennung der Variablen)*
  Betrachte das Anfangswertproblem

$$\dot{x}(t) = f(t)g(x(t)), \quad x(t_0) = x_0 \in \mathbb{R}$$

mit stetigen Funktionen f und g.

  (i) *Falls $g(x_0) = 0$, dann ist $x(t) \equiv x_0$ eine Lösung des Anfangswertproblems.*

  (ii) *Falls $g(x_0) \neq 0$, dann existiert ein offenes Intervall $(t_0 - \delta, t_0 + \delta)$ um $t = t_0$, so dass das Anfangswertproblem (mindestens) für $t \in (t_0 - \delta, t_0 + \delta)$ genau eine Lösung besitzt. Diese Lösung erhält man durch Auflösen der Gleichung*

$$\int_{x_0}^{x(t)} \frac{d\xi}{g(\xi)} = \int_{t_0}^{t} f(\tau)\, d\tau.$$

  nach $x(t)$ („lokale Existenz und Eindeutigkeit").

Beweis: (i) Für $x(t) \equiv x_0$ ist $\dot{x}(t) = 0 = g(x_0) = f(t)g(x(t))$.
(ii) Wir wählen ein Intervall I um x_0, so dass $g(x) \neq 0$ für alle $x \in I$. Wir können also für $x \in I$

$$G(x) := \int_{x_0}^{x} \frac{d\xi}{g(\xi)}$$

definieren, d.h. G ist eine Stammfunktion von $\frac{1}{g}$, es ist $G \in C^1(I, \mathbb{R})$ und $G(x_0) = 0$.
Weiter ist $G'(x_0) = \frac{1}{g(x_0)} \neq 0$, d.h. G ist lokal eindeutig invertierbar mit $G^{-1} : (-\varepsilon, \varepsilon) \to I$. Es ist $G^{-1}(0) = x_0$ und $G^{-1} \in C^1((-\varepsilon, \varepsilon), I)$.
Setzen wir noch

$$F(t) := \int_{t_0}^{t} f(\tau)\, d\tau,$$

dann können wir die Gleichung

$$\int_{x_0}^{x(t)} \frac{d\xi}{g(\xi)} = \int_{t_0}^{t} f(\tau)\, d\tau$$

auch schreiben als

$$G(x(t)) = F(t).$$

Da F stetig ist mit $F(t_0) = 0$, existiert ein $\delta > 0$, so dass $F(t) \in (-\varepsilon, \varepsilon)$ für $t \in (t_0 - \delta, t_0 + \delta)$. Damit ist $G(x(t)) = F(t)$ für $t \in (t_0 - \delta, t_0 + \delta)$ äquivalent zu $x(t) = G^{-1}(F(t))$.
Durch Differentiation von $G(x(t)) = F(t)$ überprüft man, dass die so definierte Funktion $x(t)$ wirklich das Anfangswertproblem löst:

$$\frac{d}{dt} G(x(t)) = G'(x(t)) \cdot \dot{x}(t) = F'(t)$$

$$\Leftrightarrow \qquad \frac{1}{g(x(t))} \cdot \dot{x}(t) = f(t).$$

Auch der Anfangswert stimmt:

$$x(t_0) = G^{-1}(F(t_0)) = G^{-1}(0) = x_0.$$

Eindeutigkeit: Falls $\tilde{x}$ eine andere Lösung des Anfangswertproblems wäre, dann gilt wie vor dem Satz gezeigt $G(\tilde{x}(t)) = F(t)$ und damit für $t \in (t_0 - \delta, t_0 + \delta)$

$$\tilde{x}(t) = G^{-1}(F(t)) = x(t)\,.$$

$\square$

Bemerkung: Wir haben keine Eindeutigkeit der Lösung gezeigt, falls $g(x_0) = 0$ ist. Diese muss auch nicht gelten, das heißt, das Anfangswertproblem könnte hier mehrere Lösungen besitzen. Nur, wenn die rechte Seite Lipschitz-stetig ist, liefert der Satz von Picard-Lindelöf aus dem nächsten Abschnitt die Eindeutigkeit.

Beispiel: Explosion („blow up")
Die Differentialgleichung

$$\dot{x}(t) = x(t)^2$$

mit Anfangswert $x(0) = x_0$ lässt sich durch Trennung der Variablen lösen:

$$\int\limits_{x_0}^{x(t)} \frac{\mathrm{d}\xi}{\xi^2} = \int_0^t \mathrm{d}\tau$$

$$\Leftrightarrow \quad \frac{1}{x_0} - \frac{1}{x(t)} = t$$

$$\Leftrightarrow \quad x(t) = \frac{1}{t - \frac{1}{x_0}}$$

Für $x_0 > 0$ etwa existiert diese Lösung also nur bis $t_{max} = \dfrac{1}{x_0}$.

Wir kommen nun zum grundlegenden Existenz- und Eindeutigkeitssatz für gewöhnliche Differentialgleichungen. Er gibt nachprüfbare Bedingungen für die rechte Seite f an, aus denen eine lokal eindeutige Lösung des Anfangswertproblems folgt, das heißt, eine Lösung des Anfangswertproblems existiert und ist auch eindeutig, zumindest solange $t - t_0$ „klein genug" ist.
An dieser Stelle sei an eine Definition aus Kapitel 15 erinnert. Eine Funktion $f : \mathbb{R}^n \supseteq \Omega \to \mathbb{R}^m$ heißt *Lipschitz-stetig* auf Ω, falls eine Konstante L existiert, so dass

$$\|f(x) - f(y)\| \le L\|x - y\| \qquad \forall x, y \in \Omega.$$

Weil nach Satz 14.12 alle Normen auf $\mathbb{R}^n$ bzw. auf $\mathbb{R}^m$ äquivalent sind, hat man freie Wahl, welche Norm man verwendet. Jedoch ändert sich dabei unter Umständen die Lipschitz-Konstante L.

Beispiele:
1. Die Funktion $f : \mathbb{R}^2 \to \mathbb{R}$ mit $f(x_1, x_2) = x_1^2 - x_2^2$ ist Lipschitz-stetig auf $\Omega = [-2, 2] \times [0, 5]$, denn

$$
\begin{aligned}
|f(x) - f(y)| = |x_1^2 - x_2^2 - (y_1^2 - y_2^2)| &= |x_1^2 - y_1^2 - (x_2^2 - y_2^2)| \\
&\le |x_1^2 - y_1^2| + |x_2^2 - y_2^2| \\
&= \underbrace{|x_1 + y_1|}_{\le 4}|x_1 - y_1| + \underbrace{|x_2 + y_2|}_{\le 10}|x_2 - y_2| \\
&\le 10\|x - y\|_1\,.
\end{aligned}
$$

Die Funktion f ist aber nicht Lipschitz-stetig auf $\Omega = \mathbb{R}^2$.

2. Wenn Ω eine konvexe Menge ist und f stetig differenzierbar ist auf einer kompakten Menge K, die Ω enthält, dann ist f Lipschitz-stetig auf Ω, denn für y, z aus Ω liegt die Verbindungsstrecke $\{z + \theta(y - z); 0 \le \theta \le 1\}$ in Ω und nach dem Satz vom Maximum ist $\|Df\|$ auf der kompakten Menge K beschränkt. Daher gilt

$$
\begin{aligned}
\|f(y) - f(z)\| &= \left\| \int_0^1 Df(z + \theta(y - z)) \cdot (y - z)\, \mathrm{d}\theta \right\| \\
&\le \int_0^1 \|Df(z + \theta(y - z))\|\, \mathrm{d}\theta \cdot \|y - z\| \\
&\le \sup_{\xi \in K} \|Df(\xi)\| \cdot \|y - z\|.
\end{aligned}
$$

Eine zunächst einfache, aber wichtige Beobachtung ist, dass wir eine Differentialgleichung auch in eine Integralgleichung „übersetzen" können:

Satz 18.2.
Sei $I \subseteq \mathbb{R}$ ein Intervall und $t_0 \in I$. Dann gilt: Eine Funktion $x \in C^1(I, \mathbb{R}^n)$ ist genau dann eine Lösung des Anfangswertproblems

$$
\left.
\begin{aligned}
\dot{x}(t) &= f(t, x(t)), \\
x(t_0) &= x_0,
\end{aligned}
\right\}
$$

wenn $x \in C^0(I, \mathbb{R}^n)$ die Integralgleichung

$$
x(t) = x_0 + \int_{t_0}^t f(s, x(s))\, \mathrm{d}s
$$

löst.

Bemerkung: Der Satz enthält eine kleine Feinheit, die man leicht übersieht. Wenn man eine *stetige* Lösung der Differentialgleichung gefunden hat, dann ist diese Lösungsfunktion automatisch auch *differenzierbar* und löst die Differentialgleichung.
Beweis:
Die Aussage folgt direkt aus dem Hauptsatz der Differential- und Integralrechnung.

$\square$

Der folgende *Satz von Picard-Lindelöf* ist zwar nicht der einzige, aber der wichtigste Satz, der etwas über die Lösbarkeit von Anfangswertproblemen aussagt.

Satz 18.3. *(Lokale Existenz und Eindeutigkeit)*
Sei $(t_0, x_0) \in I \times \mathbb{R}^n$ und es gebe $a, r > 0$, so dass $f : [t_0 - a, t_0 + a] \times \overline{B_r(x_0)} \to \mathbb{R}^n$ stetig in t und Lipschitz-stetig in x mit Lipschitz-Konstante L ist.
Dann gibt es ein $\delta > 0$, so dass das Anfangswertproblem

$$
\begin{aligned}
\dot{x} &= f(t, x) \\
x(t_0) &= x_0
\end{aligned}
$$

für $t \in [t_0 - \delta, t_0 + \delta]$ eine eindeutige Lösung $x(t)$ besitzt.

Beweis:
Der Banachsche Fixpunktsatz wird im Banachraum $X = C^0([t_0 - \delta, t_0 + \delta], \mathbb{R}^n)$ benutzt, wobei

wir uns erst später festlegen werden, wie klein δ gewählt werden muss. Um den Banachschen Fixpunktsatz anwenden zu können, benötigen wir eine abgeschlossene Teilmenge $M \subseteq X$ und eine Kontraktion, die M auf sich selbst abbildet. Wir wählen

$$M = C^0([t_0 - \delta, t_0 + \delta], \overline{B_r(x_0)})$$

als abgeschlossene Teilmenge des Raums X und definieren für $x \in M$ die *Picard-Iterierte* von x als

$$(Px)(t) := x_0 + \int_{t_0}^{t} f(s, x(s)) \, ds.$$

Wir zeigen nun, dass die Voraussetzungen des Banachschen Fixpunktsatzes erfüllt sind, wenn nur δ klein genug ist.

Die Rechnung wird dabei zeigen, dass man $\delta < \min(a, r/C, \frac{1}{L})$ wählen sollte, wobei C das Maximum der stetigen Funktion $\|f\|$ auf der kompakten Menge $Q = [t_0 - a, t_0 + a] \times \overline{B_r(x_0)}$ ist.

1. P bildet M in sich ab, denn

$$
\begin{aligned}
\|Px - x_0\|_\infty &= \sup_{|t-t_0| \leq \delta} \|(Px)(t)\| \\
&\leq \sup_{|t-t_0| \leq \delta} \int_{t_0}^{t} \|f(s, x(s))\| \, ds \\
&\leq \delta C \leq r\,.
\end{aligned}
$$

2. P ist eine Kontraktion, denn für $x_1, x_2 \in M$ gilt:

$$
\begin{aligned}
\|Px_1 - Px_2\|_\infty &= \sup_{|t-t_0| \leq \delta} \|(Px_1)(t) - (Px_2)(t)\| \\
&\leq \sup_{|t-t_0| \leq \delta} \int_{t_0}^{t} \|f(s, x_1(s)) - f(s, x_2(s))\| \, ds \\
&\leq L \sup_{|t-t_0| \leq \delta} \int_{t_0}^{t} \|x_1(s) - x_2(s)\| \, ds \\
&\leq L\delta \|x_1 - x_2\|_\infty\,.
\end{aligned}
$$

Aus dem Banachschen Fixpunktsatz folgt nun die Existenz eines eindeutigen Fixpunkts.

Dieser Fixpunkt ist eine Lösung der Integralgleichung aus Satz 18.2 und daher auch eine Lösung des Anfangswertproblems.

$\square$

Für jede stetig differenzierbare Funktion und beliebige Anfangsbedingungen (t_0, x_0) kann man einen Quader Q finden, in dem f bezüglich x Lipschitz-stetig ist. Insbesondere wissen wir nun auch, dass für jede stetig differenzierbare Funktion f die Differentialgleichung $\dot{x} = f(t, x)$ lokal immer eine eindeutige Lösung besitzt. Da man die Lösung des Anfangswertproblems durch die Funktionenfolge $x_0(t) \equiv x_0$, $x_1 = Px_0$, $x_2 = Px_1, \ldots$ approximiert, nennt man das im Beweis des Satzes von Picard-Lindelöf angewandte Verfahren auch die **Methode der sukzessiven Approximation**.

Beispiel: Nichteindeutigkeit

Mehrere Lösungen zu einem Anfangswertproblem können also nur bei einer Differentialgleichung auftreten, deren rechte Seite nicht lokal Lipschitz-stetig ist. Ein Standard-Kandidat dafür ist

$$\dot{x} = x^{1/2}, \qquad x(0) = 0,$$

denn $x^{1/2}$ ist auf dem Intervall $[0, \delta]$ nicht Lipschitz-stetig. Man sieht direkt, dass die konstante Funktion $x(t) \equiv 0$ eine Lösung ist. Allerdings findet man durch Trennung der Variablen eine weitere, nicht konstante Lösung, also besitzt das Anfangswertproblem keine eindeutige Lösung.

Wenn f gleichmäßig beschränkt ist und auf dem gesamten $\mathbb{R}^n$ Lipschitz-stetig in x ist, dann kann man die Lösung durch „Aneinanderkleben" sogar auf beliebig große Intervalle $[-T, T]$ ausdehnen:

Satz 18.4. *(Globale Existenz von Lösungen)*
Sei $f : \mathbb{R} \times \mathbb{R}^n \to \mathbb{R}^n$ stetig und bezüglich x sogar global Lipschitz-stetig mit einer Lipschitz-Konstanten L. Sei f außerdem beschränkt, d.h. $\|f(t, x)\| \leq M$ für alle t, x.
Dann hat das Anfangswertproblem

$$\dot{x} = f(t, x), \qquad x(t_0) = x_0$$

eine eindeutige globale Lösung $x(t)$ für $t \in \mathbb{R}$.

Beweis: Wir können mit dem Satz 18.3 von Picard-Lindelöf sukzessive Lösungen auf Intervallen $[t_0 - \delta, t_0 + \delta]$, $[t_0, t_0 + 2\delta]$, $[t_0 + \delta, t_0 + 3\delta], \ldots$ konstruieren. Wegen der lokalen Eindeutigkeit der Lösung ist dies immer eindeutig möglich und liefert eine eindeutige Lösung für $t \geq t_0$. Ganz genauso konstruiert man eine eindeutige Lösung für alle $t \leq t_0$. $\qquad\square$

Man kann auch einen reinen Existenzsatz (ohne Eindeutigkeit) für Differentialgleichungen zeigen. Da fast alle stetigen Funktionen, die wir kennen, auf gewissen Mengen lokal Lipschitz-stetig sind, und der Satz von Picard-Lindelöf wesentlich stärker ist, lassen wir den Beweis weg.

Satz 18.5. *(Existenzsatz von Peano)*
Sei $f : \mathbb{R} \times \mathbb{R}^n \to \mathbb{R}^n$ auf dem Quader $Q := \{|t - t_0| \leq a, \|x - x_0\| \leq r\}$ stetig. Dann hat das Anfangswertproblem
$$\dot{x}(t) = f(t, x), \qquad x(t_0) = x_0$$
mindestens eine Lösung auf einem Intervall $[t_0 - \delta, t_0 + \delta]$.

18.2 Fortsetzen von Lösungen

Nachdem wir gesehen haben, dass wir zumindest für kleine Zeitintervalle, d.h. so lange $|t - t_0|$ klein genug ist, immer eine Lösung $x : I \to \mathbb{R}^n$ der Differentialgleichung

$$\dot{x}(t) = f(t, x(t))$$

mit Anfangswert $x(t_0) = x_0$ finden können, stellt sich die Frage, wie weit man diese Lösung fortsetzen kann. Dabei heißt $\hat{x} : \hat{I} \to \mathbb{R}^n$ eine *Fortsetzung* der Lösung x, falls $I \subset \hat{I}$ und $x(t) = \hat{x}(t)$ für alle $t \in I$.
Das Beispiel $\dot{x} = x^2$ („Explosion") zeigt schon, dass wir im allgemeinen keine globale Existenz, also keine Lösung für *alle* $t \in \mathbb{R}$ erwarten können. Wir können aber immerhin zeigen, dass immer ein maximales Existenzintervall existiert und dass das „Explosions"-Verhalten typisch ist: Falls die Lösung nicht für alle Zeiten existiert, dann konvergiert sie betragsmäßig gegen $+\infty$.

Satz 18.6.
Sei $f : I \times \mathbb{R}^n \to \mathbb{R}^n$ stetig und lokal Lipschitz-stetig in x. Weiter sei $\mathcal{J}$ das maximale Intervall, auf dem eine Lösung von $\dot{x} = f(t, x(t))$ mit gegebenem Startwert $x(t_0) = x_0$ existiert. Dann gilt:

(i) *Die Lösung ist auf ganz $\mathcal{J}$ eindeutig,*

(ii) *$\mathcal{J} = (t_-, t_+)$ ist ein offenes Intervall*

(iii) *falls $t_+ \neq +\infty$, dann gilt $\lim\limits_{t \nearrow t_+} \|x(t)\| = \infty$.*
  Genauso: falls $t_- \neq -\infty$, folgt $\lim\limits_{t \searrow t_-} \|x(t)\| = \infty$.

Beweis:
(i) Wir setzen zunächst

$$\tilde{t}_+ := \sup\{t; \text{ es existiert eine Lösung auf } [t_0, t]\} \quad \text{und}$$
$$t_+ := \sup\{t; \text{ es existiert genau eine Lösung auf } [t_0, t]\}.$$

Nach dem Satz 18.3 von Picard-Lindelöf ist $\tilde{t}_+ \geq t_+ \geq t_0 + \delta$. Um zu zeigen, dass $\tilde{t}_+ = t_+$ ist, argumentieren wir indirekt und nehmen daher an, dass $\tilde{t}_+ > t_+$ ist. Wegen der Stetigkeit der Lösungen ist für jede beliebige Lösung $x(t)$

$$\lim_{t \to t_+ + 0} x(t) = \lim_{t \to t_+ - 0} x(t) = x_*$$

gleich. Löse nun das Anfangswertproblem

$$\dot{x} = f(t, x), \qquad x(t_+) = x_*$$

mit dem Satz 18.3 von Picard-Lindelöf lokal nahe $t = t_+$. Dies liefert eine eindeutige Lösung auf einem Intervall $[t_+ - \delta, t_+ + \delta]$ im Widerspruch zur Konstruktion von t_+. Daher muss $t_+ = \tilde{t}_+$ sein. genauso zeigt man, dass die Lösung für $t < t_0$ eindeutig ist.
(ii) Sei $t \in \mathcal{J}$, dann existiert nach dem Satz 18.3 von Picard-Lindelöf eine Zahl $\delta > 0$, so dass $[t - \delta, t + \delta] \subseteq \mathcal{J}$, also ist $\mathcal{J}$ offen. Insbesondere kann natürlich $\mathcal{J} = \mathbb{R}$ sein.
(iii) Wir zeigen indirekt, dass $|x(t)| \to \infty$ gilt, falls $t_+ < \infty$. Wäre dies nicht der Fall, so könnte man eine Folge $t_n \to t_+$ finden, für die $\|x(t_n)\|$ beschränkt ist.
Dann existiert eine Teilfolge $(t_{n_k})_{k \in \mathbb{N}}$, für die $x(t_{n_k})$ sogar konvergiert:

$$\lim_{k \to \infty} x(t_{n_k}) = x_\infty.$$

Um die Notation zu vereinfachen, nennen wir diese Teilfolge wieder $(x_k)_{k \in \mathbb{N}}$. Es gibt nun zwei Möglichkeiten:

1. Es ist sogar

$$\lim_{t \nearrow t_+} x(t) = x_\infty,$$

   d.h. x ist stetig fortsetzbar bis $t = t_+$. Dann können wir aber die Lösung durch Anwenden von des Satzes 18.3 von Picard-Lindelöf mit dem neuen Anfangswert $x(t_+) = x_\infty$ auf ein Intervall $[t_+ - \delta, t_+ + \delta]$ fortsetzen. Dies ist ein Widerspruch zur Definition von t_+.

2. Es existiert eine Zahl $\gamma > 0$ und eine Folge (t'_k) mit $t'_k \to t_+$ und den beiden Eigenschaften

   (a) $|x(t'_k) - x_\infty| = \gamma$,
   (b) $|x(t) - x_\infty| \leq \gamma$ für alle $t \in [t_k, t'_k]$.

Dann gilt

$$\lim_{k \to \infty} |x(t_k) - x(t'_k)| = \gamma. \tag{18.1}$$

Da f stetig ist, gibt es eine Konstante $M > 0$, so dass $|f(s,x)| \leq M$ für alle $t \in [t_0, t_+]$ und alle $x \in B_\gamma(x_\infty)$. Damit gilt

$$\begin{aligned}
|x(t'_k) - x(t_k)| &= \left| \int_{t_k}^{t'_k} f(s, x(s)) \, \mathrm{d}s \right| \\
&\leq \int_{t_k}^{t'_k} |f(s, x(s))| \, \mathrm{d}s \\
&\leq M|t_k - t'_k| \to 0 \ \text{ für } \ k \to \infty.
\end{aligned}$$

Dies ist offensichtlich ein Widerspruch zu (18.1). Daher kann auch dieser Fall nicht eintreten. Damit ist gezeigt, dass es keine Folge $(t_n)_{n \in \mathbb{N}}$ mit $t_n \to t_+$ gibt, für die $\|x(t_n)\|$ beschränkt bleibt.

$\square$

Als nächstes beweisen wir eine Abschätzung, die uns erlauben wird, aus Wachstumseigenschaften von f auf die globale Existenz von Lösungen zu schließen.

Satz 18.7. *(Gronwall-Lemma)*

Sei $I \subseteq \mathbb{R}$ ein Intervall, $t_0 \in I$, $\alpha, \beta \geq 0$ und $u \in C^0(I, \mathbb{R}_+)$ sei eine stetige, nichtnegative Funktion. Weiter gelte die Ungleichung

$$u(t) \leq \alpha + \left| \int_{t_0}^{t} \beta u(s) \, \mathrm{d}s \right| \quad \forall t \in I.$$

Dann gilt für alle $t \in I$

$$u(t) \leq \alpha e^{\beta |t - t_0|}.$$

Bemerkung: Während in der ersten Ungleichung die Funktion u auf beiden Seiten auftritt, gibt die zweite Ungleichung eine Abschätzung für u nur unter Benutzung der Konstanten α, β und γ an.

Beweis: Ohne Einschränkung sei $t \geq t_0$. Dann können wir die Betragsstriche weglassen. Wir setzen weiter

$$v(t) = \int_{t_0}^{t} \beta u(s) \, \mathrm{d}s.$$

Dann ist nach dem verallgemeinerten Hauptsatz 15.17 der Differential- und Integralrechnung

$$\dot{v}(t) = \beta u(t) \leq \beta(\alpha + v(t)).$$

Daraus folgt

$$\frac{\mathrm{d}}{\mathrm{d}t}(e^{-\beta t} v) = e^{-\beta t}(\dot{v}(t) - \beta v(t)) \leq \alpha \beta e^{-\beta t}$$

und mittels direkter Integration

$$e^{-\beta t} v(t) - e^{-\beta t_0} \underbrace{v(t_0)}_{=0} \leq \int_{t_0}^{t} \alpha \beta e^{-\beta s} \, \mathrm{d}s = \alpha \left(e^{-\beta t_0} - e^{-\beta t} \right)$$

und daher

$$v(t) \leq \alpha \left(e^{\beta(t-t_0)} - 1 \right)$$

Schließlich ist wegen der ursprünglichen Ungleichung und der Definition von v

$$u(t) \leq \alpha + v(t) \leq \alpha e^{\beta(t-t_0)}$$

wie behauptet.
Für $t < t_0$ ersetzt man t durch $\tilde{t} := t_0 - t$.

$\square$

Direkt aus dem Gronwall-Lemma kann man folgern, dass die Lösung eines Anfangswertproblems unter geeigneten Wachstumsbedingungen an f für alle Zeiten existiert.

Satz 18.8. *(Globale Existenz bei höchsten linearem Wachstum)*
Sei f stetig, lokal Lipschitz in x und es gebe stetige Funktionen $a(t)$, $b(t)$, so dass

$$\|f(t,x)\| \leq a(t) + b(t) \cdot \|x\|, \qquad \forall x \in \mathbb{R}^n, t \in \mathbb{R}.$$

Dann existiert die Lösung von

$$\dot{x} = f(t,x), \qquad x(0) = x_0$$

für alle $t \in \mathbb{R}$.

Beweis: Ohne Einschränkung können wir $a(t) \geq 0$ und $b(t) \geq 0$ voraussetzen. Wir argumentieren indirekt und nehmen an, dass $t_+ < \infty$ ist. Wegen

$$x(t) = x_0 + \int_0^t f(s, x(s)) \, \mathrm{d}s \text{ für } 0 \leq t < t_+$$

gilt dann für $u(t) := \|x(t)\|$:

$$
\begin{aligned}
u(t) &\leq \|x_0\| + \int_0^t \|f(s, x(s))\| \, \mathrm{d}s \\
&\leq \|x_0\| + \int_0^t (a(s) + b(s)u(s)) \, \mathrm{d}s \\
&\leq \|x_0\| + \int_0^t a(s) \, \mathrm{d}s + \int_0^t b(s)u(s) \, \mathrm{d}s \\
&\leq \alpha + \int_0^t \beta u(s) \, \mathrm{d}s
\end{aligned}
$$

mit

$$\alpha = \|x_0\| + \int_0^{t_+} a(s) \, \mathrm{d}s \text{ und } \beta = \sup_{s \in [0, t_+]} b(s).$$

Mit dem Gronwall-Lemma 18.7 folgt nun, dass

$$u(t) = \|x(t)\| \leq \alpha e^{\beta t} \leq \alpha e^{\beta t_+} = C$$

für eine Konstante C und alle $0 \leq t < t_+$. Dies ist aber ein Widerspruch zu Satz 18.6(iii). Daher muss $t_+ = +\infty$ sein. Dass $t_- = -\infty$ ist, zeigt man ganz analog.

$\square$

Bemerkung: Ganz wichtig! Hier haben wir unter anderem bewiesen, dass alle linearen Differentialgleichungen

$$\dot{x} = A(t)x + c(t)$$

Lösungen auf ganz $\mathbb{R}$ besitzen, wenn die Matrizen $A(t)$ und die Vektoren $c(t)$ stetig von t abhängen. Wähle dazu in Satz 18.8 einfach $a(t) := \|c(t)\|$ und $b(t) := \|A(t)\|$.

18.3 Vektorfelder und Flüsse

Der Begriff des *(Phasen-)Flusses* erlaubt es, alle Lösungen einer Differentialgleichung als Gesamtheit zu beschreiben.

Definition. *(Fluss)*
Sei

$$\begin{aligned} \Phi : \mathbb{R} \times \mathbb{R}^n &\rightarrow \mathbb{R}^n \\ (t,x) &\mapsto \Phi(t,x) =: \Phi_t(x) \end{aligned}$$

*stetig differenzierbar und Φ_t für jedes feste $t \in \mathbb{R}$ ein Diffeomorphismus, d.h. eine bijektive, differenzierbare Abbildung, deren Umkehrfunktion ebenfalls differenzierbar ist. Φ heißt **(Phasen)-Fluss**, falls gilt:*

(i) $\Phi_0(x) = x \quad \forall x \in X$,

(ii) $\Phi_{t+s} = \Phi_t \circ \Phi_s$ für alle $s,t \in \mathbb{R}$.

Interpretation: Φ_s ordnet dem Zustand $x(0) = x_0$ eines Systems zur Zeit $t = 0$ den Zustand $\Phi_s(x_0)$ zur Zeit $t = s$ zu. Aus diesem Grund fasst man den Parameter t normalerweise als „Zeit" auf.

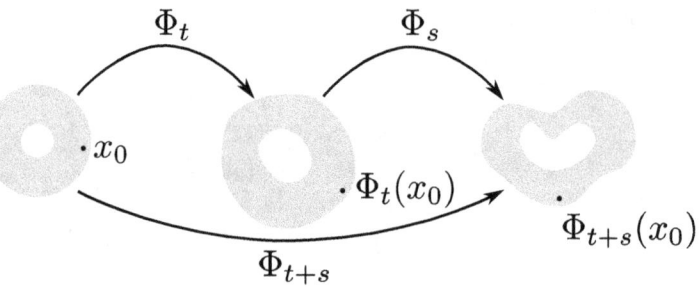

Beispiel: $\Phi_t(x) = e^{At}x$
Hierbei ist die Matrixexponentialfunktion e^{At} für eine reelle (oder komplexe) $n \times n$-Matrix wieder über die Reihe

$$e^{At} = \sum_{n=0}^{\infty} \frac{1}{n!}(At)^n$$

definiert.
$\Phi(t,x) := e^{At}x$ ist ein Fluss, denn

(i) $\Phi_0 = \text{Id} + \sum\limits_{n=1}^{\infty} \frac{1}{n!}(0)^n = \text{Id}$.

(ii) $\Phi_t \circ \Phi_s = e^{At} \circ e^{As} = e^{A(t+s)}$

Definition. *(Orbit)*
Sei Φ_t ein Fluss auf $X = \mathbb{R}^n$. Die Menge

$$\gamma(x_0) := \{\Phi_t(x_0); \ t \in \mathbb{R}\} \subseteq X$$

heißt **Orbit** *von x_0 (oder Bahnkurve durch x_0, Trajektorie durch x_0).*

Definition. *(Gleichgewicht/Ruhelage)*
Ein Punkt x_0 heißt **Gleichgewicht** *(oder* **Ruhelage** *oder* **stationärer Punkt**), *falls $\gamma(x_0) = \{x_0\}$ ist,*
d.h. falls $\Phi_t(x_0) = x_0$ für alle $t \in \mathbb{R}$.

Definition. *(periodischer Punkt)*
Ein Punkt x_0 heißt **periodischer Punkt** *mit (minimaler) Periode $p > 0$, falls $\Phi_p(x_0) = x_0$ ist und*
außerdem $\Phi_t(x_0) \neq x_0$ ist für alle $t \in (0,p)$.
Der zugehörige Orbit heißt **periodischer Orbit**.

Es ist dann

$$\Phi_{2p}(x_0) = \Phi_{p+p}(x_0) = \Phi_p(\Phi_p(x_0)) = \Phi_p(x_0) = x_0$$

und entsprechend $\Phi_{3p}(x_0) = \Phi_{4p}(x_0) = \ldots = x_0$. Außerdem ist jeder Punkt auf dem Orbit ebenfalls p-periodisch, denn für jedes $x_1 = \Phi_\tau(x_0)$ ist

$$\Phi_p(x_1) = \Phi_p(\Phi_\tau(x_0)) = \Phi_\tau(\Phi_p(x_0)) = \Phi_\tau(x_0) = x_1 \, .$$

Um zu verstehen, wie Flüsse und gewöhnliche Differentialgleichungen zusammenhängen, benötigen wir den Begriff des Vektorfelds.

Definition. *(Vektorfeld)*
Ein **Vektorfeld** *auf $\mathbb{R}^n$ ist eine Abbildung*

$$F : \mathbb{R}^n \to \mathbb{R}^n.$$

Wenn F stetig, Lipschitz-stetig oder k-mal stetig differenzierbar ist, spricht man von einem C^0-
Vektorfeld, Lipschitz-Vektorfeld oder C^k-Vektorfeld.

Definition.
Sei Φ ein Fluss auf $\mathbb{R}^n$. Wir nennen

$$f(x) := \frac{\partial}{\partial t} \Phi(t,x)\big|_{t=0} : \mathbb{R}^n \to \mathbb{R}^n$$

das Vektorfeld zum Fluss Φ.

Satz 18.9. *(Vom Fluss zur Differentialgleichung)*
Sei Φ ein Fluss auf $\mathbb{R}^n$ und $x_0 \in \mathbb{R}^n$. Dann ist der Orbit $x(t) = \Phi_t(x_0)$ eine Lösung der gewöhnlichen
Differentialgleichung

$$\dot{x}(t) = f(x(t))$$

mit Anfangsbedingung $x(0) = x_0$.

Beweis durch Nachrechnen: Für jedes $t_0 \in \mathbb{R}$ ist

$$
\begin{aligned}
\dot{x}(t_0) &= \frac{\mathrm{d}}{\mathrm{d}t}\Phi_{t_0}(x_0) = \frac{\partial}{\partial t}\Phi_{t_0}(x_0) \\
&= \lim_{h\to 0}\frac{1}{h}\left(\Phi_{t_0+h}(x_0) - \Phi_{t_0}(x_0)\right) \\
&= \lim_{h\to 0}\frac{1}{h}\left(\Phi_h\left(\Phi_{t_0}(x_0)\right) - \Phi_0\left(\Phi_{t_0}(x_0)\right)\right) \\
&= \frac{\partial}{\partial t}\Phi_t(\Phi_{t_0}(x_0))\big|_{t=0} \\
&= f(\Phi_{t_0}(x_0)) = f(x(t_0)).
\end{aligned}
$$

$\square$

Beispiel: $\Phi_t(x) = e^{At}x$
In diesem Fall ist

$$
\begin{aligned}
f(x) &= \frac{\partial}{\partial t}\Phi(t,x)\big|_{t=0} \\
&= \frac{\partial}{\partial t}\sum_{n=0}^{\infty}\frac{1}{n!}(At)^n x\bigg|_{t=0} \\
&= \frac{\partial}{\partial t}\sum_{n=0}^{\infty}\frac{1}{n!}n(At)^{n-1}Ax\bigg|_{t=0} = Ax,
\end{aligned}
$$

da nur der Term mit $n = 1$ bei $t = 0$ nicht verschwindet. Gliedweises Differenzieren der Reihe ist erlaubt, da sie auf ganz $\mathbb{R}$ absolut konvergent ist.
Insbesondere löst $x(t) = e^{At}x_0$ daher das lineare Anfangswertproblem

$$
\dot{x}(t) = Ax, \quad x(0) = x_0.
$$

Um aus den Lösungen einer Differentialgleichung einen Phasenfluss zu erhalten, müssen alle Lösungen global definiert sein. Dies kann man beispielsweise mit den Voraussetzungen von Satz 18.8 erreichen. Außerdem muss man verlangen, dass f stetig differenzierbar ist, damit die einzelnen Abbildungen Φ_t Diffeomorphismen werden. Dies beruht auf der „differenzierbaren Abhängigkeit der Lösungen von den Anfangsbedingungen", die wir hier nicht näher behandeln. Aus diesem Grund geben wir den Satz einfach ohne Beweis zur Information an.

Satz 18.10. *(Von der Differentialgleichung zum Fluss)*
Betrachte die Differentialgleichung

$$
\dot{x} = f(x)
$$

mit stetig differenzierbarer rechter Seite $f : \mathbb{R}^n \to \mathbb{R}^n$ und der Wachstumsbedingung

$$
\|f(x)\| \leq a + b\|x\|
$$

für positive Konstanten $a, b > 0$ und alle $x \in \mathbb{R}^n$.
Definiert man $\Phi_t(x_0) := x(t)$, wobei $x(t)$ die Lösung der obigen Differentialgleichung mit Anfangswert $x(0) = x_0$ ist, dann ist Φ ein Fluss.

18.4 Koordinatentransformationen

Manchmal ist es nützlich, eine Differentialgleichung in neuen, geeigneteren Koordinaten zu untersuchen.

Sei Φ_t ein Fluss auf $\mathbb{R}^n$. Wechselt man die Koordinaten mit Hilfe eines Diffeomorphismus

$$\Psi : \mathbb{R}^n \;\to\; \mathbb{R}^n$$
$$x \;\mapsto\; \Psi(x) =: y,$$

dann ist der transformierte Fluss in den neuen Koordinaten

$$\tilde{\Phi}_t(y) = (\Psi \circ \Phi_t \circ \Psi^{-1})(y).$$

Anschaulich wechselt man mit Ψ^{-1} in die x-Koordinaten, wendet dort den Fluss Φ_t an transformiert das Resultat mit Hilfe von Ψ zurück in die y-Koordinaten.

Wir rechnen sicherheitshalber nach, dass $\tilde{\Phi}_t$ wirklich ein Fluss ist:
$\tilde{\Phi}_t$ ist als Verkettung von drei Diffeomorphismen auch wieder ein Diffeomorphismus.
Nun überprüft man noch die zwei Anforderungen an einen Fluss:
(i)

$$
\begin{aligned}
\tilde{\Phi}_t \circ \tilde{\Phi}_s &= \Psi \circ \Phi_t \circ \Psi^{-1} \circ \Psi \circ \Phi_s \circ \Psi^{-1} \\
&= \Psi \circ \Phi_{t+s} \circ \Psi^{-1} \\
&= \tilde{\Phi}_{t+s}\,.
\end{aligned}
$$

(ii) $$\tilde{\Phi}_0 = \Psi \circ \Phi_0 \circ \Psi^{-1} = \mathrm{Id}\,.$$

$\square$

Satz 18.11.
Das zum transformierten Fluss $\tilde{\Phi}_t$ gehörende Vektorfeld ist

$$\tilde{f}(y) = D\Psi(\Psi^{-1}(y)) \cdot f(\Psi^{-1}(y))\,.$$

Beweis:

$$
\begin{aligned}
\frac{\partial}{\partial t}\, \tilde{\Phi}(t,x)\Big|_{t=0} &= \frac{\partial}{\partial t}\, \Psi \circ \Phi(t,x) \circ \Psi^{-1}\big|_{t=0} \\[2mm]
&= D\Psi\left(\Phi_t(\Psi^{-1}(y))\right) \cdot D\Phi_t(\Psi^{-1}(y))\big|_{t=0} \\[2mm]
&= D\Psi(\Psi^{-1}(y)) \cdot f(\Psi^{-1}(y))\,.
\end{aligned}
$$

$\square$

Definition.
Lassen sich die Flüsse Φ_t und $\tilde{\Phi}_t$ durch einen Diffeomorphismus Ψ ineinander überführen, so heißen Φ_t und $\tilde{\Phi}_t$ C^1-äquivalent. Ist der Diffeomorphismus sogar von der Klasse C^k dann heißen Φ_t und $\tilde{\Phi}_t$ entsprechend C^k-äquivalent.

Bemerkung: Direkt für Differentialgleichungen können wir auch wie folgt rechnen:
Mit $y = \Psi(x)$ gilt nach der Kettenregel

$$\dot{y} = D\Psi(x)\dot{x} = D\Psi(x)f(x) = D\Psi(\Psi^{-1}(y)) \cdot f(\Psi^{-1}(y)).$$

Beispiel: $\Phi(t,x) = e^{At}x$

Wir betrachten noch einmal den linearen Fluss $\Phi(t,x) = e^{At}x$ auf $X = \mathbb{R}^n$. Für eine invertierbare Matrix T betrachten wir die lineare Koordinatentransformation $y = \Psi(x) = Tx$. Dann lautet der transformierte Fluss

$$\tilde{\Phi}(t,x) = Te^{At}T^{-1}x = e^{TAT^{-1}}x,$$

denn

$$Te^{At}T^{-1} = T\left(\sum_{k=0}^{\infty}\frac{1}{k!}A^k t^k\right)T^{-1} = \sum_{k=0}^{\infty}\frac{1}{k!}(TAT^{-1})^k t^k = e^{TAT^{-1}}.$$

Der Koordinatenwechsel transformiert also die Differentialgleichung

$$\dot{x} = Ax$$

in die Differentialgleichung

$$\dot{y} = TAT^{-1}y.$$

Das kennen wir aus Kapitel 11 im vorigen Band: Beispielsweise kann man für manche A die Matrix T so wählen, dass TAT^{-1} eine Diagonalmatrix ist. Falls das nicht möglich ist, kann man mit TAT^{-1} die Jordan-Normalform von A erzeugen.

18.5 Stabilität von Gleichgewichten

Definition. *(asymptotische Stabilität)*
*Sei $\dot{x} = f(x)$ eine Differentialgleichung auf $\mathbb{R}^n$ und $f(x_*) = 0$, das heißt x_* ist eine Ruhelage. Das Gleichgewicht x_* heißt **asymptotisch stabil**, falls es ein $\varepsilon > 0$ gibt, so dass für alle x_0 mit $\|x_0 - x_*\| < \varepsilon$ gilt:*

$$\lim_{t\to\infty} x(t) = x_*.$$

Aus Kapitel 12 kennen wir die Lösungen von Systemen linearer Differentialgleichungen.

Satz 18.12. *(Asymptotische Stabilität, autonom, linear)*
Sei A eine $n \times n$-Matrix. Dann ist die Ruhelage $x = 0$ der Differentialgleichung $\dot{x} = Ax$ genau dann asymptotisch stabil, wenn alle Eigenwerte von A in der linken komplexen Halbebene $\{z \in \mathbb{C};\ \operatorname{Re} z < 0\}$ liegen.

Die Lösungen von $\dot{x} = Ax$ waren von der Form

$$x(t) = \sum_{\lambda\ \text{Eigenwert}} p_\lambda(t)e^{\lambda t}$$

mit einem Vektorpolynom p_λ, d.h. jede Komponente von p ist ein Polynom in λ. Der Grad dieses Polynoms ist um eins kleiner als der größte Jordanblock von A zum Eigenwert λ. Die Koeffizienten hängen dabei von den gewählten Anfangsbedingungen ab.

Für Eigenwerte mit negativem Realteil sorgt der Term $e^{\lambda t}$ dafür, dass der entsprechende Summand für $t \to \infty$ gegen 0 konvergiert. Wenn alle Eigenwerte negativen Realteil haben, dann konvergiert die gesamte Summe gegen 0 unabhängig vom Startwert.

Umgekehrt kann man schon bei einem Eigenwert λ_1 mit nicht-negativem Realteil immer eine Lösung $x(t)$ finden, die im Eigenraum zu diesem Eigenwert liegt und exponentiell anwächst (falls $\operatorname{Re} \lambda > 0$) oder zumindest nicht abklingt (falls $\operatorname{Re} \lambda = 0$). Damit ist $x = 0$ nicht asymptotisch stabil.

Diese Stabilitätsaussage lässt sich auf nichtlineare Differentialgleichungen übertragen.

Satz 18.13. *(Prinzip der linearisierten Stabilität)*
Sei $f(x) = Ax + g(x)$ mit einer reellen oder komplexen $n \times n$-Matrix, deren Eigenwerte alle in der linken Halbebene $\{\operatorname{Re} z < 0\}$ liegen, und einer Lipschitz-stetigen Funktion $g : \mathbb{R}^n \to \mathbb{R}^n$ mit

$$g(x) = \mathcal{O}(\|x\|), \ d.h. \ \lim_{x \to 0} \frac{\|g(x)\|}{\|x\|} = 0.$$

Dann ist die Ruhelage $x = 0$ der Differentialgleichung

$$\dot{x} = f(x) = Ax + g(x)$$

asymptotisch stabil.

Bemerkung: Die Zerlegung $f(x) = Ax + g(x)$ teilt die Funktion f in der Nähe des Ursprungs in einen linearen und einen (kleineren) nichtlinearen Anteil auf. Der Satz besagt also, dass der nichtlineare Anteil für das Verhalten $t \to \infty$ keine entscheidende Rolle spielt, wenn $x = 0$ für die lineare Gleichung bereits asymptotisch stabil ist.

Beweisskizze: Wir wollen zeigen, dass für ein geeignetes $\varepsilon > 0$ und Anfangsbedingungen x_0 mit $\|x_0\| \leq \varepsilon$ die Lösung für alle Zeiten $t \geq 0$ existiert und dass $\lim_{t \to \infty} x(t) = 0$ gilt. Dazu werden wir das Gronwall-Lemma 18.7 verwenden.

Mit Hilfe der Variation-der-Konstanten-Formel kann man die Lösung $x(t)$ schreiben als

$$x(t) = e^{At} x_0 + \int_0^t e^{-A(t-s)} g(x(s)) \, \mathrm{d}s.$$

Da die Matrix A nur Eigenwerte in der linken komplexen Halbebene besitzt, existiert $\alpha > 0$, so dass sogar alle Eigenwerte in $\{z \in \mathbb{C}; \ \operatorname{Re} z < -\alpha\}$ liegen. Dann gilt $\|e^{At}\| \leq C e^{-\alpha t}$ für eine Konstante $C \geq 1$ und es folgt

$$\|x(t)\| \leq C e^{-\alpha t} x_0 + \int_0^t C e^{-\alpha(t-s)} \|g(x(s))\| \, \mathrm{d}s.$$

Jetzt wählen wir ein $\varepsilon \in (0, \alpha)$, so dass gilt

$$\|x\| \leq \varepsilon \quad \Rightarrow \quad \|g(x)\| \leq \frac{\alpha}{2C} \|x\|.$$

Dies geht, weil $\lim_{\|x\| \to 0} \frac{\|g(x)\|}{\|x\|} = 0$. Sei nun

$$\|x_0\| \leq \varepsilon.$$

Dann existiert $\lim_{t \to \infty} x(t) = 0$, denn

$$\|x(t)\| \leq \varepsilon e^{-\alpha t} + \int_0^t \frac{\alpha}{2} e^{-\alpha(t-s)} \|x(s)\| \, \mathrm{d}s.$$

Für $u(t) := e^{\alpha t} \|x(t)\|$ gilt dann

$$u(t) \leq \varepsilon + \int_0^t \frac{\alpha}{2} u(s) \, ds,$$

zumindest solange $\|x(s)\| \leq \varepsilon$ bleibt. Aus der Gronwall-Ungleichung folgt dann direkt

$$u(t) \leq \varepsilon + \int_0^t \varepsilon \frac{\alpha}{2} e^{\frac{\alpha}{2}(t-s)} \, \mathrm{d}s = \varepsilon e^{\frac{\alpha}{2}t}.$$

Für $x(t)$ bedeutet das

$$\|x(t)\| \leq \varepsilon e^{-\frac{\alpha}{2}t}.$$

Insbesondere bleibt tatsächlich $\|x(t)\| \leq \varepsilon$ für alle Zeiten $t \geq 0$ und $x(t)$ konvergiert sogar exponentiell schnell gegen 0.

$\square$

Die Bezeichnung *Prinzip der linearisierten Stabilität* versteht man besser, wenn man die folgende alternative Formulierung von Satz 18.13 betrachtet:

Satz 18.14.
Betrachte die autonome Differentialgleichung

$$(*) \quad \dot{x} = f(x), \quad x \in \mathbb{R}^n.$$

Dabei sei $f : \mathbb{R}^n \to \mathbb{R}^n$ stetig differenzierbar und $f(x_*) = 0$. Dann gilt:
Die Ruhelage $x = x_*$ ist asymptotisch stabil, wenn alle Eigenwerte von $Df(x_*)$ negativen Realteil haben, d.h. wenn $v = 0$ für die linearisierte Gleichung

$$\dot{v} = Df(x_*)v$$

asymptotisch stabil ist. Diese Variationsgleichung erhält man mit dem Ansatz $x(t) = x_* + v(t)$, indem man alle Terme höherer Ordnung in v vernachlässigt.

Falls $x = 0$ für die linearisierte Gleichung nur stabil, aber nicht asymptotisch stabil ist, dann erlaubt dies keine Aussage über die Stabilität von $x = 0$ in der nichtlinearen Gleichung. Vielmehr müssen dann wirklich die nichtlinearen Terme höherer Ordnung genau untersucht werden.

In der Physik geht man oft davon aus, dass nur asymptotisch stabile Gleichgewichte beobachtet werden können. Hier genügt es beispielsweise, die Startbedingungen eines Experiments einigermaßen in der Nähe des Gleichgewichts zu wählen, und das System entwickelt sich von selbst zu diesem Gleichgewicht hin. Bei einem instabilen Gleichgewicht entfernt man sich dagegen in aller Regel von der Ruhelage selbst dann, wenn die Anfangsbedingungen schon sehr nahe am Gleichgewicht gewählt waren.

18.6 Erhaltungsgrößen und Hamilton-Systeme

Definition. *(Erstes Integral)*
Die Differentialgleichung

$$\dot{x} = f(x), \quad x \in \mathbb{R}^n$$

*besitzt ein **Erstes Integral** oder eine **Erhaltungsgröße** $I \in C^1(\mathbb{R}^n, \mathbb{R})$, falls entlang von Lösungen $x(t)$ gilt:*

$$\frac{\mathrm{d}}{\mathrm{d}t} I(x(t)) = 0,$$

d.h. $t \mapsto I(x(t))$ ist eine konstante Funktion.

Natürlich ist $I \equiv c$ für jedes $c \in \mathbb{R}$ eine Erhaltungsgröße, interessant sind daher nur *nichttriviale* Erste Integrale, das sind solche, für die

$$\nabla I(x) = 0 \Leftrightarrow f(x) = 0$$

gilt.

Eine Klasse wichtiger Beispiele für Differentialgleichungen mit einer Erhaltungsgröße sind die sogenannten **Hamilton-Systeme**.

Gegeben sei dazu eine Funktion $H \in C^2(\mathbb{R}^{2n}, \mathbb{R})$. Wir schreiben $H = H(p, q)$ mit $p, q \in \mathbb{R}^n$ und konstruieren das Vektorfeld

$$\dot{p}_i = -\frac{\partial H}{\partial q_i}(p, q), \qquad i = 1, 2, \ldots, n$$

$$\dot{q}_i = \frac{\partial H}{\partial p_i}(p, q), \qquad i = 1, 2, \ldots, n.$$

H heißt dann **Hamiltonfunktion**.

Alternative Schreibweisen:

$$\dot{p} = -\nabla_q H(p, q)^T,$$
$$\dot{q} = \nabla_p H(p, q)^T$$

oder noch kürzer mit $x = \begin{pmatrix} p \\ q \end{pmatrix}$:

$$\dot{x} = J\nabla H(x)^T,$$

wobei

$$J = \begin{pmatrix} 0 & -E_n \\ E_n & 0 \end{pmatrix}$$

eine $(2n) \times (2n)$-Matrix ist.

Hamilton-Systeme (allerdings mit q auf einer Mannigfaltigkeit) beschreiben die gesamte klassische Mechanik, unter anderem Pendel, Bewegung unter Zwangsbedingungen, Mehrkörperproblem, starrer Körper, etc.

Oft ist die Hamilton-Funktion H von der speziellen Form

$$H(p, q) = \underbrace{T(p, q)}_{\text{kinetische Energie}} + \underbrace{V(p, q)}_{\text{potentielle Energie}}$$

mit

$$T(p, q) = T(p) = \frac{1}{2}p^T p = \frac{1}{2}\sum_{i=1}^{n} p_i^2$$

wobei $V(p, q) = V(q)$ nur noch von q abhängt. Dann kann man wegen $\dot{q}_i = p_i$ die q_i als *Ortsvariablen* und die p_i als *Impulsvariablen* auffassen.

Beispiel: Masseteilchen im $\mathbb{R}^3$

Ohne Einwirkung einer äußeren Kraft ist die potenzielle Energie $V(q) = 0$ konstant, also lautet die Hamilton-Funktion

$$H(p, q) = \frac{1}{2}p^T p = \frac{1}{2}\sum_{i=1}^{3} p_i^2.$$

Die zugehörige Differentialgleichung ist dann

$$\dot{p}_i = -\frac{\partial H}{\partial q_i}(p, q) = 0,$$

$$\dot{q}_i = \frac{\partial H}{\partial p_i}(p, q) \Rightarrow \ddot{q}_i = 0 \text{ für } i = 1, 2, 3.$$

Mit einer äußeren Kraft $F(q) = -\nabla V(q)$ erhält man analog die Newtonsche Bewegungsgleichung

$$\ddot{q} = \dot{p} = F(q).$$

Satz 18.15.
H ist ein nichttriviales Erstes Integral, mit anderen Worten: die Energie bleibt erhalten.

Beweis: durch Nachrechnen.

$$
\begin{aligned}
\frac{\mathrm{d}}{\mathrm{d}t} H(p, q) &= \sum_{i=1}^{n} \frac{\partial H}{\partial p_i} \dot{p}_i + \sum_{i=1}^{n} \frac{\partial H}{\partial q_i} \dot{q}_i \\
&= \sum_{i=1}^{n} \frac{\partial H}{\partial p_i} \left(-\frac{\partial H}{\partial q_i}\right) + \sum_{i=1}^{n} \frac{\partial H}{\partial q_i} \left(\frac{\partial H}{\partial p_i}\right) \\
&= 0.
\end{aligned}
$$

H ist nichttrivial:

$$\nabla H = 0 \;\Leftrightarrow\; J\nabla H^T = 0 \;\Leftrightarrow\; f(x) = J\nabla H^T = 0.$$

$\square$

Beispiel: Mathematisches Pendel
Setzen wir der Einfachheit halber in der Pendelgleichung

$$\ddot{\varphi}(t) = -\frac{g}{l} \sin \varphi(t)$$

$g = l$, dann bleibt die Energie $H(p, q) = \frac{1}{2}p^2 - \cos q$ erhalten, wobei $q = \varphi$ und $p = \dot{q}$. Auch hier sind die Lösungskurven durch die Energieerhaltung bereits bestimmt: Die Energieniveaus $H = const.$ sind Kurven und entsprechen jeweils einem oder mehreren Orbits. Wegen

$$p = \pm\sqrt{2(H + \cos q)}$$

sind die Energieflächen symmetrisch zur q-Achse und 2π-periodisch in q. Außerdem ist offensichtlich immer $H \geq -1$. Weiter unterscheiden wir:

▶ $H = -1$ entspricht den Ruhelagen $p = 0$, $q = 2k\pi$, $k \in \mathbb{Z}$,

▶ $-1 < H < 1$ führt auf geschlossene Kurven, die für $H \approx -1$ fast wie Kreise mit Radius $\sqrt{2(H+1)}$ aussehen, denn nahe $p = q = 0$ ist

$$H(p, q) = \frac{1}{2}p^2 - \cos q = \frac{1}{2}p^2 - 1 + \frac{1}{2}q^2 - \frac{1}{24}q^4 + \dots \quad \Rightarrow \quad p^2 + q^2 = 2(1 + H) + \dots$$

▶ $H = 1$ ergibt zwei unbeschränkte Kurven, die sich in den Punkten $p = 0$, $q = (2k + 1)\pi$ schneiden. Diese Schnittpunkte sind Gleichgewichte, sie werden durch **heterokline Orbits** verbunden. Dabei sind heterokline Orbits Lösungen, die für $t \to -\infty$ und $t \to +\infty$ jeweils gegen eine Ruhelage konvergieren.
Anschaulich entsprechen diese Gleichgewichte dem kopfstehenden Pendel im (instabilen) Gleichgewicht.

▶ $H > 1$ führt auf eine Kurve mit $p > 0$ („+"–Zeichen der Wurzel) und eine dazu spiegelbildliche Kurve mit $p < 0$ („-"–Zeichen der Wurzel). Anschaulich entsprechen diese Lösungskurven dem sich überschlagenden Pendel.

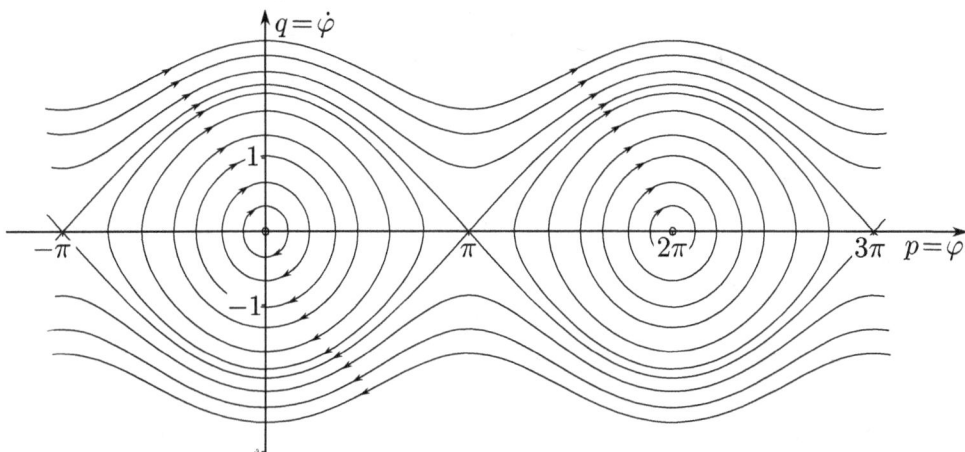

Da die heteroklinen Orbits Gebiete mit qualitativ unterschiedlichem Verhalten trennen, werden sie oft auch als **Separatrizen** bezeichnet.

18.7 Nichtlineare Pendel

(siehe [Arnol'd: Gewöhnliche Differentialgleichungen, S.140-152])
Wir können die Betrachtungen, die wir beim mathematischen Pendel unternommen haben, noch etwas systematischer durchführen: Dazu zeigen wir, wie man die Trajektorien von nichtlinearen Pendelgleichungen

$$\ddot{x} + g(x) = 0, \qquad x \in \mathbb{R}$$

für eine glatte Funktion g bestimmt. Bezeichnen wir mit $y := \dot{x}$ die Ableitung von x, dann ist wieder $H(x,y) := \frac{1}{2}y^2 + G(x)$ mit einer Stammfunktion G von g ein erstes Integral der Differentialgleichung

$$\begin{aligned} \dot{x} &= y \\ \dot{y} &= -g(x). \end{aligned}$$

Wir sammeln nun Informationen, mit deren Hilfe wir das Phasenportrait, d.h. die gesammelten Lösungskurven, zeichnen können:

1. Gleichgewichtslagen sind genau die Punkte $(x,0)$, für die $g(x) = 0$ ist.

2. Außerhalb der Gleichgewichtslagen ist jede Niveaumenge $\{(x,y) \in \mathbb{R}^2;\ H(x,y) = E\}$ eine glatte Kurve, genauer:

$$H(x,y) = \frac{1}{2}y^2 + G(x) = E$$

   läßt sich in der Nähe eines Punktes (x_0, y_0), der keine Ruhelage ist, mit Hilfe des Satzes über implizite Funktionen nach x oder nach y auflösen. Es ist nämlich immer

$$\frac{\partial H}{\partial y}(x_0, y_0) = y_0 \neq 0$$

   oder

$$\frac{\partial H}{\partial x}(x_0, y_0) = g(x_0) \neq 0$$

   falls (x_0, y_0) kein Gleichgewicht ist.

3. Das Phasenportrait ist symmetrisch zur x-Achse, jedoch verlaufen die Pfeile in der oberen Halbebene nach rechts, da $\dot{x} = y > 0$ ist, in der unteren Halbebene dagegen nach links.

Als nächstes untersuchen wir, wie die Niveaulinien von H in der Nähe von Ruhelagen verlaufen. Dabei kommt es im wesentlichen nur auf das Vorzeichen von g' an.

Betrachte zunächst lineare Funktionen $g(x) = ax$:

In diesem Fall ist $H(x,y) = \frac{1}{2}y^2 + \frac{a}{2}x^2$ Für $a > 0$ sind also die Niveaumengen $\{H(x,y) = E\}$ mit $E > 0$ Ellipsen, während sie für $a < 0$ und $E \neq 0$ Hyperbeln sind. Für $E = 0$ erhält man im Fall $a > 0$ nur den Punkt $(0,0)$, während sich für $a < 0$ zwei Geraden ergeben.

Man kann zeigen, dass das Phasenportrait in der Nähe von Gleichgewichten (bis auf einen Diffeomorphismus der x-Achse) so aussieht wie in einem dieser Bilder, falls die Nichtlinearität g nur einfache Nullstellen besitzt, d.h. falls $g(x) = 0 \Rightarrow g'(x) \neq 0$. Anschaulich heißt das, dass sich die x-Achse in der Nähe jedes Gleichgewichts so „verbiegen" lässt, dass das Phasenportrait genau wie im eben behandelten Fall einer *linearen* Funktion g aussieht.

Bemerkung: Die Gleichgewichte mit $g' < 0$ nennt man **Sattelpunkte**. Wenn man sich die Niveau-linien als Gebirge über der x-y-Ebene vorstellt, dann sind dies kritische Punkte, die kein Extremum sind. Analog sind die Gleichgewichte mit $g' > 0$ **Zentren**. Dort ist ein lokales Minimum der Energie.

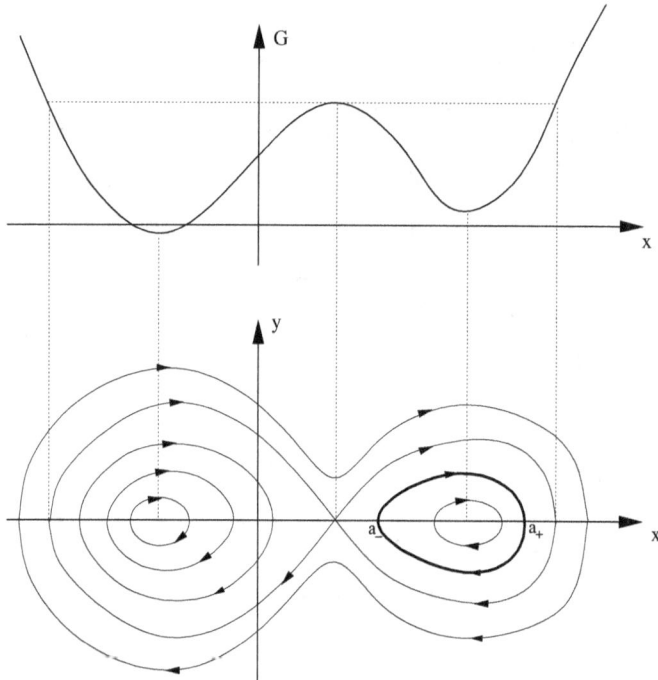

Im allgemeinen kann man also zum Zeichnen des Phasenportraits folgendermaßen vorgehen:

1. Finde zuerst alle Nullstellen von g und entscheide, welche davon vom Sattel-Typ ($g' < 0$) und welche vom Zentrums-Typ ($g' > 0$) sind.

2. Finde anhand des Graphen von G heraus, zu welchen der Gleichgewichte ein homokliner Orbit existiert. Ganz allgemein kann man aus dem Graphen von G ablesen, welche x-Werte die Trajektorie durch den Punkt $(x_0, 0)$ annimmt.

3. Vervollständige das Phasenportrait durch die periodischen und die unbeschränkten Orbits. Dabei ist es nützlich zu beachten, dass eine Trajektorie, als Graph über der x-Achse betrachtet, ihre Extrema genau dort annimmt, wo auch G seine Extrema annimmt, also über den Nullstellen von g.

4. Anschaulich kann man die Trajektorien auch folgendermaßen bestimmen: Der Graph von G entspricht einem Höhenprofil bzw. „Gebirge" auf dem eine Kugel reibungsfrei rollt. Ihre Position und Geschwindigkeit ergeben dann einen Orbit im Phasenportrait. Insbesondere haben periodische Orbits ihren maximalen und minimalen x-Wert auf derselben Höhe, d.h. für einen periodischen Orbit zwischen a_- und a_+ wie im Bild gilt $G(a_-) = G(a_+)$.

Bemerkung: Von den periodischen Lösungen kann man im Prinzip durch Integration die Periode berechnen. Erinnert man sich daran, dass eigentlich $y = \dot{x}$ ist, dann kann man $H(x,y) = E$ umformen in

$$\dot{x} = \pm\sqrt{2(E - G(x))},$$

und durch Trennung der Variablen lösen. Beispielsweise erhält man für den in Bild 18.7 dick eingezeichneten periodischen Orbit mit Periode p die Beziehung

$$\frac{p}{2} = \int_{a_-}^{a_+} \frac{\mathrm{d}\xi}{\sqrt{2(G(a_-) - G(\xi))}}.$$

18.8 Euler-Multiplikatoren

Im $\mathbb{R}^2$ findet man manchmal auf die folgende Weise ein erstes Integral: Falls für die rechte Seite der Differentialgleichung

$$\begin{cases} \dot{x} &= g(x,y) \\ \dot{y} &= h(x,y) \end{cases}$$

(„zufällig") eine Funktion $V(x,y) \in C^2$ existiert, so dass

$$g(x,y) = \frac{\partial V}{\partial y}(x,y) \text{ und } -h(x,y) = \frac{\partial V}{\partial x}(x,y)$$

ist, dann ist

$$\frac{\mathrm{d}}{\mathrm{d}t}V(x,y) = V_x(x,y)g(x,y) + V_y(x,y)h(x,y) = 0.$$

Eine Differentialgleichung, für die eine solche Funktion V existiert, heißt **exakt**. Andererseits ist für $g, h \in C^1$ dann $V \in C^2$ und wegen des Satzes von Schwarz 15.10 gilt somit $\dfrac{\partial^2 V}{\partial x \partial y} = \dfrac{\partial^2 V}{\partial y \partial x}$. Ein solches V kann also nur existieren, falls

$$\frac{\partial g}{\partial x} = -\frac{\partial h}{\partial y}.$$

In diesem Fall kann man umgekehrt V bestimmen, zum Beispiel durch ein geeignetes Wegintegral (siehe Kapitel 17).

Man kann mit der *Methode der partiellen Integration* auch zunächst aus der Relation $g(x,y) = V_y$ das *Potential* V bis auf einen nur von x abhängigen Anteil durch Integration bestimmen

$$V(x,y) = \int g(x,y)\,\mathrm{d}y + \tilde{V}(x)$$

und anschließend $\tilde{V}(x)$ mit Hilfe der zweiten Gleichung $V_x = -h(x,y)$ berechnen.

Beispiel: Für eine Differentialgleichung der Form

$$\dot{x} = g(y)$$
$$\dot{y} = h(x)$$

ist $V(x, y) = G(y) - H(x)$ mit Stammfunktionen G, H von g, h ein erstes Integral.

Manchmal findet man leichter eine Lösung einer Differentialgleichung oder ein erstes Integral, wenn man alle Komponenten der rechten Seite einer Differentialgleichung mit demselben Faktor multipliziert.

Dies ändert die Bahnkurven nicht (wohl aber deren Parametrisierung):

Satz 18.16. *(und Definition)*
Sei $\alpha : \mathbb{R}^n \to \mathbb{R} \setminus \{0\}$ eine stetig differenzierbare Funktion. Dann stimmen die Trajektorien der beiden Systeme von Differentialgleichungen

$$\dot{x} = f(x), \qquad x \in \mathbb{R}^n$$

und

$$\dot{y} = \alpha(y) f(y)$$

*überein. Die Funktion α heißt **Euler-Multiplikator**.*

Beweis: Sei $x(t)$ eine Lösung des oberen Systems. Um die „Geschwindigkeit" entlang dieser Trajektorie auf geeignete Art und Weise zu ändern, definieren wir eine Funktion $\gamma(t)$ als Lösung der Differentialgleichung

$$\dot{\gamma}(t) = \alpha(x(\gamma(t))).$$

Eine solche Lösung kann man (zumindest lokal in t) beispielsweise durch Trennung der Variablen erhalten.

Dann ist $y(t) = x(\gamma(t))$ eine Lösung des unteren Systems, da ja

$$\frac{\mathrm{d}}{\mathrm{d}t} y(t) = \frac{\mathrm{d}}{\mathrm{d}\gamma}(x(\gamma(t))\dot{\gamma}(t)$$

$$= f(x(\gamma(t)))\alpha(\gamma(t))$$

$$= f(y(t))\alpha(y(t)).$$

$\square$

Beispiel: Während beim *harmonischen Oszillator*

$$\dot{x} = y$$
$$\dot{y} = -x$$

die Lösungen

$$x(t) = a \cos t + b \sin t, \quad y(t) - a \sin t + b \cos t$$

alle periodisch mit derselben Periode 2π sind, besitzt

$$\dot{x} = (x^2 + y^2)y$$
$$\dot{y} = -(x^2 + y^2)x$$

als Lösungskurven ebenfalls konzentrische Kreise, denn durch Transformation in Polarkoordinaten mit $x = \rho \cos \phi$ und $y = \rho \sin \phi$ erhalten wir

$$\dot{\rho} = 0$$
$$\dot{\phi} = -\rho^2.$$

Man erkennt aber, dass die Periode $p = \frac{2\pi}{\rho^2}$ auf verschiedenen periodischen Orbits unterschiedlich ist.

Für zweidimensionale Systeme

$$\dot{x} = g(x, y)$$
$$\dot{y} = h(x, y)$$

kann man mit einem geschickt gewählten Euler-Multiplikator $M(x, y)$ manchmal erreichen, dass

$$(Mg)_x + (Mh)_y = 0$$

so dass man ein erstes Integral V mit $V_y = Mg$ und $V_x = -Mh$ findet. In diesem Fall heißt $M(x, y)$ **integrierender Faktor**.

Beispiel: Wenn man zufällig weiß, dass die Differentialgleichung

$$\dot{x} = x(1 + 2\ln y)$$
$$\dot{y} = -2y \ln y$$

einen nur vom Produkt $x \cdot y$ abhängigen integrierenden Faktor besitzt, dann kann man diesen gezielt suchen, indem man die Bedingung $(Mg)_x = -(Mh)_y$ als Differentialgleichung für M auffasst:

$$(1 + 2\ln y)M(x, y) + xy(1 + 2\ln y)M'(xy) = 2(1 + \ln y)M(x, y) + 2xy \ln y M'(xy).$$

Damit ist $M(xy) = xy$ integrierender Faktor und $V(x, y) = (xy)^2 \ln y$ ein Erstes Integral.

18.9 Lyapunov-Funktionen

Ein weiteres Hilfsmittel, um die Stabilität von Gleichgewichtslagen nachzuweisen, sind sogenannte Lyapunov-Funktionen. In einem gewissen Sinne handelt es sich um eine Verallgemeinerung von Ersten Integralen bzw. von Energiefunktionalen.

Definition. *(Lyapunov-Funktion)*
*Betrachte die gewöhnliche Differentialgleichung $\dot{x} = f(x)$. Dann heißt die stetig differenzierbare Funktion $V : \mathbb{R}^n \to \mathbb{R}$ **Lyapunov-Funktion**, falls gilt:*

$$\frac{\mathrm{d}}{\mathrm{d}t} V(x(t)) = \nabla V(x(t)) \cdot f(x(t)) \le 0$$

entlang von Lösungen $x(t)$.

Beispiele:

1. **Gradienten-Systeme**
   Gleichungen der Form
   $$\dot{x} = -\nabla F(x) = f(x), \qquad x \in \mathbb{R}^n$$
   bei denen die rechte Seite der Gradient einer skalaren Funktion F ist, bringen ihre Lyapunov-Funktion schon mit: Es gilt nämlich
   $$\frac{\mathrm{d}}{\mathrm{d}t} F(x(t)) = -\nabla F(x)\dot{x} = -f(x)^2 \le 0$$

2. Nichtlineare Pendel mit Reibung

Betrachte wie oben ein nichtlineares Pendel $\ddot{x} + g(x) = 0$, diesmal aber mit Reibung:

$$\ddot{x} + \gamma\dot{x} + g(x) = 0, \quad \gamma > 0.$$

Als System von Differentialgleichungen 1. Ordnung geschrieben:

$$
\begin{aligned}
\dot{x} &= y \\
\dot{y} &= -g(x) - \gamma y
\end{aligned}
$$

Dann ist die Funktion $V(x, y) = \frac{1}{2}y^2 + G(x)$ mit $G'(x) = g(x)$, die im reibungsfreien Fall eine Erhaltungsgröße war, nun eine Lyapunovfunktion, denn es ist

$$\frac{\mathrm{d}}{\mathrm{d}t}V(x(t)) = \dot{x}\ddot{x} + g(x)\dot{x} = -\gamma\dot{x}^2 \leq 0.$$

Man erkennt, dass es sich hier nicht um eine strikte Lyapunov-Funktion handelt, denn es gilt $\frac{\mathrm{d}}{\mathrm{d}t}V(x(t)) = 0$ immer dann, wenn $y = 0$ ist, auch außerhalb der Ruhelagen.

Geometrisch bedeutet dies, dass die Lösungskurve für $y = 0$ tangential an die Niveaulinien von V ist.

Wie Lyapunov-Funktionen und asymptotische Stabilität zusammenhängen zeigt beispielsweise der folgende Satz:

Satz 18.17. *(ohne Beweis)*
Sei V eine Lyapunov-Funktion für $\dot{x} = f(x)$ mit

$$\dot{V}(x) = \nabla V(x) \cdot f(x) = 0 \Leftrightarrow f(x) = 0$$

und $x = 0$ sei sowohl isolierte Nullstelle von f als auch lokales striktes Minimum von V.
Dann ist $x = 0$ asymptotisch stabil.

Nach diesem Kapitel sollten Sie...

... wissen, welche Differentialgleichungen man durch Trennung der Variablen lösen kann und dieses Verfahren durchführen können

... Bedingungen angeben können, unter denen eine Differentialgleichung eine eindeutige lokale Lösung oder sogar eine globale Lösung besitzt

... ein Beispiel kennen, bei dem die Lösung nicht global existiert, und das typische Verhalten beschreiben können

... den Begriff des Phasenflusses definieren und erläutern können, was Flüsse mit Differentialgleichungen zu tun haben

... eine Differentialgleichung in andere Koordinaten umrechnen können

... asymptotische Stabilität eines Gleichgewichts definieren können und das Prinzip der linearisierten Stabilität anwenden können

... erklären können, was eine Erhaltungsgröße ist

... das Phasenportrait von Differentialgleichungen der Form $\ddot{x}(t) + g(x(t)) = 0$ skizzieren können

... entscheiden können, ob eine Differentialgleichung exakt ist und bei exakten Differentialgleichungen zumindest eine implizite Form der Lösung angeben können

... erklären können, welchen Nutzen ein Euler-Multiplikator hat

... definieren und erklären können, was eine Lyapunov-Funktion ist und wie man damit die Stabilität von Gleichgewichten untersuchen kann

Aufgaben zu Kapitel 18

1. Lösen Sie die folgenden Anfangswertprobleme durch "Trennung der Variablen":

   (a) $\dot{x}(t) = \dfrac{2x}{t}, \quad x(1) = -1$

   (b) $\dot{x}(t) = 4 + x^2, \quad x(0) = 0$

   (c) $\dot{x}(t) = (4 - x^2)t, \quad x(0) = 0$

   Wie groß ist jeweils das maximale Existenzintervall der Lösung ?

2. Zeigen Sie, dass man die Lösung jeder *homogenen Differentialgleichung*

$$\dot{x}(t) = h\left(\frac{x}{t}\right),$$

mit der Methode der Trennung der Variablen finden kann, indem man zunächst eine Gleichung für $y(t) := \dfrac{x(t)}{t}$ sucht.

Wie lautet dann die Lösung von $\dot{x}(t) = \dfrac{x^2(t)}{t^2} + \dfrac{x(t)}{t} + 1$ mit Anfangwert $x(1) = x_0$?

3. Wir betrachten die autonome Differentialgleichung

$$\dot{x} = f(x), \quad x \in \mathbb{R}^n$$

mit Lipschitz-stetiger rechter Seite. Es gelte für alle $x \in \mathbb{R}^n$ die Ungleichung

$$f(x)^T x \geq \|x\|_{\mathbb{R}^n}^3.$$

Zeigen Sie: Dann existiert keine Lösung $x(t)$ mit Anfangswert $x_0 \neq 0$ für alle Zeiten $t > 0$. *Hinweis:* Untersuchen Sie das Wachstum der Hilfsfunktion $u(t) = \|x(t)\|_2^2 = x(t)^T x(t)$.

4. Gegeben sei eine Lipschitz-stetige Funktion $f(x, y)$, die die Abschätzung

$$|f(x, y)| \leq c_1 |x| + c_2 |y|$$

mit Konstanten $c_1, c_2 > 0$ erfüllt. Zeigen Sie, dass das Anfangswertproblem

$$\ddot{x}(t) = f(x(t), \dot{x}(t)), \quad x(0) = x_0, \dot{x}(0) = x_1$$

eine eindeutige globale (d.h. auf ganz $\mathbb{R}$ definierte) Lösung besitzt.

5. Die Korteweg-de Vries-Gleichung

$$u_t + u u_x + u_{xxx} = 0$$

besitzt Wellenlösungen der Form $u(x, t) = v(x - ct)$, sogenannte Solitonen, die sich mit konstanter Geschwindigkeit c bewegen. Leiten Sie eine gewöhnliche Differentialgleichung für das "Wellenprofil" v in Abhängigkeit der neuen Variable $\xi = x - ct$ her und integrieren Sie diese Differentialgleichung. Multiplizieren Sie die so entstandene Differentialgleichung mit $v'(\xi)$ und integrieren Sie erneut. Machen Sie sich klar, dass beide Integrationskonstanten verschwinden müssen, wenn man eine beschränkte Lösung sucht.
Lösen Sie dann die resultierende Differentialgleichung

$$(v'(\xi))^2 - cv^2 + \frac{1}{3}v^3 = 0$$

durch die Substitution $w(\xi) = \frac{1}{\sqrt{v(\xi)}}$ und Trennung der Variablen.
Zur Kontrolle: Die Lösung ist von der Form $v(\xi) = \alpha(c) \frac{1}{\cosh^2(\beta(c)\xi)}$.

6. Variation der Konstanten

(a) Zeigen Sie, dass die Lösung der linearen Differentialgleichung $\dot{x}(t) = Ax(t) + b(t)$ mit stetigem b zum Anfangswert $x(t_0) = x_0$ gegeben ist durch

$$x(t) = e^{A(t-t_0)} x_0 + \int_{t_0}^{t} e^{A(t-s)} b(s) \, \mathrm{d}s.$$

(b) Wie kann man daraus folgern, dass für $|t - t_0|$ klein genug und Lipschitz-stetiges g die Lösung der *nichtlinearen* Differentialgleichung $\dot{x}(t) = Ax(t) + g(x(t))$ zum Anfangswert $x(t_0) = x_0$ durch

$$x(t) = e^{A(t-t_0)} x_0 + \int_{t_0}^{t} e^{A(t-s)} g(x(s)) \, \mathrm{d}s$$

dargestellt wird?

7. Transformieren Sie die Differentialgleichung

$$\dot{x} = x - y - x(x^2 + y^2)$$
$$\dot{y} = x + y - y(x^2 + y^2)$$

in kartesische Polarkoordinaten $x = r\cos(\varphi)$, $y = r\sin(\varphi)$ und skizzieren Sie mit Hilfe der transformierten Differentialgleichung das zugehörige Phasenportrait.

8. Ein Störungssatz
Wir wollen die Lösungen von zwei Anfangswertproblemen

$$\dot{x}(t) = f(t, x) \text{ mit } x(0) = x_0 \quad \text{und}$$
$$\dot{y}(t) = g(t, y) \text{ mit } y(0) = y_0$$

auf dem Intervall $[0, T]$ vergleichen.
Wir nehmen dazu an, dass die Funktionen $f, g : [0, T] \times \mathbb{R}^n \to \mathbb{R}^n$ Lipschitz-stetig bezüglich x bzw. bezüglich y sind mit derselben Lipschitz-Konstante L. Weiter sei

$$C_0 := \|x_0 - y_0\| \text{ sowie } C_1 := \sup_{t \in [0,T], \, x \in \mathbb{R}^n} \|f(t, x) - g(t, x)\|.$$

Zeigen Sie, dass dann für $0 \leq t \leq T$ gilt:

$$\|x(t) - y(t)\| \leq C_0 e^{Lt} + \frac{C_1}{L}\left(e^{Lt} - 1\right)$$

Interpretation: Wenn $\dot{x} = f(t, x)$ die „eigentlich richtige" Differentialgleichung zum „exakten" Anfangswert x_0 ist, dann beschreibt $\dot{y} = g(t, y)$ eine leicht „gestörte" Differentialgleichung mit einem „ungenauen" Anfangswert y_0. Die Frage ist nun, wie weit die beiden Lösungen sich voneinander entfernen.

9. Schreiben Sie die Differentialgleichung des gedämpften mathematischen Pendels

$$\ddot{x}(t) + \gamma\dot{x}(t) + \sin x(t) = 0$$

als System von Differentialgleichungen erster Ordnung, bestimmen Sie alle Ruhelagen und untersuchen Sie diese auf asymptotische Stabilität bzw. Instabilität.

10. Zeichnen Sie das Phasenportrait der Differentialgleichung

$$\ddot{x} + 1 - 3x^2 = 0.$$

11. Ist die Differentialgleichung

$$\dot{x} = -2xy + 3$$
$$\dot{y} = y^2 - 2x$$

exakt?
Bestimmen Sie gegebenenfalls die Lösung, die durch den Punkt $(1, 1)$ verläuft.

12. Zeigen Sie, dass die Differentialgleichung

$$\begin{cases} \dot{x} = 3x^2 - y^2 \\ \dot{y} = 2xy \end{cases}$$

einen Euler-Multiplikator der Form $M(y)$ besitzt, der nicht von x abhängt.
Nutzen Sie dies aus, um das Phasenportrait zu skizzieren.

13. Seien $c, \alpha > 0$ positive Zahlen. Zeigen Sie, dass

$$V(x,y) := \frac{1}{2}(\gamma x + y)^2 + \frac{c}{2}x^2$$

für ein geeignet gewähltes $\gamma \in \mathbb{R}$ eine strikte Lyapunov-Funktion für die Differentialgleichung

$$\begin{pmatrix} \dot{x} \\ \dot{y} \end{pmatrix} = \begin{pmatrix} y \\ -cx - \alpha y \end{pmatrix}, \qquad x, y \in \mathbb{R}$$

in einer Umgebung $B_r(0)$ von $(0,0) \in \mathbb{R}^2$ ist.

14. Sei V eine Lyapunov-Funktion für $\dot{x} = f(x)$ mit

$$\dot{V}(x) = \nabla V(x) \cdot f(x) = 0 \iff f(x) = 0$$

und $x = 0$ sei sowohl eine isolierte Nullstelle von f als auch ein lokales striktes Minimum von V.

Zeigen Sie, dass $x = 0$ dann ein asymptotisch stabiles Gleichgewicht ist.

19 Mehrdimensionale Integration

19.1 Vorbemerkung

Ziel dieses Kapitels ist die Einführung eines Integralbegriffs, welcher es erlaubt, Funktionen mehrerer Veränderlicher, d.h. $f : U \to \mathbb{R}$ mit $U \subset \mathbb{R}^n$ über möglichst viele Teilmengen $M \subset U$ zu integrieren. Dieses Integral, das wir mit

$$\int_M f(x)\,dx, \int_M f \text{ oder } \int_M f(x)\,dx_1 \ldots dx_n$$

bezeichnen werden, hat im Fall nicht-negativer Funktionen, d.h. falls $f(x) \geq 0$ für alle $x \in M$, die geometrische Interpretation, dass es das $(n+1)$–dimensionale Volumen der Menge

$$V := \{(x, s) \in \mathbb{R}^{n+1} \mid x \in M \text{ und } 0 \leq s \leq f(x)\}$$

unterhalb des Graphen von f berechnet. Aus anschaulicher Sicht bietet es sich in Analogie zum Vorgehen bei der eindimensionalen Integration an, den Integrationsbereich M in kleine Quader Q_j zu zerlegen (was jedoch in der Nähe des Randes von M im Allgemeinen nicht exakt möglich ist) und dann eine Summe

$$\sum_j f(\xi_j)\,\mathrm{vol}(Q_j)$$

zu berechnen, wobei die Stützstellen ξ_j in den Quadern Q_j liegen und das Quadervolumen anschaulich als das Produkt der Kantenlängen definiert wird.

Man kann zumindest für gutartige Funktionen f und Integrationsbereiche M (z.B. wenn f stetig und beschränkt und M eine offene, beschränkte Menge ist) zeigen, dass diese *Riemann-Summen* für $\mathrm{vol}(Q_j) \to 0$ konvergieren. Dies entspricht ungefähr dem Vorgehen für Funktionen in einer reellen Variablen aus dem ersten Semester.

Hier folgt die Definition des Integrals einem etwas anderen Weg, der schließlich zum sogenannten *Lebesgue-Integral* führt, das unter Mathematikern und Physikern heute weitgehend als der für Anwendungen wie Stochastik oder Partielle Differentialgleichungen am besten geeignete Integralbegriff gilt. Dafür gibt es verschiedene theoretische Gründe, unter anderem

▶ war das Regelintegral im ersten Semester nur für beschränkte Funktionen auf kompakten Intervallen erklärt. Zwar haben wir diese Einschränkungen durch *uneigentliche Integrale* etwas aufgeweicht, aber beim Lebesgue-Integral wird eine solche Unterscheidung gar nicht mehr notwendig sein

▶ hat das Regelintegral (wie auch das Riemannintegral) weniger gute Eigenschaften bei der Bildung von Grenzwerten. Zum Beispiel kann eine Folge von regelintegrierbaren Funktionen punktweise gegen eine Funktion konvergieren, die überhaupt nicht mehr integrierbar ist, obwohl sogar die Folge der Integrale konvergent ist. Das Lebesgue-Integral hingegen verträgt sich mit der Bildung von Grenzwerten deutlich besser.

19.2 Konstruktion des Integrals

Zunächst ein kurzer Überblick, wie wir vorgehen werden, um das Lebesgue-Integral einzuführen:

▶ Auf dem $\mathbb{R}^n$ betrachten wir wieder Treppenfunktionen, deren Integral wir elementargeometrisch über das Volumen von Quadern begründen und die einen reellen Vektorraum $\mathcal{T}$ bilden.

▶ Als Nächstes werden Nullmengen im $\mathbb{R}^n$ eingeführt. Das sind Mengen, deren „Volumen" kleiner als jede positive Zahl ist und die daher bei der Integration keine Rolle spielen werden.

▶ Auf dem Raum $\mathcal{T}$ der Treppenfunktionen ist das Integral monoton und stetig:
Ist $f \in \mathcal{T}$ und $f \geq 0$, so ist auch $\int f \geq 0$ (Monotonie).
Ist (f_n) eine Folge in $\mathcal{T}$, die monoton fallend (punktweise) gegen die Nullfunktion konvergiert, so konvergiert die Folge der Integrale $\int f_n$ gegen die Zahl 0 (Stetigkeit).

▶ Das Integral über Treppenfunktionen wird nun in zwei Schritten erweitert. Zunächst betrachtet man die Menge L^+ von Funktionen $f : \mathbb{R}^n \to \mathbb{R}$, die punktweise der Grenzwert einer monoton wachsenden, konvergenten Folge (f_n) von Treppenfunktionen sind, so dass die Integrale $\int f_n$ gegen eine Zahl I konvergieren. In diesem Fall definiert man $\int f := I$. Hier ergibt sich das Problem, dass L^+ kein Vektorraum ist, denn es gibt Funktionen $f \in L^+$ mit $-f \notin L^+$.

▶ Im zweiten Schritt erweitert man die Definition auf die Menge

$$L^1(\mathbb{R}^n) := \{f : \mathbb{R}^n \to \mathbb{R};\ f = g - h,\ \text{mit } g, h \in L^+(\mathbb{R}^n)\}$$

von Funktionen, die als Differenz von zwei Funktionen aus L^+ dargestellt werden können. Die Darstellung $f = g - h$ ist zwar nicht eindeutig bestimmt, aber das Integral

$$\int f := \int g - \int h$$

hängt nicht von der konkreten Wahl von f und g ab. Die Elemente von L nennt man **Lebesgue-integrierbare Funktionen** und die Zahl $\int f$ das **Lebesgue-Integral** von f.

Wir beginnen also mit der Definition von „mehrdimensionalen Treppenfunktionen".

Definition. *(Quader)*
Seien $a, b \in \mathbb{R}^n$ mit $a_i < b_i$ für $i = 1, 2, \ldots, n$.
*Dann heißt die Menge $\{x \in \mathbb{R}^n;\ a_i < x_i < b_i\ \text{für } i = 1, 2, \ldots, n\} = (a, b)$ **offener Quader** und die Menge $\{x \in \mathbb{R}^n;\ a_i \leq x_i \leq b_i\ \text{für } i = 1, 2, \ldots, n\} = [a, b]$ **abgeschlossener Quader**. Jede Menge Q mit $(a, b) \subseteq Q \subseteq [a, b]$ heißt **Quader**.*
*Das **elementare Volumen** von Q ist definiert als*

$$m(Q) = (b_1 - a_1) \cdot (b_2 - a_2) \cdot \ldots \cdot (b_n - a_n) = \prod_{j=1}^{n} (b_j - a_j).$$

Anschaulich ist ein „Quader" für $n = 1$ ein Intervall, für $n = 2$ ein Rechteck, für $n = 3$ tatsächlich ein Quader, etc. .... Es kommt bei einem Quader zunächst nicht darauf an, ob Randpunkte zu Q gehören oder nicht.

Definition. *(Inneres, Abschluss und Rand eines Quaders)*
*Sei $(a,b) \subseteq Q \subseteq [a,b]$ ein Quader. Dann heißt $\mathring{Q} = (a,b)$ Inneres von Q, $\overline{Q} = [a,b]$ Abschluss von Q
und $\partial Q = \overline{Q} \backslash \mathring{Q}$ Rand von Q. Es gilt*

$$\partial Q = \{x \in \mathbb{R}^n;\ a_i \leq x_i \leq b_i \text{ für alle } i \text{ und es gibt ein } j \text{ mit } x_j = a_j \text{ oder } x_j = b_j\}\,.$$

Ob Punkte des Randes zum Quader dazugehören oder nicht, spielt für die folgenden Überlegungen
keine Rolle.

Definition. *(Treppenfunktion)*
*Eine beschränkte Funktion $\varphi : \mathbb{R}^n \to \mathbb{R}$ heißt **Treppenfunktion**, wenn es endlich viele Quader
$Q_1, Q_2, \dots, Q_k$ sowie Zahlen $c_1, c_2, \dots, c_k \in \mathbb{R}$ gibt, so dass $\varphi(x) = c_j$ für $x \in \mathring{Q}_j$ und $\varphi(x) = 0$
für $x \notin \overline{Q}_1 \cup \overline{Q}_2 \cup \dots \cup \overline{Q}_k$.*
Die Werte von φ auf den Rändern der Quader sind also beliebig wählbar.

Definition. *(Träger)*
Die Menge

$$\mathrm{supp}(\varphi) = \overline{\{x \in \mathbb{R}^n, \varphi(x) \neq 0\}}$$

*heißt **Träger** von φ (engl. support).*

Falls φ eine Treppenfunktion ist, dann ist $\mathrm{supp}(\varphi)$ kompakt nach dem Satz von Heine-Borel.

Satz 19.1.
*Seien $\varphi, \psi : \mathbb{R}^n \to \mathbb{R}$ zwei Treppenfunktionen und $\lambda \in \mathbb{R}$. Dann sind auch $\lambda \cdot \varphi$, $\varphi + \psi$, $\max(\varphi, \psi)$,
$\varphi^+ = \max(\varphi, 0)$, $\varphi^- = \max(-\varphi, 0)$ und $|\varphi|$ Treppenfunktionen.*

Beweis: Sei φ eine Treppenfunktion, die durch ihre Werte $c_1, c_2, \dots, c_k$ im Innern der Quader
$Q_1, Q_2, \dots, Q_k$ festgelegt wird.
Dann ist auch $\lambda\varphi$ eine Treppenfunktion mit Werten $\lambda c_1, \lambda c_2, \dots, \lambda c_k$ auf denselben Quadern.
Zu zwei gegebenen Treppenfunktionen φ, ψ auf $\mathbb{R}^n$, die jeweils auf den Quadern $Q_1, Q_2, \dots, Q_k$
und $R_1, R_2, \dots, R_\ell$ definiert sind, kann man neue offene Quader $P_1, P_2, \dots, P_m$ so konstruieren,
dass φ und ψ im Innern jedes Quaders P_i konstant sind. Dazu verfeinert man die Unterteilung wie
im folgenden Bild für den Fall $k = \ell = 1$ angedeutet:

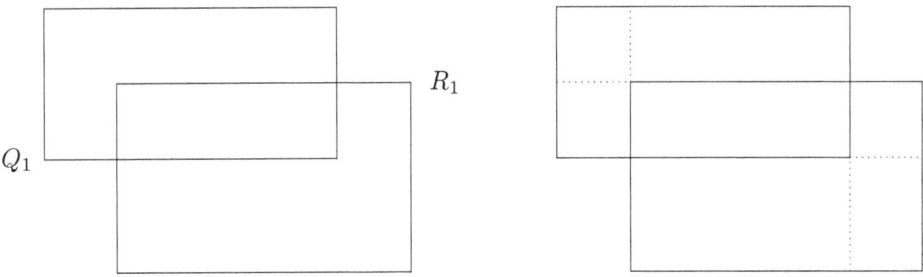

Statt der zwei Ausgangsquader Q_1 und R_1 hat man nun sieben Quader, auf denen die beiden Treppenfunktionen jeweils konstant sind.

Etwas formaler wäre folgendes Vorgehen: Wenn $\overline{Q}_i = [a^i, b^i]$ und $\overline{R}_i = [c^i, d^i]$ die abgeschlossenen
Quader sind, dann setzt man für $1 \leq j \leq n$

$$K_j := \bigcup_{1 \leq i \leq k} \{a^i_j\} \cup \bigcup_{1 \leq i \leq k} \{b^i_j\} \cup \bigcup_{1 \leq i \leq \ell} \{c^i_j\} \cup \bigcup_{1 \leq i \leq \ell} \{d^i_j\},$$

d.h. K_j ist die Menge aller Zahlen, die als j-te Koordinate irgendeines Quaders vorkommt. Nun bildet man alle Quader, deren j-te Koordinaten zwei aufeinanderfolgende Zahlen der Menge K_j sind. Auf diese Weise erhält man viele neue Quader P_i, auf denen die beiden Treppenfunktionen dann jeweils konstant sind.

Damit ist klar, dass man durch die Addition der beiden Treppenfunktionen auf jedem der Quader P_i wieder eine konstante Funktion erhält, insgesamt also eine Treppenfunktion. Ebenso erhält man auch wieder eine Treppenfunktion, wenn man auf jedem Quader P_i das Maximum der beiden Funktionswerte auswählt. Da $|\varphi| = \varphi^+ + \varphi^-$, ist auch der Betrag von φ wieder eine Treppenfunktion.

$\square$

Bemerkung: Insbesondere bilden also die Treppenfunktionen eine Vektorraum über $\mathbb{R}$.

Definition. *(Integral von Treppenfunktionen)*

$$\int \varphi = \int_{\mathbb{R}^n} \varphi(x)\, dx = \sum_{j=1}^{k} c_j\, m(Q_j)$$

Bemerkung: Für $n = 1$ sind $Q_1, Q_2, \ldots, Q_k \subset \mathbb{R}$ (offene, halboffene oder abgeschlossene) Intervalle. Wenn man das Intervall $[a, b]$ so groß wählt, dass $Q_1, Q_2, \ldots, Q_k$ im Intervall $[a, b]$ liegen, dann ist $\varphi\big|_{[a,b]}$ eine Treppenfunktion auf $[a, b]$ und $\displaystyle\int_{\mathbb{R}^1} \varphi = \int_a^b \varphi(x)\, dx$ ist gerade das Regelintegral aus Kapitel 5.

Satz 19.2. *(Eigenschaften des Integrals)*
Das Integral von Treppenfunktionen hat folgende Eigenschaften.

(i) $\displaystyle\int \lambda \cdot \varphi = \lambda \int \varphi$

(ii) $\displaystyle\int (\varphi + \psi) = \int \varphi + \int \psi$

(iii) $\varphi \leq \psi$ *fast überall* $\Rightarrow \displaystyle\int \varphi \leq \int \psi$

(iv) $\left| \displaystyle\int \varphi \right| \leq \displaystyle\int |\varphi|$

Beweis:

(i) folgt direkt aus der Definition

(ii) Hier konstruiert man wieder wie im vorigen Satz zunächst eine Menge kleinerer Quader, so dass die Funktionen φ und ψ im Innern dieser Quader beide konstant sind. Dann ergibt sich die Behauptung wieder direkt aus der Definition des Integrals von Treppenfunktionen.

(iii) Man betrachtet auch hier wieder kleiner Quader $P_1, P_2, \ldots, P_m$, so dass φ und ψ im Innern jedes Quaders konstant sind, das heißt

$$\begin{aligned} \varphi(x) &= c_j \text{ für } x \in \mathring{P}_j \\ \psi(x) &= d_j \text{ für } x \in \mathring{P}_j. \end{aligned}$$

Da das Elementarvolumen der einzelnen Quader P_j positiv ist, muss $c_j \leq d_j$ sein für alle j. Damit ist dann nach der Definition des Integral für Treppenfunktionen auch

$$\int \varphi = \sum_{j=1}^{m} c_j m(P_j) \leq \sum_{j=1}^{m} d_j m(P_j) = \int \psi$$

(iv) Dies folgt direkt aus (iii), denn aus

$$-|\varphi| \leq \varphi \leq |\varphi|$$

folgt

$$-\int |\varphi| \leq \int \varphi \leq \int |\varphi|$$

und daraus dann wiederum $\left| \int \varphi \right| \leq \int |\varphi|$.

$\square$

Wir wollen als nächstes den Integralbegriff auf eine größere Klasse von Funktionen ausdehnen, die sich „gut genug" durch Treppenfunktionen approximieren lassen. Allerdings werden wir anders als in Kapitel 5 hier keine gleichmäßig konvergenten Funktionenfolgen betrachten, weil gleichmäßige Konvergenz oft schwer nachzuweisen ist, sondern Folgen $(f_n)_{n\in\mathbb{N}}$, für die $(f_n(x))_{n\in\mathbb{N}}$ in (fast) jedem Punkt x konvergiert und auch in (fast) jedem Punkt eine monotone Folge ist.

Das Verhalten solcher Folgen behandeln zwei Sätze, die dann als Hilfsmittel dienen, um das Lebesgue-Integral sauber zu definieren.

Wichtig ist hierbei, dass immer eine „kleine" Menge an Ausnahmepunkten auftreten kann, in denen beispielsweise eine Funktionenfolge nicht konvergiert. Diese Menge soll aber so klein sein, dass sie die Integration nicht beeinflusst. Diese Eigenschaft haben die sogenannten „Nullmengen", die wir nun definieren.

Definition. *(abzählbar unendlich)*
Eine unendliche Menge M heißt **abzählbar (unendlich)**, *falls es eine bijektive Abbildung $f : \mathbb{N} \to M$ gibt. Eine unendliche Menge, die nicht abzählbar ist, heißt* **überabzählbar**.

Bemerkung: Georg Cantor war um 1880 der Erste, der bemerkte, dass es verschiedene „Arten" unendlicher Mengen gibt. Er zeigte mit sehr schönen Argumenten („Cantorsche Diagonalverfahren"), dass die Menge aller rationalen Zahlen abzählbar, die Menge aller reellen Zahlen jedoch nicht abzählbar ist. In diesem Sinne gibt es also viel mehr reelle als rationale, aber ungefähr gleich viele rationale wie natürliche Zahlen.

Definition. *(Nullmenge)*
Eine Menge $N \subseteq \mathbb{R}^n$ heißt **Nullmenge**, *wenn es zu jedem $\varepsilon > 0$ eine endliche oder abzählbare Menge von Quadern $Q_1, Q_2, Q_3, \ldots$ gibt mit*

(i) $N \subseteq \bigcup_i Q_i$

(ii) $\sum_i m(Q_i) < \varepsilon$.

Die Menge N lässt sich also durch Quader mit beliebig kleinem Gesamtvolumen überdecken.

Beispiele:

1. endliche Mengen $\{P_1, P_2, \ldots, P_k\}$ lassen sich mit k Quadern $Q_1, Q_2, \ldots, Q_k$ überdecken, so dass $P_j \in Q_j$ und $m(Q_j) < \frac{\varepsilon}{k}$.

2. eine beliebige abzählbare Menge $\{P_1, P_2, P_3, \ldots\} \subseteq \mathbb{R}^n$, z.B $\mathbb{Q} \cap [0,1] \subseteq \mathbb{R}$ lässt sich durch Quader $Q_1, Q_2, \ldots$ mit $m(Q_j) < \varepsilon/2^j$ überdecken, so dass das Gesamtvolumen aller Quader sich durch

$$m(Q_1) + m(Q_2) + m(Q_3) + \ldots \; < \; \frac{\varepsilon}{2^1} + \frac{\varepsilon}{2^2} + \frac{\varepsilon}{2^3} + \ldots = \varepsilon$$

abschätzen lässt.

3. Die Cantormenge $C = \left\{ x = \sum_{j=1}^{\infty} b_j \cdot 3^{-j}, \, b_j \in \{0,2\} \right\}$, die entsteht, indem aus einem Intervall der Länge 1 das mittlere Drittel entfernt wird, aus den verbleibenden Teilintervallen jeweils wieder das mittlere Drittel, etc., ist eine Nullmenge

4. Im $\mathbb{R}^2$ ist $\{(x,y); \, 0 \le x \le 1, \, y = 0\}$ eine Nullmenge

Satz 19.3. (*„Abzählbare Vereinigungen von Nullmengen sind Nullmengen."*)
Seien $N_1, N_2, N_3, \ldots$ Nullmengen, dann ist auch die Vereinigung $\bigcup_i N_i$ eine Nullmenge.

Beweis:
Sei $\varepsilon > 0$ vorgegeben. Dann gibt es für jede Menge N_k eine Überdeckung von N_k mit Quadern $Q_{k1}, Q_{k2}, \ldots$ vom Gesamtvolumen $\sum_j m(Q_{kj}) < \frac{\varepsilon}{2^k}$. Die abzählbare Vereinigung all dieser Quader ist wieder eine abzählbare Menge und es gilt

$$\sum_{k,j} m(Q_{kj}) = \sum_k \sum_j m(Q_{kj}) < \sum_{k=1}^{\infty} \frac{\varepsilon}{2^k} = \varepsilon.$$

$\square$

Definition. (*„fast überall"*)
*Man sagt, dass eine Aussage $A(x)$ **fast überall** gilt oder für fast alle x gilt, wenn $A(x)$ wahr ist für alle x mit Ausnahme einer Nullmenge. Mit anderen Worten: die Menge $\{x; \, A(x) \text{ ist falsch}\}$ ist eine Nullmenge.*

Nun haben wir alle Begriffe definiert, die nötig sind, um die Konvergenz von monotonen Folgen von Treppenfunktionen zu beschreiben.

Satz 19.4. (*Monoton fallende Folgen von Treppenfunktionen*)
Sei $(\varphi_k)_{k \in \mathbb{N}}$ eine Folge von Treppenfunktionen auf $\mathbb{R}^n$ mit den Eigenschaften

(i) $\varphi_k \ge 0$

(ii) $\varphi_{k+1} \le \varphi_k$

(iii) $\lim_{k \to \infty} \varphi_k(x) = 0$ *fast überall*

Dann ist

$$\lim_{k \to \infty} \int \varphi_k = 0.$$

Beweis:
Zunächst definieren wir eine Nullmenge von „Ausnahmepunkten"

$$N := \{x \in \mathbb{R}^n; \lim_{k \to \infty} \varphi_k(x) \neq 0\} \cup B,$$

wobei B die Vereinigung aller Ränder der Quader ist, durch die die Treppenfunktionen φ_k festgelegt sind.

Weiter existiert ein großer abgeschlossener Quader Q, außerhalb dessen $\varphi_1(x) = 0$ ist und wegen der Eigenschaften (i) und (ii) damit auch $\varphi_k(x) = 0$ für alle $x \in \mathbb{R}^n \setminus Q$. Da Treppenfunktionen beschränkt sind, gibt es eine Zahl $C > 0$, so dass $\varphi_1(x) < C$ für alle $x \in Q$. Wiederum wegen der Monotonie der φ_k gilt dann auch $\varphi_k(x) < C$ für alle $x \in Q$.

Sei nun ein beliebiges $\varepsilon > 0$ vorgegeben. Wir zeigen nun, dass dann für alle hinreichend großen k gilt:

$$0 \leq \int \varphi_k \leq \varepsilon.$$

Dazu betrachten wir zunächst die „Ausnahme-Nullmenge" N. Wir können diese Menge mit abzählbar vielen offenen Quadern $P_1, P_2, \ldots$ überdecken, so dass deren Gesamtvolumen

$$\sum_{i=1}^{\infty} m(P_i) < \frac{\varepsilon}{C + m(Q)} =: \tilde{\varepsilon}$$

ist. (Dass die Quader offen sind, ist kein Problem: Ausgehend von einer Überdeckung mit beliebigen Quadern kann man diese Quader so zu offenen Quadern vergrößern, dass das Gesamtvolumen nur minimal anwächst.)

Sei nun $x \in Q \setminus N$. Dann ist

$$\lim_{k \to \infty} \varphi_k(x) = 0$$

also gibt es einen Index $\kappa = \kappa(x)$, so dass

$$\varphi_k(x) < \tilde{\varepsilon} \text{ für alle } k \geq \kappa(x).$$

Da $\varphi_{\kappa(x)}$ in x stetig ist (die Punkte auf dem Rand der Quader, die die Treppenfunktionen definieren, gehören alle zu N), gibt es einen offenen Quader Q_x auf dem $\varphi_{\kappa(x)}$ konstant ist, d.h.

$$\varphi_{\kappa(x)}(y) < \tilde{\varepsilon} \text{ für alle } y \in Q_x.$$

Wiederum wegen der Monotonie ist dann sogar

$$\varphi_k(y) < \tilde{\varepsilon} \text{ für alle } y \in Q_x \text{ und alle } k \geq \kappa(x).$$

Die offenen Quader $P_1, P_2, \ldots$ sowie die Quader Q_x mit $x \in Q \setminus N$ bilden eine offene Überdeckung des abgeschlossenen Quaders Q.

Wegen der Kompaktheit von Q kann man aus dieser offenen Überdeckung eine endliche Teilüberdeckung auswählen, es gibt also Quader $P_{k_1}, P_{k_2}, \ldots, P_{k_m}$ und $Q_{x_1}, Q_{x_2}, \ldots, Q_{x_n}$, so dass

$$Q \subset P_{k_1} \cup P_{k_2} \cup \ldots \cup P_{k_m} \cup Q_{x_1} \cup Q_{x_2} \cup \ldots \cup Q_{x_n}.$$

Wählt man nun k so groß, dass $k \geq \kappa(x_i)$ ist für $i = 1, 2, \ldots, n$, dann gilt

$$\varphi_k(y) \leq \tilde{\varepsilon} \text{ für alle } y \in Q_{x_1} \cup Q_{x_2} \cup \ldots \cup Q_{x_n}.$$

Andererseits ist

$$\varphi_k(y) \leq C \text{ für alle } y \in P_{k_1} \cup P_{k_2} \cup \ldots \cup P_{k_m}$$

und $\varphi_k(y) = 0$ außerhalb von Q. Man kann daher das Integral über φ_k abschätzen durch

$$0 \leq \int \varphi_k \leq C \underbrace{\sum_{j=1}^m m(P_{k_j})}_{\leq \tilde{\varepsilon}} + \tilde{\varepsilon} \underbrace{\sum_{j=1}^n m(Q_{x_j})}_{\leq m(Q)} \leq C\tilde{\varepsilon} + \tilde{\varepsilon} \cdot m(Q) = \varepsilon.$$

Da $\varepsilon > 0$ beliebig klein gewählt werden kann, folgt daraus die Behauptung.

$\square$

Bemerkung: Mit etwas mehr technischem Aufwand kann man zeigen, dass die Aussage des Satzes auch dann noch richtig bleibt, wenn (i) und (ii) nur für fast alle $x \in \mathbb{R}^n$ gilt. Dieser Tatsache, dass es beim Integrieren „auf Nullmengen nicht ankommt" werden wir noch öfter begegnen.

Mehr noch als an monoton fallenden Folgen von Treppenfunktionen sind wir an monoton wachsenden Folgen von Treppenfunktionen interessiert. Hier sehen wir zum ersten Mal, warum wir uns überhaupt mit Nullmengen befassen mussten. Sie sind genau der richtige Begriff, um zu beschreiben, auf welchen Teilmengen des $\mathbb{R}^n$ die punktweise Konvergenz monotoner Folgen von Treppenfunktionen „schiefgehen" kann. Nur weil diese Menge „klein genug" ist, ergibt die daran anschließende Erweiterung des Integralbegriffs überhaupt einen Sinn.

Satz 19.5. *(Monoton wachsende Folgen von Treppenfunktionen)*
Sei $(\varphi_k)_{k \in \mathbb{N}}$ eine Folge von Treppenfunktionen auf $\mathbb{R}^n$ mit den Eigenschaften

(i) $\varphi_{k+1} \geq \varphi_k$

(ii) es gibt eine Konstante $M > 0$, so dass $\int \varphi_k \leq M$ für alle k

Dann existiert der Grenzwert

$$\lim_{k \to \infty} \varphi_k(x) < \infty$$

für fast alle x, d.h. die Menge aller x, für die die Funktionenfolge uneigentlich gegen $+\infty$ konvergiert ist eine Nullmenge.

Bemerkung: Es kann durchaus sein, dass die Ausnahme-Nullmenge leer ist oder nur aus wenigen Punkten besteht.
Beweis:
Wir können zunächst annehmen, dass $\varphi_k \geq 0$ ist, ansonsten ersetzen wir alle φ_k durch $\varphi_k - \varphi_1$. Sei D die Menge aller Punkte, für die $(\varphi_k(x))$ divergiert und sei $\varepsilon > 0$ beliebig. Wir setzen

$$D_k = \left\{ x \in \mathbb{R}^n; \; \varphi_k(x) \geq \frac{M}{\varepsilon} \right\}.$$

Dann ist

$$D_1 \subseteq D_2 \subseteq D_3 \subseteq \dots$$

und

$$D \subseteq \bigcup_{k=1}^{\infty} D_k$$

und wir müssen zeigen, dass diese Menge eine Nullmenge ist. Da φ_k eine Treppenfunktion ist, lässt sich D_k als Vereinigung von endlich vielen Quadern $Q_{k1}, Q_{k2}, \dots, Q_{k,m_k}$ darstellen. Im Innern dieser Quader hat φ_k mindestens den Wert $\frac{M}{\varepsilon}$. Weil φ_k außerdem auf allen anderen Quadern nicht-negativ ist, kann man das Integral über φ_k wie folgt abschätzen:

$$\sum_{j=1}^{m_k} m(Q_{kj}) \frac{M}{\varepsilon} \leq \int \varphi_k < M.$$

Für das Gesamtvolumen der Quader, die die Menge D_k überdecken, gilt daher

$$(*) \qquad \sum_{j=1}^{m_k} m(Q_{kj}) < \varepsilon.$$

Die Idee besteht nun darin, diesen Grundgedanken zu erweitern und eine abzählbare Menge von Quadern zu konstruieren, deren Gesamtvolumen höchstens ε beträgt und die die Menge D überdecken. Dazu geht man schrittweise vor:
Zunächst findet man Quader $Q_1, Q_2, \ldots, Q_{n_1}$, die die Menge D_1 überdecken und deren Inneres disjunkt ist. Nach der obigen Überlegung $(*)$ ist dann

$$\sum_{j=1}^{n_1} m(Q_j) < \varepsilon.$$

Da $D_1 \subseteq D_2$ und die beiden Funktionen φ_1 und φ_2 Treppenfunktionen sind, gibt es Quader $Q_{n_1+1}, Q_{n_1+2}, \ldots, Q_{n_2}$, die die Menge $D_2 \setminus D_1$ überdecken, so dass außerdem $\mathring{Q}_i \cap \mathring{Q}_j = \emptyset$ für $1 \leq i < j \leq n_2$. Da die Quader $Q_1, \ldots, Q_{n_2}$ die Menge D_2 überdecken muss nach $(*)$ gelten:

$$\sum_{j=1}^{n_2} m(Q_j) < \varepsilon.$$

Wegen der Monotonie der Funktionenfolge kann man so fortfahren und für $k = 2, 3, \ldots$ jeweils die Menge $D_{k+1} \setminus D_k$ als Vereinigung von Quadern $Q_{n_k+1}, Q_{n_k+2}, \ldots, Q_{n_{k+1}}$ darstellen, in deren Innerem $\varphi_{k+1} \geq \frac{M}{\varepsilon}$ ist, aber $\varphi_k < \frac{M}{\varepsilon}$. Wegen $(*)$ ist dann für jedes k immer $\sum_{j=1}^{n_k} m(Q_j) < \varepsilon$ und im Limes $k \to \infty$ auch $\sum_{j=1}^{\infty} m(Q_j) \leq \varepsilon$. Es ist also

$$D \subseteq \bigcup_{k \in \mathbb{N}} D_k \subseteq D_1 \cup \bigcup_{k \in \mathbb{N}} (D_{k+1} \setminus D_k) \subseteq \bigcup_{j=1}^{\infty} Q_j.$$

Daher wird D überdeckt durch eine abzählbare Menge von Quadern, deren Gesamtvolumen nicht größer ist als ε. Da ε beliebig klein gewählt werden kann, ist D eine Nullmenge.

$\square$

Bemerkung:

1. Genau genommen hätten wir „sicherheitshalber" noch die Nullmenge weglassen müssen, die aus den Rändern aller Quader besteht, auf denen die Treppenfunktionen φ_k definiert sind, weil man über die Werte dort nichts weiß. An der grundsätzlichen Beweisstrategie ändert das aber nichts.

2. Mit geringfügig mehr technischem Aufwand kann man dieselbe Aussage beweisen, wenn man Bedingung (i) durch die Bedingung

   (i*) $\quad \varphi_{k+1} \geq \varphi_k$ für fast alle x

ersetzt. In diesem Fall definiert man sich für jedes k die Nullmenge

$$N_k := \{x \in \mathbb{R}^n;\ \varphi_{k+1}(x) < \varphi_k(x)\}$$

und hat dann gezeigt, dass (φ_k) mindestens außerhalb der Nullmenge $D \cup \left(\bigcup_k N_k\right)$ einen endlichen Grenzwert besitzt.

19.3 Das Lebesgue-Integral

Das Lebesgue-Integral definieren wir in zwei Schritten: Zunächst betrachten wir Funktionen, die punktweiser Grenzwert einer monoton wachsenden Folge von Treppenfunktionen sind. Später werden wir dann sehen, dass der Integralbegriff sich einfach erweitern lässt auf die Klasse aller Funktionen, die die Differenz zweier solcher **Oberfunktionen** sind.

Definition. *(Oberfunktion)*
*Eine Funktion $f : \mathbb{R}^n \to \mathbb{R}$ heißt **Oberfunktion**, wenn es eine monoton wachsende Folge von Treppenfunktionen φ_k gibt mit*

(i) $\lim\limits_{k \to \infty} \varphi_k(x) = f(x)$ für fast alle x

(ii) es existiert ein $M > 0$ mit $\int \varphi_k \le M$ für alle k

*Die Menge aller Oberfunktionen nennen wir $L^+(\mathbb{R}^n)$, die Folge $(\varphi_k)_{k \in \mathbb{N}}$ heißt **erzeugende Folge** von f.*

Bemerkung: Die Notation L^+ verleitet leicht zu der Annahme, dass für $f \in L^+$ immer $f(x) \ge 0$ gelten müsste. Das ist aber nicht so, da f ja auch von unten durch Treppenfunktionen mit negativen Werten approximiert werden kann. Allerdings gibt es für jede Funktion $f \in L^+$ eine Nullmenge N, so dass f auf $\mathbb{R}^n \setminus N$ von unten beschränkt ist.

Satz 19.6.
Seien f, g Oberfunktionen auf $\mathbb{R}^n$ mit erzeugenden Folgen $(\varphi_k)_{k \in \mathbb{N}}$ und $(\psi_k)_{k \in \mathbb{N}}$. Falls $f(x) \ge g(x)$ für fast alle $x \in \mathbb{R}^n$ gilt, dann ist

$$\lim_{k \to \infty} \int \varphi_k \ge \lim_{k \to \infty} \int \psi_k.$$

Beweis: Sei $m \in \mathbb{N}$ fest. Die Folge $(\psi_m - \varphi_k)_{k \in \mathbb{N}}$ ist monoton fallend und konvergiert fast überall gegen $\psi_m - f$. Andererseits ist $(\psi_k)_{k \in \mathbb{N}}$ monoton wachsend und konvergiert fast überall gegen g, daher ist $\psi_m - f \le 0$ fast überall.
Die monoton fallende Funktionenfolge $((\psi_m - \varphi_k)^+)_{k \in \mathbb{N}}$ konvergiert also fast überall gegen 0. Aus Satz 19.4 folgt, dass dann auch

$$\lim_{k \to \infty} \int (\psi_m - \varphi_k)^+ = 0$$

ist. Damit ist für jedes m und jedes $k \in \mathbb{N}$

$$\int \psi_m - \int \varphi_k = \int (\psi_m - \varphi_k) \le \int (\psi_m - \varphi_k)^+$$

also im Limes $k \to \infty$

$$\int \psi_m \leq \lim_{k \to \infty} \int \varphi_k \text{ für alle } m.$$

Geht man nun zum Grenzwert $m \to \infty$ über ergibt sich die Behauptung des Satzes.

$\square$

Definition.
*Sei $f \in L^+(\mathbb{R}^n)$ eine Oberfunktion mit erzeugender Folge $(\varphi_k)_{k \in \mathbb{N}}$. Dann ist das **(Lebesgue-)Integral** von f definiert als*

$$\int f = \int_{\mathbb{R}^n} f(x) \, dx = \lim_{k \to \infty} \int \varphi_k.$$

Bemerkung: Das Integral $\int f$ ist unabhängig von der gewählten Folge. Dies ergibt sich aus Satz 19.6, indem man $f = g$ setzt und zwei erzeugende Folgen von f betrachtet. Dann besagt der Satz, dass einerseits

$$\lim_{k \to \infty} \int \varphi_k \geq \lim_{k \to \infty} \int \psi_k.$$

Andererseits kann man auch die Rollen von φ_k und ψ_k vertauschen und erhält die umgekehrte Ungleichung

$$\lim_{k \to \infty} \int \psi_k \geq \lim_{k \to \infty} \int \varphi_k.$$

Die beiden Grenzwerte müssen also übereinstimmen.

Satz 19.7.

(i) *Sind $f, g \in L^+(\mathbb{R}^n)$ Oberfunktionen und $\lambda \geq 0$, dann sind auch $f + g \in L^+(\mathbb{R}^n)$, $\lambda f \in L^+(\mathbb{R}^n)$ und es gilt*

$$\int (f + g) = \int f + \int g, \qquad \int (\lambda f) = \lambda \int f$$

(ii) *Sind $f, g \in L^+(\mathbb{R}^n)$ Oberfunktionen mit $f(x) \geq g(x)$ fast überall, dann gilt $\int f \geq \int g$.*

Beweis:

(i) Sind $f, g \in L^+(\mathbb{R}^n)$ Oberfunktionen und $\lambda \geq 0$, dann sind auch $f + g \in L^+(\mathbb{R}^n)$, $\lambda f \in L^+(\mathbb{R}^n)$ und es gilt

$$\int (f + g) = \int f + \int g, \qquad \int (\lambda f) = \lambda \int f$$

(ii) folgt aus Satz 19.6

$\square$

Bemerkung: Die Voraussetzung $\lambda \geq 0$ ist wirklich notwendig. Betrachte $f : \mathbb{R} \to \mathbb{R}$ mit

$$f(x) = \begin{cases} x^{-1/2} & \text{für } 0 < x \leq 1 \\ 0 & \text{sonst} \end{cases}$$

Dann ist $f \in L^+(\mathbb{R})$, aber $-f \notin L^+(\mathbb{R})$, denn es gibt keine Treppenfunktion, die (fast überall) kleiner als $-f$ ist. Falls nämlich φ eine beliebige Treppenfunktion mit Quadern $Q_1, \dots, Q_k$ und zugehörigen Werten $c_1 \leq c_2 \leq \dots \leq c_k \leq 0$ ist, dann ist $-f$ auf einem Intervall $(0, \delta)$ kleiner als φ, wenn man $\delta < \frac{1}{c_1^2}$ wählt.

Die Menge der Oberfunktionen bildet also *keinen* Vektorraum, damit ist für das Integral von Oberfunktionen die eigenschaft „Linearität" nicht erfüllt.

Aus diesem Grund folgt nun noch ein letzter Schritt in der Definition.

Definition. *(Lebesgue-integrierbar)*
Sei $L^1(\mathbb{R}^n)$ die Menge aller Funktionen $f : \mathbb{R}^n \to \mathbb{R}$, die sich in der Form $f = g - h$ mit $g, h \in L^+(\mathbb{R}^n)$ darstellen lassen. Dann definieren wir

$$\int f := \int g - \int h$$

und nennen f (Lebesgue-)integrierbar.

Satz 19.8.

  (i) *Sei $f \in L^1(\mathbb{R}^n)$. Dann hängt $\int f$ nicht von der Darstellung $f = g - h$ durch Funktionen $g, h \in L^+(\mathbb{R}^n)$ ab.*

 (ii) *$L^1(\mathbb{R}^n)$ ist ein $\mathbb{R}$-Vektorraum*

(iii) *Falls $f_1, f_2 \in L^1(\mathbb{R}^n)$ und $f_1 \geq f_2$, dann ist auch $\int f_1 \geq \int f_2$ (Monotonie des Integrals).*

(iv) *Für $f \in L^1(\mathbb{R}^n)$ ist auch $|f| \in L^1(\mathbb{R}^n)$ und es gilt*

$$\left| \int f \right| \leq \int |f|$$

Beweis:

  (i) Sei $f = g - h = \tilde{g} - \tilde{h}$ mit $g, h, \tilde{g}, \tilde{h} \in L^+(\mathbb{R}^n)$, dann gilt $g + \tilde{h} = \tilde{g} + h$ und nach Satz 19.7(i) daher

$$\int (g + \tilde{h}) = \int (\tilde{g} + h) \;\Leftrightarrow\; \int g + \int \tilde{h} = \int \tilde{g} + \int h \;\Leftrightarrow\; \int g - \int h = \int \tilde{g} - \int \tilde{h}.$$

 (ii) Seien $f_1, f_2 \in L^1(\mathbb{R}^n)$ mit den Darstellungen $f_1 = g_1 - h_1$ und $f_2 = g_2 - h_2$, wobei $g_1, g_2, h_1, h_2 \in L^+(\mathbb{R}^n)$. Dann ist $f_1 + f_2 = (g_1 + g_2) - (h_1 + h_2) \in L^+(\mathbb{R}^n)$ und

$$\int (f_1 + f_2) = \int (g_1 + g_2) - \int (h_1 + h_2) = \int g_1 + \int g_2 - \int h_1 - \int h_2 = \int f_1 + \int f_2.$$

Für $f \in L^1(\mathbb{R}^n)$ sei $f = g - h$ mit $g, h \in L^+(\mathbb{R}^n)$. Für $\lambda \geq 0$ ist $\lambda f = (\lambda g) - (\lambda h)$ mit $\lambda g, \lambda h \in L^+$ wegen Satz 19.7(i). Dann ist

$$\int (\lambda f) = \int (\lambda g) - \int (\lambda h) = \lambda \int g - \lambda \int h = \lambda \int f.$$

Für $\lambda < 0$ ist $(-\lambda g), (-\lambda h) \in L^+$ und es gilt

$$\lambda f = (-\lambda h) - (-\lambda g) \in L^1(\mathbb{R}^n)$$

mit

$$\int (\lambda f) = \int (-\lambda h) - \int (-\lambda g) = -\lambda \int h - (-\lambda) \int g = \lambda \int f.$$

(iii) Wegen der Linearität des Integrals genügt es, den Fall $f_2 = 0$ zu betrachten. Sei also $f_1 \geq 0$ und $f_1 = g - h$ mit $g, h \in L^+(\mathbb{R}^n)$. Es muss also $g \geq h$ sein und damit nach Satz 19.7(ii) auch $\int g \geq \int h$. Folglich ist

$$\int f = \int g - \int h \geq 0.$$

(iv) Wir zeigen zunächst, dass mit f auch $|f|$ integrierbar ist, die Ungleichung für die Integrale folgt dann wie bei Treppenfunktionen aus der Monotonie des Integrals.

Sei also $f \in L^1$ mit $f = g - h$, wobei $g, h \in L^+(\mathbb{R}^n)$. Wir betrachten erzeugende Folgen $(\varphi_k)_{k \in \mathbb{N}}$ von g und $(\psi_k)_{k \in \mathbb{N}}$ von h. Dann gilt

$$\lim_{k \to \infty} \max\{\varphi_k, \psi_k\} = \max\{g, h\}$$

fast überall und $(\max\{\varphi_k, \psi_k\})_{k \in \mathbb{N}}$ ist eine monoton wachsende Folge von Treppenfunktionen mit

$$
\begin{aligned}
\int \max\{\varphi_k, \psi_k\} &\leq \int (\varphi_k + \psi_k - \min\{\varphi_k, \psi_k\}) \\
&= \int \varphi_k + \int \psi_k - \int \min\{\varphi_k, \psi_k\} \\
&\leq \int g + \int h - \int \min\{\varphi_1, \psi_1\}
\end{aligned}
$$

Die rechte Seite ist beschränkt durch eine feste Zahl, daher existiert nach Satz 19.5

$$\lim_{k \to \infty} \int \max\{\varphi_k, \psi_k\} = \int \max\{g, h\}$$

Mit ähnlichen Argumenten zeigt man, dass auch $(\min\{\varphi_k, \psi_k\})_{k \in \mathbb{N}}$ eine monoton wachsende Folge von Treppenfunktionen ist mit

$$\lim_{k \to \infty} \int \min\{\varphi_k, \psi_k\} = \int \min\{g, h\}.$$

Dann ist wegen (ii) auch

$$|f| = \max\{g, h\} - \min\{g, h\}$$

integrierbar.

$\square$

Der folgende Satz präzisiert, was es heißt, dass beim Lebesgue-Integral Nullmengen „keine Rolle spielen":

Satz 19.9.
Sei $f_1 \in L^1(\mathbb{R}^n)$ und sei $f_2(x) = f_1(x)$ für alle $x \in \mathbb{R}^n \setminus N$, wobei N eine Nullmenge ist.
Dann ist $f_2 \in L^1(\mathbb{R}^n)$ und $\int f_2 = \int f_1$.

Beweis: Sei $f_1 = g_1 - h_1$ mit $g_1, h_1 \in L^+(\mathbb{R}^n)$. Setzt man nun

$$g_2 := g_1 \quad \text{und} \quad h_2 = h_1 + f_1 - f_2$$

dann ist $f_2 = g_2 - h_2$. Ist $(\psi_k)_{k \in \mathbb{N}}$ eine erzeugende Folge für h_1, dann ist $(\psi_k)_{k \in \mathbb{N}}$ auch eine erzeugende Folge für h_2, denn h_1 und h_2 stimmen fast überall miteinander überein. Daher gehört auch h_2 zu $L^+(\mathbb{R}^n)$ und es ist $\int h_1 = \int h_2$. Da $f_2 = g_2 - h_2$ liegt f_2 also in $L^1(\mathbb{R}^n)$ und es ist tatsächlich

$$\int f_2 = \int g_2 - \int h_2 = \int g_1 - \int h_1 = \int f_1\,.$$

$\square$

Bemerkung: Insbesondere folgt aus diesem Satz

$$f = 0 \text{ fast überall} \Rightarrow \int f = 0\,.$$

Beispiel: Die (etwas künstlich anmutende) Dirichlet-Funktion $d : [0,1] \to \{0,1\}$ ist definiert als

$$d(x) = \begin{cases} 1 & \text{falls } x \in \mathbb{Q} \\ 0 & \text{falls } x \in [0,1] \setminus \mathbb{Q}. \end{cases}$$

Die Dirichlet-Funktion ist *keine* Regelfunktion, denn sie nimmt in jedem Intervall die Werte 0 und 1 an, d.h. für jede Treppenfunktion f ist

$$\sup_{x \in [0,1]} |f(x) - d(x)| \geq \frac{1}{2}\,.$$

Damit kann keine Folge von Treppenfunktionen gleichmäßig gegen d konvergieren. Das Lebesgue-Integral $\int d$ können wir allerdings berechnen:
Da d außerhalb der Nullmenge $\mathbb{Q} \cap [0,1]$ mit der Nullfunktion übereinstimmt, ist

$$\int d = 0\,.$$

Satz 19.10.
Sei $f : \mathbb{R}^n \to \mathbb{R}$ eine beschränkte Funktion mit kompaktem Träger, d.h. es gibt ein $R > 0$, so dass $f(x) = 0$ für $\|x\| \geq R$. Falls die Menge der Punkte, in denen f unstetig ist, eine Nullmenge bildet, dann ist f integrierbar.

Beweis: Sei zunächst $f \geq 0$ und Q ein großer Quader der Kantenlänge L, der den Träger von f enthält. Wir zerlegen nun den Quader Q durch Halbierung der Seiten in immer kleinere Quader. Im ersten Schritt entstehen die 2^n Quader

$$Q_1^{(1)}, Q_2^{(1)}, Q_3^{(1)}, \ldots, Q_{2^n}^{(1)}$$

der Seitenlänge $\frac{L}{2}$. Diese werden wieder unterteilt in kleinere Quader $Q_j^{(2)}$, diese wiederum in kleinere Quader $Q_j^{(3)}$ usw. Im k-ten Schritt erhält man so 2^{nk} Quader

$$Q_1^{(k)}, Q_2^{(k)}, Q_3^{(k)}, \ldots, Q_{m_k}^{(k)},$$

deren Seitenlängen gerade $\frac{L}{2^k}$ beträgt. Die Funktionen φ_k werden nun so definiert, dass φ_k eine Treppenfunktion ist, die gerade auf den Quadern der „k-ten Generation" konstant ist:

$$\varphi_k(x) = \begin{cases} \inf\{f(y); \; y \in Q_j^{(k)}\} & \text{falls } x \in Q_j^{(k)} \\ 0 & \text{falls } x \in \mathbb{R}^n \setminus Q \end{cases}$$

Die so konstruierte Folge von Treppenfunktionen ist monoton wachsend, da die Infima im $(k+1)$-ten Schritt immer über Teilmengen der Quader aus dem k-ten Schritt gebildet werden.

Außerdem ist nach Konstruktion $\varphi_k \leq f$ im Innern aller Quader $Q_j^{(k)}$ und auch außerhalb von Q, d.h. $\varphi_k \leq f$ fast überall.

Wir betrachten nun $x \in \mathbb{R}^n \setminus N$, wobei N die Nullmenge ist, die aus der Vereinigung der Unstetigkeitsstellen von f und der Ränder aller Quader $Q_j^{(k)}$ entsteht. Für ein solches x gibt es zu jedem vorgegebenen $\varepsilon > 0$ ein $\delta > 0$, so dass für $\|y - x\| < \delta$ gilt: $|f(y) - f(x)| < \varepsilon$. Wählt man nun k so groß, dass der Quader $Q_j^{(k)}$, der x enthält, ganz in der δ-Umgebung von x enthalten ist, dann gilt

$$f(x) - \varepsilon \leq \inf\{f(y); \; y \in Q_j^{(k)}\} \leq f(x)$$

also $|f(x) - \varphi_k(x)| < \varepsilon$. Diese Ungleichung gilt auch für $\varphi_{k+1}, \varphi_{k+2}, \ldots$ und da ε beliebig klein gewählt werden darf, gilt $\lim\limits_{k \to \infty} \varphi_k(x) = f(x)$ für alle $x \in \mathbb{R}^n \setminus N$. Damit ist f durch eine monoton wachsende Folge von Treppenfunktionen approximierbar, und weil das Integral

$$\int \varphi_k \leq m(Q) \cdot \sup f$$

durch eine von k unabhängige Schranke abgeschätzt werden kann, ist $f \in L^+$.

Für allgemeines f zerlegen wir wieder $f = g - h$ und berechnen getrennt Folgen von Treppenfunktionen $(\varphi_k)_{k \in \mathbb{N}}$ für g und $(\psi_k)_{k \in \mathbb{N}}$ für h. Wie eben zeigt man damit, dass $g, h \in L^+$ und damit gilt auch $f \in L^1(\mathbb{R}^n)$.

$\square$

Beispiel: Die Funktion $f : \mathbb{R} \to \mathbb{R}$ mit

$$f(x) = \begin{cases} \sin(\frac{1}{x}) & \text{für } 0 < x \leq \pi \\ 0 & \text{sonst} \end{cases}$$

ist Lebesgue-integrierbar, da alle Anforderungen des vorhergehenden Satzes erfüllt sind. Die Funktion ist offensichtlich beschränkt, ihr Träger $[0, \pi]$ ist kompakt und die einzige Unstetigkeitsstelle ist $x = 0$. Man beachte, dass diese Funktion f nicht regel-integrierbar auf $[0, \pi]$ ist.

Bemerkung: Das Lebesgue-Integral auf $\mathbb{R}$ ist tatsächlich eine Erweiterung des Regelintegrals aus dem ersten Semester, d.h. jede Regelfunktion ist auch Lebesgue-integrierbar und Regel- und Lebesgue-Integral stimmen überein. Diese Tatsache kann man beispielsweise beweisen, indem man zeigt, dass jede Regelfunktion gleichmäßiger Grenzwert einer monoton wachsenden Folge von Treppenfunktionen ist.

Bemerkung: Das Lebesgue-Integral komplexwertiger Funktionen $f : \mathbb{R}^n \to \mathbb{C}$ erklärt man durch Zerlegung in Real- und Imaginärteil. Falls $f(x) = u(x) + iv(x)$, dann ist f also genau dann Lebesgue-integrierbar, wenn die rellen Funktionen u und v Lebesgue-integrierbar sind und es ist

$$\int f = \int (u + iv) = \int u + i \int v.$$

19.4 Integralsätze

Eine Motivation, das Lebesgue-Integral einzuführen, besteht darin, dass es sich sehr gut mit der Bildung von Grenzwerten verträgt. Während wir beim Regelintegral verlangen mussten, dass eine Funktionfolge $(f_n)_{n\in\mathbb{N}}$ gleichmäßig konvergiert, um etwas über die Konvergenz der zugehörigen Integrale $\int_a^b f_n(x)\,\mathrm{d}x$ aussagen zu können, reicht beim Lebesgue-Integral ein viel schwächerer Konvergenzbegriff, nämlich die punktweise Konvergenz außerhalb einer Nullmenge, wenn man zusätzlich noch eine integrierbare „Majorante" für die Funktionenfolge kennt, die verhindert, dass die Folge der Integrale uneigentlich gegen ∞ konvergiert.

Als erstes zeigen wir, dass die Aussage von Satz 19.5 nicht nur für Treppenfunktionen, sondern ganz allgemein für Folgen von integrierbaren Funktionen gilt.

Dabei gehen wir wieder stufenweise vor und zeigen die Behauptung zunächst für Oberfunktionen. Mit einem technischen Hilfssatz gelingt es dann, von dort zu den Lebesgue-integrierbaren Funktionen überzugehen.

Satz 19.11.
Sei $(f_k)_{k\in\mathbb{N}}$ eine Folge in $L^+(\mathbb{R}^n)$ und fast überall gelte $f_k(x) \leq f_{k+1}(x)$. Weiter gebe es ein M, so dass $\int f_k \leq M$ ist für alle k.
Dann existiert für fast alle x der Grenzwert $f(x) := \lim_{k\to\infty} f_k(x)$ und es gilt $f \in L^+(\mathbb{R}^n)$.

Beweis:
Sei $\varphi_{k1}, \varphi_{k2}, \ldots$ eine erzeugende Folge für f_k, d.h. eine monoton wachsende Folge von Treppenfunktionen auf $\mathbb{R}^n$ mit $\lim_{j\to\infty} \varphi_{kj}(x) = f_k(x)$ fast überall und $\lim_{j\to\infty} \int \varphi_{kj} = \int f_k$. Setzt man

$$\psi_m := \max\{\varphi_{kj};\ 1 \leq j, k \leq m\},$$

dann ist $(\psi_m)_{m\in\mathbb{N}}$ eine monoton wachsende Folge von Treppenfunktionen. Zunächst ist ψ_m auf jeden Fall eine Treppenfunktion, da das Maximum immer über eine endliche Menge von Treppenfunktionen gebildet wird. Wegen der Monotonie in j ist $\psi_{m+1} \geq \psi_m$. Für jedes $m \in \mathbb{N}$ gilt

$$\psi_m(x) \leq f_m(x) \quad \text{fast überall}$$

denn $\psi_m(x) = \varphi_{kj}(x)$ für gewisse Indizes $1 \leq j, k \leq m$. Für dieses k ist dann $\psi_m(x) \leq f_k(x)$ und wegen $f_1(x) \leq f_2(x) \leq \ldots \leq f_m(x)$ gilt schließlich $\psi_m(x) \leq f_m(x)$ fast überall.
Damit ist auch

$$\int \psi_m \leq \int f_m \leq M \quad \text{für alle } m$$

und nach Satz 19.5 folgt, dass die Folge der Treppenfunktionen $(\psi_m)_{m\in\mathbb{N}}$ fast überall gegen eine Funktion f konvergiert, die eine Oberfunktion ist und für die

$$\lim_{m\to\infty} \int \psi_m = \int f.$$

Wir müssen jetzt noch zeigen, dass genau dieses f auch fast überall Grenzwert der Folge $(f_k)_{k\in\mathbb{N}}$ ist. Wegen $\varphi_{km} \leq \psi_m$ für $k \leq m$ gilt im Limes $m \to \infty$ zunächst $f_k \leq f$ fast überall, also auch

$$\psi_k \leq f_k \leq f \quad \text{fast überall.}$$

Mit einem Sandwich-Argument folgt daraus, dass auch $\lim\limits_{k\to\infty} f_k(x) = f(x)$ fast überall und analog ergibt sich aus

$$\int \psi_k \leq \int f_k \leq \int f$$

im Limes $k \to \infty$

$$\lim_{k\to\infty} \int f_k = \int f.$$

$\square$

Beispiel: Wir betrachten die Funktion $g : \mathbb{R} \to \mathbb{R}$ mit

$$g(x) = \begin{cases} e^{-x} & \text{für } x \geq 0 \\ 0 & \text{für } x < 0 \end{cases}$$

Hier können wir nicht direkt Satz 19.10 anwenden, weil der Träger von g nicht kompakt ist. Die Funktion g ist aber dennoch integrierbar, denn die Funktionenfolge $(g_k)_{k\in\mathbb{N}}$ mit

$$g_k(x) = \begin{cases} e^{-x} & \text{für } 0 \leq x \leq k \\ 0 & \text{sonst} \end{cases}$$

ist eine monoton wachsende Folge von Funktionen, die punktweise gegen g konvergiert. Die Funktionen g_k sind Oberfunktionen, weil ihre Einschränkung $g_k : [0, k] \to \mathbb{R}$ stetig ist. Außerdem stimmt das Integral der g_k mit dem Regelintegral überein. Damit ist nach dem vorigen Satz 19.11 auch die Grenzfunktion $g \in L^+(\mathbb{R})$ und es ist

$$\int g = \lim_{k\to\infty} \int g_k = \lim_{k\to\infty} (1 - e^{-k}) = 1.$$

Dieses Beispiel zeigt, warum man im Rahmen der Lebesgueschen Integrationstheorie keine uneigentlichen Integrale mehr benötigt.

Um dieses Resultat von Satz 19.11 auf *alle* integrierbaren Funktionen ausdehnen zu können, brauchen wir noch ein weiteres, eher technisches Resultat.

Satz 19.12.
Sei $f \in L^1(\mathbb{R}^n)$. Dann existieren zu jedem $\varepsilon > 0$ Funktionen $g, h \in L^+(\mathbb{R}^n)$ mit $f = g - h$, $h \geq 0$ und $\int h < \varepsilon$.

Beweis:
Sei zunächst $f = g_1 - h_1$ eine beliebige Darstellung von f mit Oberfunktionen $g_1, h_1 \in L^+(\mathbb{R}^n)$ und $(\varphi_k)_{k\in\mathbb{N}}$ eine erzeugende Folge für h_1. Nach der Definition der erzeugenden Folge ist $\varphi_k \leq h_1$ fast überall und es gibt einen Index $\kappa \in \mathbb{N}$, so dass

$$0 \leq \int h_1 - \int \varphi_\kappa < \varepsilon$$

ist. Setzt man nun

$$h_2 = h_1 - \varphi_\kappa, \quad g_2 = g_1 - \varphi_\kappa,$$

dann erreicht man zunächst, dass $\int h_2 < \varepsilon$ und $h_2 \geq 0$ fast überall ist. In einem letzten Schritt setzt man noch

$$h = h_2^+, \quad g = f + h,$$

dann ist $h \geq 0$ und wegen $h = h_2$ fast überall ist

$$\int h = \int h_2 < \varepsilon \,.$$

Da auch $g = g_2$ fast überall gilt, ist $g_2 \in L^+(\mathbb{R}^n)$, denn jede erzeugende Folge von g_2 ist dann auch eine erzeugende Folge von g.

$\square$

Wir kommen nun zum ersten Satz aus einer Gruppe von Aussagen, die die guten Eigenschaften des Lebesgue-Integrals in Bezug auf die Vertauschung mit Grenzwerten beschreiben.

Satz 19.13. *(Satz von Beppo Levi)*
Sei $(f_k)_{k \in \mathbb{N}}$ eine Folge in $L^1(\mathbb{R}^n)$ und fast überall gelte $f_k(x) \leq f_{k+1}(x)$. Weiter gebe es ein M, so dass $\int f_k \leq M$ für alle k.

Dann existiert $f(x) := \lim\limits_{k \to \infty} f_k(x)$ fast überall, es ist $f \in L^1(\mathbb{R}^n)$ und $\lim_{k \to \infty} \int f_k = \int f$.

Beweis:
Ohne Einschränkung können wir annehmen, dass $f_k \geq 0$ ist, ansonsten ersetzen wir f_k durch $f_k - f_1$. Wir setzen

$$u_1 := f_1$$
$$u_k := f_k - f_{k-1} \text{ für } k \geq 2$$

Dann sind die neuen Funktionen $u_k \geq 0$, liegen in $L^1(\mathbb{R}^n)$ und es ist

$$f_k = f_1 + (f_2 - f_1) + (f_3 - f_2) + \ldots + (f_k - f_{k-1}) = u_1 + u_2 + \ldots + u_k$$

Nach dem vorigen Satz 19.12 gibt es Funktionen $a_k, b_k \in L^+$ mit $u_k = a_k - b_k$, die zusätzlich noch $b_k \geq 0$ und

$$0 \leq \int b_k < 2^{-k}$$

erfüllen. Damit ist auch $a_k = u_k + b_k \geq 0$. Setzt man

$$g_k := a_1 + a_2 + \ldots + a_k$$
$$h_k := b_1 + b_2 + \ldots + b_k$$

dann sind $g_k, h_k \in L^+$ und $f_k = g_k - h_k$. Die Folgen (g_k) und (h_k) sind monoton wachsend und

$$\int h_k < \sum_{j=1}^{k} 2^{-j} \leq \sum_{j=1}^{\infty} 2^{-j} = 1$$
$$\int g_k = \int f_k + \int h_k \leq M + 1,$$

die Integrale beider Folgen sind also beschränkt. Nach Satz 19.11 konvergiert daher $(g_k)_{k \in \mathbb{N}}$ fast überall gegen eine Oberfunktion g und $(h_k)_{k \in \mathbb{N}}$ fast überall gegen eine Oberfunktion h, für die außerdem gilt:

$$\lim_{k \to \infty} \int g_k = \int g \text{ und } \lim_{k \to \infty} \int h_k = \int h.$$

Daher konvergiert $f_k := g_k - h_k$ fast überall gegen $f := g - h \in L^1(\mathbb{R}^n)$ und es ist

$$\lim_{k\to\infty} \int f_k = \lim_{k\to\infty} \int (g_k - h_k) = \int (g - h) = \int f.$$

□

Beispiel: Wir betrachten diesmal $f : \mathbb{R} \to \mathbb{R}$ mit

$$f(x) = \begin{cases} x^{-1/2} \sin(\frac{1}{x}) & \text{für } 0 < x \leq \pi \\ 0 & \text{sonst} \end{cases}$$

Da f nicht beschränkt ist, können wir hier nicht Satz 19.10 anwenden. Auch Satz 19.11 lässt sich nicht direkt anwenden, da man f nicht punktweise durch eine monotone Folge von Oberfunktionen approximieren kann.
Um zu zeigen, dass $f \in L^1(\mathbb{R})$ liegt, kann man die Folge

$$f_k(x) = \begin{cases} x^{-1/2} \sin(\frac{1}{x}) & \text{für } \frac{1}{k} \leq x \leq \pi \\ -x^{-1/2} & \text{für } 0 < x < \frac{1}{k} \\ 0 & \text{sonst} \end{cases}$$

betrachten. Jede der Funktionen f_k ist Lebesgue-integrierbar. Das sieht man, wenn man sie in die beiden Teile $f_k|_{[0,\frac{1}{k}]}$ und $f_k|_{[\frac{1}{k},\pi]}$ zerlegt.
Die Folge $(f_k)_{k\in\mathbb{N}}$ ist monoton wachsend und konvergiert punktweise gegen f. Da man auch die Folge $\int f_k$ nach oben durch eine Konstante abschätzen kann, ist die Grenzfunktion f nach dem Satz von Beppo Levi integrierbar.

Eine Konsequenz des Satzes von Beppo Levi ist auch, dass eine nicht-negative Funktion, deren Integral verschwindet, fast überall mit der Nullfunktion übereinstimmen muss.

Satz 19.14.
Sei $f \in L^1(\mathbb{R}^n)$, $f \geq 0$ und $\int f = 0$. Dann ist $f = 0$ fast überall.

Beweis: Man betrachtet die Folge $(f_k)_{k\in\mathbb{N}}$ mit $f_k(x) = kf(x)$. Diese Folge ist monoton wachsend und die Folge der zugehörigen Integrale

$$\int f_k = \int kf = k \int f = 0$$

ist gleichmäßig beschränkt. Also existiert für alle $x \in \mathbb{R}^n \setminus N$, wobei N eine Nullmenge ist, der Grenzwert

$$\lim_{k\to\infty} kf(x) < \infty.$$

Das ist nur möglich, wenn $f(x) = 0$ ist.

□

Im weiteren wird es nun darum gehen, die oft zu restriktive Bedingung loszuwerden, dass man nur den Grenzwert *monotoner* Folgen von integrierbaren Funktionen betrachten darf. Im nächsten Satz wird dazu ein erster Schritt unternommen.

Satz 19.15. *(Lemma von Fatou)*
Sei $(f_k)_{k \in \mathbb{N}}$ *eine Folge integrierbarer Funktionen. Weiter sei* $\int f_k < M$ *für eine Konstante* $M > 0$ *und es gebe eine Funktion* $g \in L^1(\mathbb{R}^n)$ *mit* $f_k \geq g$ *fast überall. Definiert man*

$$f(x) := \liminf_{k \to \infty} f_k(x),$$

dann ist $f \in L^1(\mathbb{R}^n)$ *und* $\qquad \int f \leq \liminf_{k \to \infty} \int f_k.$

Zur Erinnerung: Der Limes inferior $\liminf\limits_{k \to \infty} a_k$ einer Folge $a_1, a_2, a_3, \dots$ ist deren kleinster Häufungspunkt. Setzt man $s_k = \inf\{a_k, a_{k+1}, \dots\}$, dann ist $\liminf\limits_{k \to \infty} a_k = \lim\limits_{k \to \infty} s_k$, falls der Limes existiert und die Folge $(a_k)_{k \in \mathbb{N}}$ von unten beschränkt ist.

Bemerkung: Auch hier geht es wieder um die Vertauschung von Grenzwerten:

$$\int \liminf_{k \to \infty} f_k \leq \liminf_{k \to \infty} \int f_k(x).$$

Allerdings kann es vorkommen, dass in der letzten Ungleichung tatsächlich „<" gilt.

Beweis:
Die Existenz der Funktion g stellt sicher, dass das Infimum für fast alle x endlich ist. Daher kann man die Funktionen

$$u_{km} := \min\{f_k, f_{k+1}, \dots, f_{k+m}\} \quad \text{und} \quad u_k := \inf\{f_k, f_{k+1}, \dots\}$$

definieren. Da mit den Funktionen $f_k, f_{k+1}, \dots, f_{k+m}$ auch das Minimum $\min\{f_k, f_{k+1}\}$ integrierbar ist, folglich auch das Minimum $\min\{f_k, f_{k+1}, f_{k+2}\} = \min\{\min\{f_k, f_{k+1}\}, f_{k+2}\}$ etc., ist auch u_{km} integrierbar. Die Folge $(-u_{km})_{m \in \mathbb{N}}$ ist daher eine monoton wachsende Folge von integrierbaren Funktionen und es gilt wegen $g \leq u_{km} \leq f_k$:

$$-M < -\int f_k \leq -\int u_{km} \leq -\int g$$

die Folge $(-\int u_{km})_{m \in \mathbb{N}}$ ist also gleichmäßig beschränkt. Da sie punktweise konvergiert mit

$$\lim_{m \to \infty} u_{km} = u_k$$

ist auch u_k integrierbar. Die Folge $(u_k)_{k \in \mathbb{N}}$ wiederum ist monoton wachsend und es gilt

$$\int u_k \leq \int f_k < M.$$

Nach Satz 19.13 konvergiert $(u_k)_{k \in \mathbb{N}}$ daher fast überall gegen eine integrierbare Funktion f und nach der Definition des Limes inferior ist

$$f = \liminf_{k \to \infty} f_k.$$

Jetzt folgt mit Satz 19.13

$$\int f = \int \lim_{k \to \infty} u_k = \lim_{k \to \infty} \int u_k = \liminf_{k \to \infty} \int u_k \leq \liminf_{k \to \infty} \int f_k.$$

$\qquad\qquad\qquad\qquad\qquad\qquad\qquad\qquad\qquad\qquad\qquad\qquad\qquad\qquad\qquad\qquad \square$

Daraus lässt sich der folgende Satz ableiten, der die wichtigste Konvergenzeigenschaft des Lebesgue-Integrals beschreibt:

Satz 19.16. *(Satz von Lebesgue, Satz über majorisierte Konvergenz)*
Sei $(f_k)_{k\in\mathbb{N}}$ eine Folge integrierbarer Funktionen, die fast überall auf $\mathbb{R}^n$ gegen eine Funktion f konvergieren. Weiter gebe es eine Funktion $g \in L^1(\mathbb{R}^n)$, so dass $|f_k| \leq g$ für alle k. Dann ist $f \in L^1(\mathbb{R}^n)$ und

$$\int f = \lim_{k\to\infty} \int f_k.$$

Bemerkung: Die integrierbare „Majorante" g ist der Grund, warum man dieser zentrale Satz von Lebesgue auch *Satz über majorisierte Konvergenz* heißt.

Beweis:
Ohne Einschränkung können wir annehmen, dass $(f_k)_{k\in\mathbb{N}}$ überall gegen f konvergiert, sonst ändern wir einfach auf der Nullmenge, auf der keine Konvergenz vorliegt, die Werte von f, g und von allen f_k in 0 ab. Dann ist automatisch auch

$$f(x) = \lim_{k\to\infty} f_k(x) = \liminf_{k\to\infty} f_k(x)$$

für alle $x \in \mathbb{R}^n$. Wegen $f_k \geq -g$ gilt zunächst

$$\int f_k \leq \int |f_k| \leq \int g.$$

Aus Satz 19.15 folgt dann, dass $f \in L^1(\mathbb{R}^n)$ ist und dass

$$\int f \leq \liminf_{k\to\infty} \int f_k.$$

Andererseits ist auch $-f_k \geq -g$ und wie oben ist

$$\int (-f_k) \leq \int |f_k| \leq \int g.$$

Die Voraussetzungen von Satz 19.15 sind damit auch für die Folge $(-f_k)_{k\in\mathbb{N}}$ erfüllt. Aus diesem Grund ist auch $-f \in L^1(\mathbb{R}^n)$ und es gilt

$$\int -f \leq \liminf_{k\to\infty} \int -f_k \Leftrightarrow -\int f \leq -\limsup_{k\to\infty} \int f_k.$$

Setzt man die beiden Ungleichungen zusammen, ergibt sich

$$\int f \leq \liminf_{k\to\infty} \int f_k \leq \limsup_{k\to\infty} \int f_k \leq \int f$$

Damit existiert der Grenzwert

$$\lim_{k\to\infty} \int f_k = \int f.$$

$\square$

Beispiel: Wir hatten weiter oben schon gesehen, dass die Funktion $g : \mathbb{R} \to \mathbb{R}$ mit

$$g(x) = \begin{cases} e^{-x} & \text{für } x \geq 0 \\ 0 & \text{für } x < 0 \end{cases}$$

integrierbar ist mit $\int g = 1$.

Wir betrachten nun eine etwas kompliziertere Funktion $f : \mathbb{R} \to \mathbb{R}$ mit

$$f(x) = \begin{cases} e^{-x} \sin(x^2) & \text{für } x \geq 0 \\ 0 & \text{für } x < 0 \end{cases}$$

Die Funktionenfolge $(f_k)_{k \in \mathbb{N}}$ mit

$$f_k(x) = \begin{cases} e^{-x} \sin(x^2) & \text{für } 0 \leq x \leq k \\ 0 & \text{sonst} \end{cases}$$

Wieder konvergiert die Folge (f_k) punktweise gegen f und das Regelintegral über die (stetige) Funktion $f_k : [0, k] \to \mathbb{R}$ existiert, auch wenn es sich nicht explizit berechnen lässt. Außerdem ist $|f_k| \leq g$ und $g \in L^1(\mathbb{R}^n)$ wie eben gezeigt wurde. Also ist nach dem Satz 19.16 von der majorisierten Konvergenz auch $f \in L^1(\mathbb{R}^n)$.

19.5 Das Lebesgue-Maß auf $\mathbb{R}^n$

Mit Hilfe des Lebesgue-Integrals können wir nun (endlich!) vielen Mengen im $\mathbb{R}^n$ ein *Volumen* zuordnen.

Definition.
Sei $A \subset \mathbb{R}^n$ eine beliebige Menge. Die charakteristische Funktion *$\chi_A : \mathbb{R}^n \to \mathbb{R}$ ist definiert durch*

$$\chi_A(x) = \begin{cases} 1 & \text{für } x \in A \\ 0 & \text{sonst} \end{cases}$$

Eine Menge $A \subset \mathbb{R}^n$ heißt **messbar**, *wenn die Funktion $\chi_{A \cap Q}$ für jeden Quader Q integrierbar ist.*

Falls sogar $\chi_A \in L^1(\mathbb{R}^n)$, dann nennen wir $\int \chi_A$ das (n-dimensionale) **Lebesgue-Maß** *von A.*

Bemerkungen:

1. Eine beschränkte Menge $A \subset \mathbb{R}^n$ ist also genau dann messbar, wenn ihre charakteristische Funktion χ_A integrierbar ist.

2. Man beachte, dass cs bcim Lebesgue Maß nicht allein auf die Punktmenge ankommt, sondern auch auf die Dimension des Raumes, in dem die Menge liegt.
   Beispielsweise hat die Menge

   $$Q = \{(x, y) \in \mathbb{R}^2; \ 0 \leq x, y \leq 1\},$$

   ein Quadrat in der Ebene, das (zweidimensionale) Lebesgue-Maß 1. Fasst man „dieselbe" Menge als Teilmenge $\{(x, y, z) \in \mathbb{R}^3; \ 0 \leq x, y \leq 1, z = 0\}$ des $\mathbb{R}^3$ auf, dann hat sie das (dreidimensionale) Lebesgue-Maß 0. Anschaulich entspricht dies der Tatsache, dass das Quadrat zwar einen Flächeninhalt, aber kein Volumen hat.

3. Um „zweidimensionale" Flächeninhalte von gekrümmten Flächen im $\mathbb{R}^3$ berechnen zu können, muss man daher das zweidimensionale Lebesgue-Maß durch eine geeignete Abbildung auf diese gekrümmten Flächen transportieren. Diese Flächenmessung auf Untermannigfaltigkeiten führen wir erst in einem späteren Kapitel ein.

Satz 19.17.
Sei $M = \{A \subseteq \mathbb{R}^n; A \text{ messbar}\}$ *die Menge aller messbaren Teilmengen des* $\mathbb{R}^n$. *Dann gilt:*

(i) $\mathbb{R}^n \in M$

(ii) *Falls* $A \in M$ *liegt, dann ist auch* $A^C = \mathbb{R}^n \backslash A \in M$

(iii) *Sind* $A_1, A_2, A_3, \ldots \in M$ *messbare Mengen, dann ist auch ihre Vereinigung* $\bigcup_j A_j \in M$

Definition. *(σ-Algebra)*
*Ein System von Mengen, das (i)-(iii) erfüllt heißt σ-**Algebra**.*

Bemerkung: Man kann das Lebesgue-Integral anstelle von Treppenfunktionen auch ausgehend von einer σ-Algebra konstruieren. Dazu startet man ähnlich wie wir bei den Treppenfunktionen mit Quadern im $\mathbb{R}^n$, deren „Volumen" definiert wird. Anstatt sich dann Treppenfunktionen anzuschauen, erweitert man die Menge durch die drei Operationen

▶ Komplementbildung

▶ endliche Durchschnitte

▶ abzählbare Vereinigungen

zu einer σ-Algebra und betrachtet dann statt der Treppenfunktionen aus unserer Konstruktion Funktionen, die auf solchen „messbaren Mengen" konstant sind.

Auch abzählbare Durchschnitte messbarer Mengen sind messbar, denn sind $(A_j)_{j \in \mathbb{N}}$ messbar, dann ist $\bigcap_j A_j = \left(\bigcup_j A_j^C \right)^C \in M$.

Beweis des Satzes:

(i) klar

(ii) Sei $A \in \mathcal{M}$ und Q ein beliebiger Quader. Dann ist

$$\chi_{A^c \cap Q} = \chi_Q - \chi_{A \cap Q}$$

als Differenz zweier integrierbarer Funktionen ebenfalls integrierbar.

(iii) Seien $(A_j)_{j \in \mathbb{N}}$ messbare Mengen, $A := \cup_j A_j$ und Q ein beliebiger Quader. Definiere für $k \in \mathbb{N}$ die Funktion

$$f_k = \max\{\chi_{A_1 \cap Q}, \chi_{A_2 \cap Q}, \ldots, \chi_{A_k \cap Q}\}.$$

Dann ist f_k eine monoton wachsende Folge von integrierbaren Funktionen, deren Integrale beschränkt sind wegen $f_k \leq \chi_Q$. Die Folge konvergiert punktweise gegen $\chi_{A \cap Q}$, also ist nach dem Satz von Beppo Levi 19.13 auch $\chi_{A \cap Q}$ integrierbar und damit die Menge A messbar.

□

Bemerkung: Der Satz zeigt, dass sehr viele Mengen messbar sind. Es stellt sich daher die Frage, ob möglicherweise *alle* Teilmengen des $\mathbb{R}^n$ messbar sind. Dies ist eine Frage, die überraschenderweise tief in die Mengenlehre und Logik führt. Mit Hilfe des Auswahlaxioms lassen sich tatsächlich nicht messbare Mengen konstruieren, aber diese sind dann recht „pathologisch" und für Anwendungen in der Physik nicht von Interesse. Man kann also ohne weiteres davon ausgehen, dass alle Mengen, die uns in praktischen Anwendungen begegnen, messbar sind.

Hier soll die Messbarkeit nur für die beschränkten, offenen Teilmengen des $\mathbb{R}^n$ gezeigt werden.

Satz 19.18.
Sei $A \subset \mathbb{R}^n$ eine beschränkte, offene Menge. Dann ist die charakteristische Funktion von A integrierbar, genauer $\chi_A \in L^+(\mathbb{R}^n) \subset L^1(\mathbb{R}^n)$.

Beweis:
Man konstruiert ähnlich wie in Satz 19.10 eine Folge approximierender Treppenfunktionen für χ_A. Dazu überdeckt man im k-ten Schritt den $\mathbb{R}^n$ mit Würfeln der Kantenlänge 2^{-k}. Dann wählt man alle Würfel $W_1, W_2, \ldots, W_{m_1}$ der Kantenlänge 2^0, die in A enthalten sind. Im nächsten Schritt wählt man Würfel $W_{m_1+1}, W_{m_1+2}, \ldots, W_{m_2}$ der Kantenlänge 2^{-1}, die in A enthalten sind, aber nicht in $W_1, W_2, \ldots, W_{m_1}$.
Im $k+1$-ten Schritt wählt man Würfel $W_{m_k+1}, W_{m_k+2}, \ldots, W_{m_{k+1}}$ der Kantenlänge $2^{-(k+1)}$, die in A enthalten sind, aber nicht in $W_1, W_2, \ldots, W_{m_k}$.

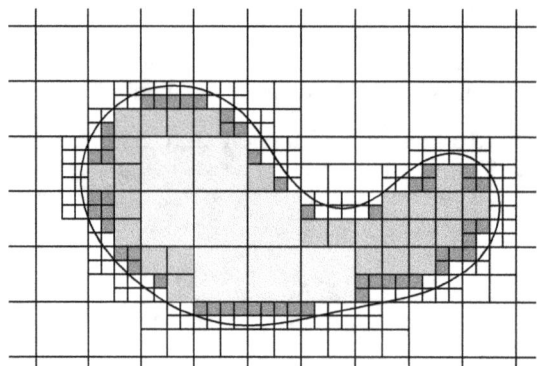

Setzt man dann

$$f_k(x) = \begin{cases} 1 & \text{falls } x \text{ in einem Würfel der } k\text{-ten Generation liegt} \\ 0 & \text{sonst} \end{cases}$$

Damit ist automatisch $f_k(x) = 0$ für alle $x \notin A$ und alle $k \in \mathbb{N}$ und die Funktionenfolge ist per Konstruktion eine monoton wachsende Folge von Treppenfunktionen. Außerdem konvergiert die Folge f_k punktweise gegen χ_A, denn zu jedem Punkt in A gibt es eine Zahl k, so dass der Quader um x mit Kantenlänge 2^{-k} vollständig in U enthalten ist Da A beschränkt ist, gibt es einen großen Quader Q, in dem A enthalten ist. Die charakteristische Funktion χ_Q ist dann eine integrierbare Majorante und nach dem Lebesgueschen Konvergenzsatz existiert dann $\int \chi_A$ und es ist

$$\int_{\mathbb{R}^n} \chi_A = \lim_{k \to \infty} \int_{\mathbb{R}^n} f_k \, .$$

$\square$

Nun ist es möglich, über beliebige messbare Teilmengen des $\mathbb{R}^n$ zu integrieren:

Definition.

(a) *Sei* $f \in L^1(\mathbb{R}^n)$. *Dann setzt man*

$$\int_A f := \int \chi_A \cdot f = \int_{\mathbb{R}^n} \chi_A \cdot f \, dx.$$

(b) *Sei* $A \subseteq \mathbb{R}^n$ *messbar. Eine Funktion* $f : A \to \mathbb{R}$ *heißt* integrierbar *auf* A, *falls die Fortsetzung* $f_0 : \mathbb{R}^n \to \mathbb{R}$ *mit*

$$f_0(x) = \begin{cases} f(x) & \text{für } x \in A \\ 0 & \text{für } x \notin A \end{cases}$$

in $L^1(\mathbb{R}^n)$ *liegt. Es ist dann*

$$\int_A f = \int_{\mathbb{R}^n} f_0 \cdot \chi_A = \int_{\mathbb{R}^n} f_0.$$

Satz 19.19.
Sei $M \subseteq \mathbb{R}^n$ *eine messbare Menge,* $f : \mathbb{R}^n \to \mathbb{R}$ *integrierbar auf* M *und*

$$M = \bigcup_{j=1}^{\infty} M_j$$

Vereinigung von paarweise disjunkten, messbaren Mengen $M_1, M_2, \ldots \subseteq \mathbb{R}^n$.
Dann gilt

$$\int_M f = \sum_{j=1}^{\infty} \int_{M_j} f.$$

Beweis: Hier kommen noch einmal die Konvergenzsätze zum Einsatz. Wir setzen

$$f_k := \sum_{j=1}^{k} f \chi_{M_j}$$

und erhalten eine Folge $(f_k)_{k \in \mathbb{N}}$ von integrierbaren Funktionen, die punktweise gegen f konvergiert.
Da mit f auch $|f|$ auf M integrierbar ist gilt für alle $k \in \mathbb{N}$

$$|f_k| \leq |f|$$

die Funktion $|f|$ ist also eine integrierbare Majorante. Nach dem Konvergenzsatz von Lebesgue (Satz 19.16) gilt daher

$$\int_M f = \int f \chi_M = \int \lim_{k \to \infty} f_k = \lim_{k \to \infty} \int f_k = \lim_{k \to \infty} \sum_{j=1}^{k} \int f \chi_{M_j} = \sum_{j=1}^{\infty} \int f \chi_{M_j}.$$

$\square$

Damit sind wir mit der Theorie an einem Punkt angelangt, an dem das Integral $\int_A f$ für die allermeisten Funktionen über die allermeisten „vernünftigen" Mengen A erklärt ist. Das folgende Kapitel befasst sich mit der Frage, wie man mehrdimensionale Integrale typischerweise berechnet.

Nach diesem Kapitel sollten Sie...

... die Konstruktion des Lebesgue-Integrals grob skizzieren können

... den Unterschied zwischen abzählbar unendlichen und überabzählbaren Mengen erklären können

... Nullmengen definieren können und einige Beispiele von Nullmengen kennen

... den Konvergenzsätze von Beppo Levi kennen und in typischen Situationen anwenden können

... den Satz über majorisierte Konvergenz kennen und in typischen Situationen anwenden können

... einige Klassen von Funktionen kennen, die Lebesgue-integrierbar sind

... wissen, was das Lebesgue-Maß einer Menge $A \subset \mathbb{R}^n$ ist

... wissen, wie das Lebesgue-Integral $\int_A f$ über eine messbare Menge $A \subset \mathbb{R}^n$ erklärt ist

Aufgaben zu Kapitel 19

1. (a) Zeigen Sie, dass die Menge $\{(x, y) \in \mathbb{R}^2;\ x = 0, y \geq 0\} \subset \mathbb{R}^2$ eine Nullmenge ist.

   (b) Sei $M \subseteq \mathbb{R}^2$ eine beliebige (möglicherweise unbeschränkte) Menge. Dann ist $M \times \{0\}$ eine Nullmenge im $\mathbb{R}^3$.

2. Zeigen Sie, dass sich die Funktion $w : [0, 1] \to \mathbb{R}$ mit

$$w(x) = \begin{cases} \dfrac{1}{\sqrt{x}} & \text{für } 0 < x \leq 1 \\[2mm] 999 & \text{für } x = 0 \end{cases}$$

   durch eine monoton wachsende Folge von Treppenfunktionen approximieren lässt, die Funktion $-w$ jedoch nicht.

   Finden Sie also eine Folge $(\varphi_k)_{k \in \mathbb{N}}$ von Treppenfunktionen mit $\varphi_k \leq \varphi_{k+1}$, die punktweise gegen w konvergieren und zeigen Sie, dass dies für $-w$ nicht möglich ist.

3. Zeigen Sie: Wenn $N \subset \mathbb{R}^n$ eine Nullmenge ist und $F : \mathbb{R}^n \to \mathbb{R}^n$ eine Lipschitz-stetige Abbildung, dann ist auch $F(N)$ eine Nullmenge.

4. Zeigen Sie, dass Regelfunktionen Lebesgue-integrierbar sind, d.h. wenn die beschränkte Funktion $f : [a, b] \to \mathbb{R}$ Grenzwert einer gleichmäßig konvergenten Folge von Treppenfunktionen ist, dann ist f auch fast überall Grenzwert einer monoton wachsenden Folge von Treppenfunktionen und die beiden Integrale stimmen überein.
   Hinweis: Eine Möglichkeit besteht darin, aus einer gleichmäßig konvergenten Folge von Treppenfunktionen eine monotone Folge von Treppenfunktionen zu machen, indem man die „Stufenhöhe" auf geschickte Art und Weise abändert.

5. Zeigen Sie, dass sich die Funktion $\sigma : [0,1] \to \mathbb{R}$ mit

$$\sigma(x) = \begin{cases} 1, & \text{falls } \sin\left(\frac{1}{x}\right) \geq 0 \\ -1, & \text{falls } \sin\left(\frac{1}{x}\right) < 0 \\ 0 & \text{für } x = 0 \end{cases}$$

außerhalb einer abzählbaren (Null-)Menge N durch eine monoton wachsende Folge von Treppenfunktionen approximieren lässt, d.h. es gibt Treppenfunktionen φ_k mit $\varphi_k \leq \varphi_{k+1}$ und eine Ausnahmemenge $N = \{x_1, x_2, x_3, \ldots\}$, so dass

$$\lim_{k \to \infty} \varphi_k(x) = \sigma(x) \text{ für alle } x \in [0,1] \setminus \{x_1, x_2, x_3, \ldots\}.$$

Machen Sie sich dafür zunächst klar, wie das Schaubild von σ aussieht.

6. Zeigen Sie für die Funktionen $f_n(x) = e^{-nx} - 2e^{-2nx}$, dass

$$\sum_{n=1}^{\infty} \left(\int_0^{\infty} f_n(x)\, dx \right) \neq \int_0^{\infty} \left(\sum_{n=1}^{\infty} f_n(x) \right) dx.$$

7. Sei $(f_n)_{n \in \mathbb{N}}$ eine Folge von Funktionen $f_n \in L^1(\mathbb{R}^n)$ mit $f_n \geq 0$ und es existiere eine Zahl $A > 0$, so dass

$$\int_{\mathbb{R}^n} \left(\sum_{n=1}^{k} f_n \right) < A \text{ für alle k.}$$

Zeigen Sie, dass dann $\sum_{n=1}^{\infty} f_n(x)$ für fast alle x gegen eine Funktion f konvergiert, dass $L^1(\mathbb{R}^n)$ liegt und dass

$$\int f = \sum_{n=1}^{\infty} \left(\int f_n \right).$$

Hinweis: Satz von Beppo Levi

8. Betrachte die Funktionenfolge (f_n) mit

$$f_n(x) = \begin{cases} \frac{1}{n} & \text{für } x \in [0, n] \\ 0 & \text{sonst} \end{cases}$$

Zeigen Sie, dass f_n auf $\mathbb{R}$ gleichmäßig gegen die Nullfunktion $f \equiv 0$ konvergiert, dass aber $\lim\limits_{n \to \infty} \int f_n \not\to \int f$.

Warum widerspricht dies nicht dem Satz über majorisierte Konvergenz?

9. Berechnen Sie (mit Begründung durch einen passenden Integralsatz)

$$\lim_{n \to \infty} \int_1^{\infty} \frac{\sqrt{x}}{1 + nx^3}\, dx.$$

10. Sei $A \subset \mathbb{R}^m$ eine messbare Menge mit $\mu(A) < \infty$. Eine Folge $(f_n)_{n \in \mathbb{N}}$ von integrierbaren Funktionen $f \in L^1(A)$ konvergiere gleichmäßig auf A gegen eine Funktion f. Zeigen Sie: $f \in L^1(A)$ und

$$\int_A f = \lim_{n \to \infty} \int_A f_n.$$

20 Berechnung von Integralen im $\mathbb{R}^n$

Das im vorigen Kapitel eingeführte Lebesgue-Integral im $\mathbb{R}^n$ besitzt zwar sehr gute Eigenschaften, dennoch wäre es zu mühselig, in der Praxis alle auftretenden Integrale direkt durch Approximation mit Treppen- oder Oberfunktionen und die entsprechenden Grenzwerte zu berechnen.

Zur praktischen Auswertung von Integralen werden wir zwei Hilfsmittel kennenlernen, die sukzessive Integration über mehrere Variablen (Satz von Fubini) und die Transformationsformel, die man als eine mehrdimensionale Version der Substitutionsregel auffassen kann.

20.1 Der Satz von Fubini

Zu Beginn dieses Kapitels müssen wir uns noch einmal mit Treppenfunktionen und Nullmengen befassen.

Satz 20.1.
Eine Menge $N \subset \mathbb{R}^n$ ist genau dann eine Nullmenge, wenn es eine monoton wachsende Folge $(\varphi_k)_{k\in\mathbb{N}}$ von Treppenfunktionen gibt, so dass

(i) die Folge $\left(\int \varphi_k\right)_{n\in\mathbb{N}}$ konvergiert und

(ii) die Folge $(\varphi_k(x))_{n\in\mathbb{N}}$ für alle $x \in N$ divergiert.

Beweis: Die eine Richtung haben wir in Satz 19.5 bereits gezeigt. Für eine monoton wachsende Folge $(\varphi_k)_{k\in\mathbb{N}}$ von Treppenfunktionen, deren Integrale beschränkt sind (und damit sogar eine konvergente Folge bilden), ist die Menge derjenigen Punkte, in denen $\lim_{k\to\infty} \varphi_k(x) = +\infty$ ist, eine Nullmenge.

Um auch die umgekehrte Richtung zu zeigen, müssen wir zu einer gegebenen Nullmenge N eine passende Folge $(\varphi_k)_{k\in\mathbb{N}}$ von Treppenfunktionen konstruieren. Dabei lässt sich die Definition von Nullmengen direkt benutzen, da in dieser Definition explizit Quader auftreten. Allerdings dürfen es dort unendlich viele Quader sein, während wir für Treppenfunktionen immer nur endlich viele Quader verwenden können.

Zu jedem $m \in \mathbb{N}$ gibt es eine (endliche oder abzählbare) Menge von Quadern $Q_{m1}, Q_{m2}, Q_{m3}, \ldots$, die N überdecken und deren Gesamtvolumen kleiner ist als 2^{-m}. Diese Volumina sind so gewählt, dass sogar das Gesamtvolumen *aller* auftretenden Quader zusammen noch kleiner als Eins ist. Man sortiert nun die Quader Q_{mj} neu: Sei also

$$\tilde{Q}_1, \tilde{Q}_2, \tilde{Q}_3, \ldots$$

eine Abzählung der Quader Q_{mj}, beispielsweise durch ein Diagonalverfahren. Dann definiert man eine Folge von Treppenfunktionen $(\varphi_k)_{k\in\mathbb{N}}$ durch

$$\varphi_k = \chi_{\tilde{Q}_1} + \chi_{\tilde{Q}_2} + \ldots + \chi_{\tilde{Q}_k}$$

wobei $\chi_{\tilde{Q}_j}$ die charakteristische Funktion der Menge $\tilde{Q}_j$ ist. Diese Folge ist nach Konstruktion monoton wachsend. Außerdem gilt

$$\int \varphi_k \;=\; m(\tilde{Q}_1) + m(\tilde{Q}_2) + \ldots + m(\tilde{Q}_m)$$

$$\leq \sum_m \sum_j m(Q_{mj})$$

$$\leq \sum_{m=1}^{\infty} 2^{-m} = 1$$

Die Folge der Integrale $\int \varphi_k$ ist also monoton wachsend und von oben beschränkt, also konvergent.

Sei nun x in N und $p \in \mathbb{N}$ eine beliebige natürliche Zahl. Wir zeigen, dass $\varphi_k(x) \geq p$ ist, wenn k groß genug ist.

Dazu benutzen wir die Überdeckungen der Menge N durch Quader: es gibt zu jedem m einen Index $j_m = j_m(x)$ mit der Eigenschaft, dass x im Quader Q_{mj_m} liegt. Wählt man nun k so groß, dass

$$\{Q_{1j_1}, Q_{2j_2}, \ldots, Q_{pj_p}\} \subseteq \{\tilde{Q}_1, \tilde{Q}_2, \ldots, \tilde{Q}_k\}$$

dann nehmen mindestens p der charakteristischen Funktionen $\chi_{\tilde{Q}_1}, \chi_{\tilde{Q}_2}, \ldots, \chi_{\tilde{Q}_k}$ im Punkt x den Wert 1 an. Daher ist $\varphi_k(x) \geq p$. Da p beliebig groß gewählt werden kann, folgt daraus

$$\lim_{k \to \infty} \varphi_k(x) = \infty \quad \text{für alle } x \in N.$$

$\square$

Unser Ziel ist es nun, den Satz von Fubini herzuleiten, der aussagt, dass man mehrdimensionale Integrale sukzessive durch eine Folge von eindimensionalen Integrationen bestimmen kann. Anschaulich ist das zunächst nicht selbstverständlich: Das mehrdimensionale Integral war ausgehend von Treppenfunktionen definiert worden, die wiederum über Quader festgelegt sind. Die auftretenden Mengen sind dabei also alle n-dimensional. Der Satz von Fubini erlaubt nun diese n-dimensionalen Mengen in Scheiben zu zerlegen, von denen jede für sich eine niedrigere Dimension aufweist. Wir formulieren den Satz zunächst in der kleinstmöglichen Dimension, den allgemeinen Fall behandeln wir anschließend.

Satz 20.2. *(Satz von Fubini)*
Sei $f \in L^1(\mathbb{R}^2)$ eine Lebesgue-integrierbare Funktion. Dann gilt:

 (i) Es gibt eine Nullmenge $N \subset \mathbb{R}$, so dass für $x \in \mathbb{R} \setminus N$ die Funktion

$$h : \mathbb{R} \;\to\; \mathbb{R}$$
$$y \;\mapsto\; f(x,y)$$

 (mit festem x) Lebesgue-integrierbar ist.

 (ii) Die für fast alle $x \in \mathbb{R}$ definierte Funktion

$$H : \mathbb{R} \;\to\; \mathbb{R}$$
$$x \;\mapsto\; \int f(x,y)\,\mathrm{d}y$$

 ist Lebesgue-integrierbar und

$$\int f = \int \left(\int f(x,y)\,\mathrm{d}y \right) \mathrm{d}x.$$

Beim Beweis gehen wir wie bei der Konstruktion des Lebesgue-Integrals vor und zeigen die Vertauschungseigenschaft zunächst für Treppenfunktionen, dann für Oberfunktionen und schließlich für alle integrierbaren Funktionen.

Satz 20.3. *(Fubini für Treppenfunktionen im $\mathbb{R}^2$)*
Sei $f : \mathbb{R}^2 \to \mathbb{R}$ eine Treppenfunktion, die durch ihre Werte auf den Quadern $Q_1, Q_2, \ldots, Q_k$ definiert ist. Dann ist

$$\int f = \int \left(\int f(x,y)\, \mathrm{d}x \right) \mathrm{d}y = \int \left(\int f(x,y)\, \mathrm{d}y \right) \mathrm{d}x$$

Beweis:
Übungsaufgabe   □

Bevor wir den Satz von Fubini beweisen, indem wir den Grenzübergang zu den Oberfunktionen durchführen, brauchen wir noch ein weiteres Hilfsresultat über Nullmengen.

Satz 20.4.
Ist $A \subseteq \mathbb{R}^2$ eine Nullmenge, so ist die Menge

$$A_x := \{ y \in \mathbb{R};\ (x,y) \in A \}$$

für fast alle $x \in \mathbb{R}$ eine Nullmenge, d.h. es gibt eine Nullmenge $N \subset \mathbb{R}$, so dass $A_x \subset \mathbb{R}$ für alle $x \in \mathbb{R} \setminus N$ eine Nullmenge ist.

Beweis: Sei $A \subseteq \mathbb{R}^2$ eine Nullmenge. Nach Satz 20.1 gibt es eine monoton wachsende Folge $(\varphi_n)_{n \in \mathbb{N}}$ von Treppenfunktionen auf $\mathbb{R}^2$ mit der Eigenschaft, dass einerseits die Folge der Integrale $\left(\int \varphi_n \right)_{n \in \mathbb{N}}$ konvergiert, aber die Folge $(\varphi_n(x,y))_{n \in \mathbb{N}}$ für alle $(x,y) \in A$ divergiert. Durch

$$H_n(x) := \int \varphi_n(x,y)\, \mathrm{d}y$$

wird für jedes feste n eine Treppenfunktion auf $\mathbb{R}$ definiert. Wegen der Monotonie der φ_n ist $(H_n)_{n \in \mathbb{N}}$ eine monoton wachsende Folge von Treppenfunktionen auf $\mathbb{R}$ und es gilt nach dem eben gezeigten „Fubini für Treppenfunktionen" für alle $n \in \mathbb{N}$

$$\int H_n\, \mathrm{d}x = \int_{\mathbb{R}^2} \varphi_n \leq \lim_{n \to \infty} \int_{\mathbb{R}^2} \varphi_n$$

Nach Satz 19.5 ist die Folge $(H_n(x))_{n \in \mathbb{N}}$ also für fast alle $x \in \mathbb{R}$ konvergent.

Behauptung: Falls $(H_n(x))_{n \in \mathbb{N}}$ konvergiert, dann ist A_x eine Nullmenge,
denn in diesem Fall konvergiert

$$\left(\int \varphi_n(x,y)\, \mathrm{d}y \right)_{n \in \mathbb{N}}$$

Dann muss nach Satz 19.5 $(\varphi_n(x,y))_{n \in \mathbb{N}}$ konvergent sein für fast alle $y \in \mathbb{R}$, anders ausgedrückt: Für fast alle $y \in \mathbb{R}$ ist $(x,y) \notin A$. Somit ist A_x eine Nullmenge.

□

Bemerkung: Ein analoges Resultat gilt auch in höheren Dimensionen, also für Mengen $A \subseteq \mathbb{R}^n$ mit einer Zerlegung $(x,y) \in \mathbb{R} \times \mathbb{R}^{n-1}$.

Jetzt sind wir in der Lage, den Satz von Fubini auch für allgemeinere Funktionen zu beweisen, indem wir zu Folgen von Treppenfunktionen übergehen.

Beweis des Satzes von Fubini: Wir betrachten zunächst eine Oberfunktion $f \in L^+(\mathbb{R}^2)$ und eine zugehörige erzeugende Folge $(\varphi_n)_{n \in \mathbb{N}}$. Wie eben konstruieren wir mittels

$$H_n(x) := \int \varphi_n(x, y) \, dy$$

eine monoton wachsende Folge von Treppenfunktionen auf $\mathbb{R}$, deren Integrale wegen

$$\int H_n = \int \varphi_n \to \int f$$

gleichmäßig beschränkt sind. Nach Satz 19.5 konvergiert die Folge $(H_n(x))_{n \in \mathbb{N}}$ daher für fast alle $x \in \mathbb{R}$.

Sei nun $A \subset \mathbb{R}^2$ die Menge aller Punkte (x, y), für die $(\varphi_n(x, y))_{n \in \mathbb{N}}$ *nicht* gegen $f(x, y)$ konvergiert. Da A eine Nullmenge ist, ist nach dem vorhergehenden Satz 20.4 auch die Menge A_x für fast alle $x \in \mathbb{R}$ eine Nullmenge. Es gibt also eine Nullmenge $N \subset \mathbb{R}$ so dass für alle $x \in \mathbb{R} \setminus N$ gilt: A_x ist eine Nullmenge und $(H_n(x))_{n \in \mathbb{N}}$ konvergiert. Damit gilt

$$\lim_{n \to \infty} \varphi_n(x, y) = f(x, y) \quad \text{für fast alle } y \in \mathbb{R}$$

und

$$\lim_{n \to \infty} \int \varphi_n(x, y) \, dy = \lim_{n \to \infty} H_n(x)$$

existiert. Also ist $f(x, \cdot) \in L^+(\mathbb{R})$ eine Oberfunktion und

$$F(x) := \int f(x, y) \, dy = \lim_{n \to \infty} H_n(x).$$

Da die Folge $(H_n)_{n \in \mathbb{N}}$ also fast überall gegen F konvergiert und die Folge der Integrale $\left(\int H_n \right)_{n \in \mathbb{N}}$ gegen $\int F$ konvergiert, ist auch F eine Oberfunktion und es gilt

$$\int F = \lim_{n \to \infty} \int H_n = \int f.$$

Dieselben Argumente gelten für eine Lebesgue-integrierbare Funktion f, wenn man sie als Differenz $f = g - h$ zweier Oberfunktionen schreibt und dann für die beiden Oberfunktionen getrennt argumentiert.

$\square$

Eine direkte Konsequenz dieses Satzes ist

Satz 20.5. (*Vertauschung der Integrationsreihenfolge*)
Seien $f : \mathbb{R}^2 \to \mathbb{R}$ eine Lebesgue-integrierbare Funktion. Dann gilt: Die für fast alle $y \in \mathbb{R}$ definierte Funktion $\int f(x, y) \, dx$ und die für fast alle $x \in \mathbb{R}$ definierte Funktion $\int f(x, y) \, dy$ sind Lebesgueintegrierbar und es gilt

$$\int \left(\int f(x, y) \, dx \right) dy = \int \left(\int f(x, y) \, dy \right) dx.$$

Beweis: Nach Satz 20.2 ist

$$\int f = \int \left(\int f(x,y) \, \mathrm{d}y \right) \mathrm{d}x.$$

Wenn man im Beweis die Rollen von x und y vertauscht, kann man entsprechend zeigen, dass

$$\int \left(\int f(x,y) \, \mathrm{d}x \right) \mathrm{d}y = \int f.$$

Alle drei vorkommenden Integrale müssen also übereinstimmen.

$\square$

Beispiel: Ist $M \subset \mathbb{R}^3$ ein Gebiet, $\rho : M \to \mathbb{R}$ eine integrierbare Funktion (die „Massendichte") und $d(x,y,z)$ der Abstand des Punktes (x,y,z) zu einer Achse a, dann wird das *Trägheitsmoment* von M bezüglich der Achse a definiert als

$$T_a = \int_M d(x,y,z)^2 \rho(x,y,z) \, \mathrm{d}x \, \mathrm{d}y \, \mathrm{d}z.$$

Speziell für einen geraden Kreiszylinder

$$Z = \{(x,y,z) \in \mathbb{R}^3; \ -\frac{h}{2} \le z \le \frac{h}{2}, x^2 + y^2 \le r^2\}$$

ist das Trägheitsmoment bezüglich der x-Achse bei homogener Massenverteilung $\rho(x,y,z) \equiv 1$

$$
\begin{aligned}
T_x &= \int_Z (y^2 + z^2) \, \mathrm{d}x \, \mathrm{d}y \, \mathrm{d}z \\
&= \int_{x=-r}^{r} \int_{y=-\sqrt{r^2-x^2}}^{\sqrt{r^2-x^2}} \int_{z=-\frac{h}{2}}^{\frac{h}{2}} (y^2 + z^2) \, \mathrm{d}z \, \mathrm{d}y \, \mathrm{d}x \\
&= \frac{\pi r^2 h}{12}(3r^2 + h^2)
\end{aligned}
$$

Ein Spezialfall des Satzes von Fubini ist das *Prinzip von Cavalieri* (1635), das besagt:
Zwei Körper haben dasselbe Volumen, wenn ihre Schnittflächen mit Ebenen parallel zu einer Grund-ebene in entsprechenden Höhen jeweils den gleichen Flächeninhalt haben.

Etwas allgemeiner gilt:

Satz 20.6. *(Cavalierisches Prinzip)*
Sei $A \subset \mathbb{R}^k \times \mathbb{R}^m$ eine messbare Menge. Dann ist auch $A_x = \{y \in \mathbb{R}^m; \ (x,y) \in A\} \subset \mathbb{R}^m$ für fast alle $x \in \mathbb{R}^k$ messbar und es gilt

$$m(A) = \int_{\mathbb{R}^k \times \mathbb{R}^m} \chi_A = \int_{\mathbb{R}^k} \int_{\mathbb{R}^m} \chi_{A_x} \, \mathrm{d}y \, \mathrm{d}x = \int_{\mathbb{R}^k} m(A_x) \, \mathrm{d}x.$$

Dabei ist zu beachten, dass $m(A)$ das Lebesgue-Maß im $\mathbb{R}^k \times \mathbb{R}^m$ und $m(A_x)$ das Lebesgue-Maß im $\mathbb{R}^m$ bezeichnet.
Insbesondere gilt: Sind $A, B \subset \mathbb{R}^k \times \mathbb{R}^m$ messbare Mengen und gilt $m(A_x) = m(B_x)$ für fast alle x, dann ist $m(A) = m(B)$.

Der Beweis ergibt sich durch Anwendung des Satzes von Fubini auf die charakteristische Funktion von A.

Bemerkung: Mit Hilfe des Cavalierischen Prinzips lässt sich beispielsweise beweisen, dass das Volumen eines Kegels mit Grundfläche A und Höhe h immer

$$V = \frac{1}{3} Ah$$

beträgt, unabhängig davon, ob die Grundfläche ein Kreis, Dreieck, Quadrat,... ist und auch unabhängig davon, ob der Kegel „senkrecht" oder „schief" ist.

Dazu muss man sich mit Hilfe des Strahlensatzes überlegen, dass die Fläche des Schnittes zwischen Kegel und einer Ebene $z = \zeta$ gerade den Flächeninhalt $A_\zeta = \left(\frac{h-\zeta}{h}\right)^2 A$ hat. Das Gesamtvolumen des Kegels K berechnet sich nach Fubini dann als

$$V = \int_K 1 \, dx \, dy \, dz = \int_0^h \left(\int_{K \cap \{z=\zeta\}} 1 \, dx \, dy \right) dz = \int_0^h \left(\frac{h-\zeta}{h} \right)^2 A \, dz = \frac{1}{3} Ah$$

Manchmal weiß man im Voraus nicht genau, ob eine Funktion wirklich über ganz $\mathbb{R}^n$ integrierbar ist, was im Satz von Fubini ja vorausgesetzt wird. In solchen Situationen hilft der folgende Satz weiter, bei dem nur verlangt wird, dass f auf Quadern integrierbar ist und dass für $|f|$ die iterierten Integrale existieren. Deren Existenz kann man dann in konkreten Fällen oftmals durch Ausrechnen nachweisen.

Satz 20.7. *(Satz von Tonelli, ohne Beweis)*
Sei $f : \mathbb{R}^k \times \mathbb{R}^\ell \to \mathbb{R}$ eine reelle Funktion, die auf jedem Quader $Q \subset \mathbb{R}^k \times \mathbb{R}^\ell$ integrierbar ist. Falls mindestens eines der beiden iterierten Integrale

$$\int \left(\int |f(x,y)| \, dx \right) dy, \quad \int \left(\int |f(x,y)| \, dy \right) dx$$

existiert, dann ist f Lebesgue-integrierbar und es gilt:

$$\int f = \int \left(\int f(x,y) \, dx \right) dy = \int \left(\int f(x,y) \, dy \right) dx.$$

Bemerkung: Es geht darum zu zeigen, dass $|f|$ integrierbar ist. Dann ist automatisch auch f integrierbar und die restlichen Aussagen folgen dann aus dem Satz von Fubini.

Beispiel: Für $1 < \alpha < 2$ ist

$$\int_0^\infty \frac{\sin x}{x^\alpha} \, dx = \frac{\pi}{2\Gamma(\alpha) \sin(\frac{\alpha \pi}{2})},$$

wobei

$$\Gamma(\alpha) = \int_0^\infty e^{-t} t^{\alpha-1} \, d\alpha$$

die Gammafunktion ist.

Beweis: Übungsaufgabe

Bemerkung: Auch für $\alpha = 1$ erhält man wegen $\Gamma(1) = 1$ die (korrekte) Darstellung

$$\int_0^\infty \frac{\sin x}{x} \, dx = \frac{\pi}{2}.$$

Allerdings steht auf der linken Seite nun kein Lebesgue-Integral, sondern ein uneigentliches Re-gelintegral, denn die Funktion $\dfrac{\sin x}{x}$ ist *nicht* Lebesgue-integrierbar auf $[0, \infty)$. Wäre sie es, dann wäre auch $\left| \dfrac{\sin x}{x} \right|$ Lebesgue-integrierbar. Mit Hilfe der Abschätzung

$$\int_{k\pi}^{(k+1)\pi} \left| \frac{\sin x}{x} \right| \, dx \geq \int_{k\pi}^{(k+1)\pi} \left| \frac{\sin x}{(k+1)\pi} \right| \, dx = \frac{2}{(k+1)\pi}$$

und durch Vergleich mit der harmonischen Reihe sieht man, dass

$$\int_0^{(k+1)\pi} \left| \frac{\sin x}{x} \right| \, dx \geq \frac{2}{\pi} \left(\frac{1}{2} + \frac{1}{3} + \frac{1}{4} + \ldots + \frac{1}{k+1} \right)$$

nicht beschränkt ist.

Um das obige Resultat mit Hilfe des Satzes von Fubini zu rechtfertigen, muss man also streng ge-nommen etwas umständlicher argumentieren. Für jedes feste $R > 0$ ist $\dfrac{\sin x}{x}$ auf $[0, R]$ integrierbar und das Regel- und das Lebesgue-Integral stimmen überein. Wegen

$$\frac{1}{x} = \int_0^\infty e^{-xt} dt$$

ist dann

$$
\begin{aligned}
\int_0^R \frac{\sin x}{x} \, dx &= \int_0^R \sin x \left(\int_0^\infty e^{-xt} \, dt \right) dx \\
&= \int_0^\infty \left(\int_0^R \left(e^{-xt} \sin x \right) \, dx \right) dt \\
&= \int_0^\infty \left[\frac{e^{-xt}}{t^2 + 1} (-t \sin x - \cos x) \right]_{x=0}^R \, dt \\
&= \int_0^\infty \frac{e^{-Rt}}{t^2 + 1} (-t \sin R - \cos R) + \frac{1}{t^2 + 1} \, dt \\
\Rightarrow \lim_{R \to \infty} \int_0^R \frac{\sin x}{x} \, dx &= \underbrace{\lim_{R \to \infty} \int_0^\infty \frac{e^{-Rt}}{t^2 + 1} (-t \sin R - \cos R) \, dt}_{=0} + \int_0^\infty \frac{1}{t^2 + 1} \, dt \\
&= [\arctan t]_{t=0}^\infty = \frac{\pi}{2}
\end{aligned}
$$

Bemerkung: Der Zusammenhang zwischen Regel-, Lebesgue- und uneigentlichem Regelintegral lässt sich kurz wie folgt zusammenfassen:

▶ Existiert für eine Funktion auf einem abgeschlossenen Intervall $[a, b]$ das Regelintegral, dann existiert auch das Lebesgue-Integral und beide Integrale stimmen überein.

▶ Ist für eine Funktion $f : [0, \infty) \to \mathbb{R}$ die Funktion $|f|$ uneigentlich integrierbar, d.h. exis-tiert $\lim\limits_{R \to \infty} \int_0^R |f(x)| \, dx$, dann ist f auch Lebesgue-integrierbar auf $[0, \infty)$ und das Lebesgue-Integral stimmt mit dem uneigentlichen Integral überein (Ausschöpfungssatz!)

▶ Es gibt uneigentlich integrierbare Funktionen $f : [0, \infty) \to \mathbb{R}$, die nicht Lebesgue-integrierbar sind.

20.2 Der Transformationssatz

Eine der wichtigsten Integrationsmethoden im ersten Semester war die Substitution. Eine weitgehende Verallgemeinerung der Substitutionsregel für mehrdimensionale Integrale ist der folgende Satz.

Satz 20.8. *(Transformationsformel)*
Sei $M \subseteq \mathbb{R}^n$ offen, $\Phi : M \to \mathbb{R}^n$ eine injektive, stetig differenzierbare Abbildung mit $\det D\Phi(x) \neq 0$
für alle $x \in M$.
Sei weiter $f : \Phi(M) \to \mathbb{R}$ eine auf $\Phi(M)$ integrierbare Funktion.
Dann ist die Funktion $(f \circ \Phi) \cdot |\det D\Phi|$ auf M integrierbar und es gilt

$$\int_{\Phi(M)} f = \int_M (f \circ \Phi) \cdot |\det D\Phi|.$$

Bemerkung:

1. Die Voraussetzungen stellen sicher, dass Φ (lokal) invertierbar und die Umkehrfunktion stetig differenzierbar ist.

2. Auch wenn die Schreibweise mathematisch nicht einwandfrei ist, kann man sich die Transformationsformel gut merken, wenn man die „alten" und die „neuen" Koordinaten in der Form

$$\begin{aligned}
x_1 &= x_1(y_1, y_2, \ldots, y_n) \\
x_2 &= x_2(y_1, y_2, \ldots, y_n) \\
&\vdots \quad \vdots \quad \vdots \\
x_n &= x_n(y_1, y_2, \ldots, y_n)
\end{aligned}$$

und die Transformationsformel dann

$$\begin{aligned}
&\int_{\Phi(M)} f(x_1, \ldots, x_n)\, d(x_1, \ldots, x_n) \\
&= \int_M f(x_1(y_1, \ldots, y_n), \ldots, x_n(y_1, \ldots, y_n)) \left| \frac{\partial(x_1, \ldots, x_n)}{\partial(y_1, \ldots, y_n)} \right| d(y_1, \ldots, y_n)
\end{aligned}$$

schreibt.

Polarkoordinaten

Die in der Physik am häufigsten vorkommenden krummlinigen Koordinatensysteme sind Polar-, Kugel- und Zylinderkoordinaten.

Ebene Polarkoordinaten sind definiert durch eine Abbildung

$$\begin{aligned}
\Phi : (0, \infty) \times (0, 2\pi) &\to \mathbb{R}^2 \setminus \{(x, y); \, y = 0, x \geq 0\} \\
(r, \varphi) &\mapsto (r \cos \varphi, r \sin \varphi).
\end{aligned}$$

Weil wir die positive x-Achse weggelassen haben (man spricht von der „geschlitzten Ebene") ist diese Abbildung injektiv und die Determinante der Jacobi-Matrix

$$D\Phi(r,\varphi) = \begin{pmatrix} \cos\varphi & -r\sin\varphi \\ \sin\varphi & r\cos\varphi \end{pmatrix}$$

ist

$$|\det D\Phi(r,\varphi)| = r \neq 0.$$

Daher ist Φ ein Diffeomorphismus und die Transformationsformel ist anwendbar. Da die herausgeschnittene Halbgerade im $\mathbb{R}^2$ eine Nullmenge bildet, macht es keinen Unterschied, ob man eine Funktion über $\mathbb{R}^2$ oder über $\mathbb{R}^2 \setminus \{(x,y);\ y=0, x \geq 0\}$ integriert. Man stellt sich einfach vor, dass man eine in der ganzen Ebene definierte Funktion auf der Nullmenge $\{(x,y);\ y=0, x \geq 0\}$ abändert, indem man sie dort Null setzt. Diese Modifikation hat keinen Einfluss auf das Integral. Für

$$\tilde{f}(r,\varphi) = f(r\cos\varphi, r\sin\varphi)$$

gilt dann

$$\int_{\mathbb{R}^2} f(x,y)\,\mathrm{d}x\,\mathrm{d}y = \int_0^\infty \int_0^{2\pi} \tilde{f}(r,\varphi)r\,\mathrm{d}\varphi\,\mathrm{d}r.$$

Die Funktion $f : \mathbb{R}^2 \to \mathbb{R}$ ist nach dem Transformationssatz integrierbar, wenn $\tilde{f}(r,\varphi) \cdot r$ auf $M = (0,\infty) \times (0,2\pi)$ integrierbar ist und in diesem Fall ist $\int_{\mathbb{R}^2} f = \int_M r\tilde{f}$.

Unter Verwendung von Polarkoordinaten kann man das in der Wahrscheinlichkeitsrechnung auftretende Gaußsche Fehlerintegral relativ leicht berechnen:

Beispiel: Es ist

$$\int_{-\infty}^\infty e^{-x^2}\,\mathrm{d}x = \sqrt{\pi},$$

denn mit Hilfe von Polarkoordinaten $x = r\cos\varphi$ und $y = r\sin\varphi$ ist

$$\begin{aligned}
\left(\int_{-\infty}^\infty e^{-x^2}\,\mathrm{d}x\right)^2 &= \left(\int_{-\infty}^\infty e^{-x^2}\,\mathrm{d}x\right)\left(\int_{-\infty}^\infty e^{-y^2}\,\mathrm{d}y\right) \\
&= \int_{\mathbb{R}^2} e^{-(x^2+y^2)}\,\mathrm{d}x\,\mathrm{d}y \\
&= \int_{(0,\infty)\times(0,2\pi)} re^{-r^2}\,\mathrm{d}r\,\mathrm{d}\varphi \\
&= \int_0^\infty \int_0^{2\pi} re^{-r^2}\,\mathrm{d}r\,\mathrm{d}\varphi \\
&= \pi \int_0^\infty 2re^{-r^2}\,\mathrm{d}r \\
&= \pi \lim_{n\to\infty} \int_0^n 2re^{-r^2}\,\mathrm{d}r \\
&= \pi \lim_{n\to\infty} \left[-e^{-r^2}\right]_0^n = \pi
\end{aligned}$$

Die Rechnung ist natürlich nur dann gerechtfertigt, wenn die Funktion $\tilde{f}(r,\varphi) = re^{-r^2}$ im Gebiet $[0,\infty) \times (0,2\pi)$ Lebesgue-integrierbar ist. Das ist aber tatsächlich der Fall, denn man kann beispielsweise $\tilde{f}$ monoton approximieren durch integrierbare Funktionen $\tilde{f}_k$, die für $r > k$ verschwinden und für $r \leq k$ mit $\tilde{f}$ übereinstimmen.

Zylinderkoordinaten

Zylinderkoordinaten sind gegeben durch die Abbildung

$$\Phi : (0, \infty) \times (0, 2\pi) \times \mathbb{R} \to \mathbb{R}^3 \setminus \{(x, 0, z);\ x \geq 0\}$$

mit

$$\begin{pmatrix} x \\ y \\ z \end{pmatrix} = \Phi(r, \varphi, \zeta) = \begin{pmatrix} r \cos \varphi \\ r \sin \varphi \\ \zeta \end{pmatrix}$$

Die Determinante der Jacobimatrix ist

$$\det D\Phi = \begin{vmatrix} \cos \varphi & -r \sin \varphi & 0 \\ \sin \varphi & r \cos \varphi & 0 \\ 0 & 0 & 1 \end{vmatrix} = r \neq 0$$

Damit sind die Voraussetzungen des Transformationssatzes erfüllt. Die „herausgeschnittene" Halbebene $\{(x, 0, z);\ x \geq 0\}$ ist eine Nullmenge und spielt bei der Berechnung von Integralen daher keine Rolle.

Beispiel:
Volumen rotationssymmetrischer Körper
Es sei $f : (a, b) \to [0, \infty)$ eine Lebesgue-integrierbare Funktion und

$$K = \{(x, y, z) \in \mathbb{R}^3 : x^2 + y^2 \leq f(z)^2\}$$

Dann ist mit Zylinderkoordinaten

$$
\begin{aligned}
\mathrm{vol}(K) &= \int \chi_K(x, y, z) = \int_a^b \int_0^\infty \int_0^{2\pi} \chi_{\{r^2 \leq f(z)^2\}} r\, d\varphi\, dr\, dz \\
&= 2\pi \int_a^b \int_0^{f(z)} r\, dr\, dz = \pi \int_a^b f(z)^2\, dz
\end{aligned}
$$

Kugelkoordinaten

Für $R > 0$ sei die Abbildung

$$\Phi : (0, \infty) \times (0, 2\pi) \times (0, \pi) \to \mathbb{R} \setminus \{(x, 0, z) : x \geq 0\}$$

gegeben durch

$$\begin{pmatrix} x \\ y \\ z \end{pmatrix} = \Phi(r, \varphi, \theta) = \begin{pmatrix} r \sin \theta \cos \varphi \\ r \sin \theta \sin \varphi \\ r \cos \theta \end{pmatrix}$$

Die Determinante der Jacobi-Matrix ist dann

$$|D\Phi(r, \varphi, \theta)| = \det \begin{pmatrix} \sin \theta \cos \varphi & -r \sin \theta \sin \varphi & r \cos \theta \cos \varphi \\ \sin \theta \sin \varphi & r \sin \theta \cos \varphi & r \cos \theta \sin \varphi \\ \cos \theta & 0 & -r \sin \theta \end{pmatrix} = r^2 \sin \theta > 0.$$

Also ist Φ ein C^1-Diffeomorphismus und es ist

$$\int_{\mathbb{R}^3} f(x, y, z)\, d(x, y, z) = \int_0^R \int_0^{2\pi} \int_0^\pi f(r \sin \theta \cos \varphi, r \sin \theta \sin \varphi, r \cos \theta) r^2 \sin \theta\, d\theta\, d\varphi\, dr$$

Beispiel:
Das Volumen der Einheitskugel $B = \{(x, y, z) \in \mathbb{R}^3;\ x^2 + y^2 + z^2 \leq 1\}$ berechnet sich in Kugelkoordinaten natürlich besonders einfach:

$$\iiint_B 1 \, dx \, dy \, dz \;=\; \int\limits_{-\pi/2}^{\pi/2} \int_0^1 \int_0^{2\pi} r^2 \cos\theta \, d\varphi \, dr \, d\theta$$

$$=\; \frac{1}{3} \cdot 2\pi \int\limits_{-\pi/2}^{\pi/2} \cos\theta \, d\theta$$

$$=\; \frac{4\pi}{3}$$

Bemerkung: Kugel- und Zylinderkoordinaten sind zwar die häufigsten, aber keineswegs die einzigen krummlinigen Koordinatensysteme. Weitere Beispiele sind *verallgemeinerte Kugelkoordinaten*

$$
\begin{aligned}
x &= a \sin\theta \cos\varphi \\
y &= b \sin\theta \sin\varphi \\
z &= c \cos\theta
\end{aligned}
$$

oder *Toruskoordinaten*

$$
\begin{pmatrix} x \\ y \\ z \end{pmatrix} = R \cdot \begin{pmatrix} \cos\varphi \\ \sin\varphi \\ 0 \end{pmatrix} + r \cdot \begin{pmatrix} \cos\varphi \cdot \cos\theta \\ \sin\varphi \cdot \cos\theta \\ \sin\theta \end{pmatrix} = \begin{pmatrix} (R + r \cdot \cos\theta) \cos\varphi \\ (R + r \cdot \cos\theta) \sin\varphi \\ r \cdot \sin\theta \end{pmatrix}
$$

Nach diesem Kapitel sollten Sie...

... wissen, was der Satz von Fubini aussagt

... Integrale über zweidimensionale Gebiete als iterierte Integrale mit variablen Grenzen schreiben können

... den Satz von Tonelli anwenden können, um die Integrierbarkeit einer Funktion nachzuweisen

... das Cavalierische Prinzip kennen und anwenden können

... die Analogie zwischen dem Transformationssatz und der eindimensionalen Substitutionsregel aufzeigen können

... Integrale in Polar-, Zylinder- und Kugelkoordinaten berechnen können

... für Integrale in anderen Koordinaten mit Hilfe der Jacobi-Determinante und der Transformationsformel eine Darstellung als iterierte Integrale angeben können

Aufgaben zu Kapitel 20

1. Der Satz von Fubini für Treppenfunktionen im $\mathbb{R}^2$
   Sei $f : \mathbb{R}^2 \to \mathbb{R}$ eine Treppenfunktion, die durch ihre Werte auf den Quadern $Q_1, Q_2, \ldots, Q_k$ definiert ist. Zeigen Sie, dass dann

   $$\int f = \int \left(\int f(x,y)\,\mathrm{d}x \right) \mathrm{d}y = \int \left(\int f(x,y)\,\mathrm{d}y \right) \mathrm{d}x$$

   Machen Sie sich dazu zunächst klar, dass es ausreicht, diese Aussage für die charakteristische Funktion eines einzelnen Quaders zu beweisen.

2. Skizzieren Sie die folgenden Mengen und beschreiben Sie sie in der Form

   $$\begin{aligned} M &= \{(x,y);\ a \leq x \leq b,\ g_-(x) \leq y \leq g_+(x)\} \quad \text{bzw.} \\ M &= \{(x,y);\ c \leq y \leq d,\ h_-(y) \leq x \leq h_+(y)\}. \end{aligned}$$

   (a) $M =$ Dreieck mit Eckpunkten $(0,0)$, $(2,0)$ und $(0,3)$.

   (b) $M =$ Fläche zwischen den Graphen $y = x^2$ und $y = \sin(\frac{\pi}{2}x)$

3. Berechnen Sie das Integral

   $$\int_{-1}^{1} \int_{|y|}^{1} (x+y)^2 \,\mathrm{d}x\,\mathrm{d}y.$$

   Vertauschen Sie die Integrationsreihenfolge und verifizieren Sie dadurch für dieses Beispiel den Satz von Fubini für diesen speziellen Fall.

4. Skizzieren Sie das Integrationsgebiet und vertauschen Sie die Integrationsreihenfolge

   (a) $\displaystyle\int_{0}^{2} \int_{x}^{2x} f(x,y)\,\mathrm{d}y\,\mathrm{d}x$

   (b) $\displaystyle\int_{1}^{e} \int_{-\ln(x)}^{\ln(x)} f(x,y)\,\mathrm{d}y\,\mathrm{d}x$

5. Sei $1 < \alpha < 2$. Zeigen Sie, dass

   $$\int_{0}^{\infty} \frac{\sin x}{x^{\alpha}}\,\mathrm{d}x = \frac{\pi}{2\Gamma(\alpha)\sin(\frac{\alpha\pi}{2})},$$

   wobei

   $$\Gamma(\alpha) = \int_{0}^{\infty} e^{-t} t^{\alpha-1}\,\mathrm{d}\alpha$$

   die Gammafunktion ist.

6. Berechnen Sie mit Hilfe von Polarkoordinaten das Integral $\int_D f$

   (a) für die Funktion $f(x,y) = (x^2+y^2)^{-3/4}$ und die Menge $D = \{(x,y) \in \mathbb{R}^2;\ x^2+y^2 \leq 1\}$.

   (b) für $f(x,y) = (x^2+y^2)^{-3/2}$ und die Menge $D = \{(x,y) \in \mathbb{R}^2;\ |y| < 1 \text{ und } x^2+y^2 > 1\}$.

7. Für $0 < r < a$ sei der Torus $T_{r,a} \subset \mathbb{R}^3$ definiert durch

   $$T_{r,a} := \left\{ (x,y,z) \in \mathbb{R}^3;\ \left(\sqrt{x^2+y^2} - a \right)^2 + z^2 < r^2 \right\}.$$

Skizzieren Sie den Torus und berechnen Sie sein Volumen, indem Sie *Toruskoordinaten*

$$
\begin{aligned}
x &= (a + r\cos\theta)\cos\varphi \\
y &= (a + r\cos\theta)\sin\varphi \\
z &= r\sin\theta
\end{aligned}
$$

verwenden.

8. Kugelvolumen

   (a) Berechnen Sie mit Hilfe des Satzes von Fubini (ohne Einführung von Polarkoordinaten etc.) das Volumen $V(n,r)$ einer Vollkugel vom Radius r im $\mathbb{R}^n$.
   Zeigen Sie insbesondere, dass $V(n,r) = r^n V(n,1)$ ist und leiten Sie die Rekursionsformel

   $$
   V(n,1) = V(n-1,1) \int_0^\pi \sin^n \varphi \, d\varphi
   $$

   her.
   Wie verhält sich $V(n,1)$ für $n \to \infty$?
   In welcher Raumdimension hat die Einheitskugel das größte Volumen?

   (b) Beweisen Sie, dass für das Volumen $V(n,r)$ der Vollkugel vom Radius r im $\mathbb{R}^n$ gilt:

   $$
   V(n,r) = \frac{\pi^{\frac{n}{2}}}{\Gamma(\frac{n}{2}+1)} r^n,
   $$

   wobei wieder

   $$
   \Gamma(t) = \int_0^{+\infty} x^{t-1} e^{-x} \, dx
   $$

   die Gammafunktion ist.

9. Bestimmen Sie das Volumen des Körpers $K = \{(x,y,z) \in \mathbb{R}^3; 0 \le z \le \pi, x^2 + y^2 \le \sin^2(z)\}$.

10. Sei $n \ge 3$ und $\rho : \mathbb{R}^n \to \mathbb{R}$ eine Lebesgue-integrierbare Funktion mit kompaktem Träger. Zeigen Sie, dass

   $$
   F(y) = \int_{\mathbb{R}^n} \frac{\rho(x)}{\|x-y\|_2^{n-2}} \, dx
   $$

für alle $y \in \mathbb{R}^n$ existiert.
Man kann F (bis auf den mathematisch uninteressanten Faktor $\frac{1}{4\pi\varepsilon_0}$) als das Potential des elektrischen Feldes, das von einer Ladungsdichte ρ erzeugt wird, interpretieren.

Stichwortverzeichnis